碳硫化学与煤转化创新实验

高庆宇　石美　马娟　等编

化学工业出版社

·北京·

《碳硫化学与煤转化创新实验》内容包括实验样品制备与常见分析仪器介绍、碳硫化学基础及其应用和典型单元创新性实验，13个实验项目涵盖了煤组分分离和化学转化、煤的气化及煤气洁净、碳一催化化学、硫化学动力学及碳基燃料电池等内容；书末附有化学实验常用数据表。本书的创新实验训练融入了先进的测试仪器和计算软件，力求与时俱进，反映当代碳硫化学与煤转化的创新性科研成果。同时，本书注重对学生分析问题、解决问题和创新能力的培养，提高学生对知识探索的兴趣。

《碳硫化学与煤转化创新实验》适用于高等学校化学类、化工类和矿业类等专业本科生及研究生的实验教学和创新训练，也可供相关专业科研人员参考。

图书在版编目（CIP）数据

碳硫化学与煤转化创新实验/高庆宇等编．—北京：化学工业出版社，2018.6

高等学校教材

ISBN 978-7-122-31983-8

Ⅰ．①碳…　Ⅱ．①高…　Ⅲ．①碳-化学实验-高等学校-教材②硫-化学实验-高等学校-教材③煤-转化-化学实验-高等学校-教材　Ⅳ．①O6-3②TQ530.2-33

中国版本图书馆CIP数据核字（2018）第077798号

责任编辑：杜进祥　任睿婷　　装帧设计：韩　飞

责任校对：王　静

出版发行：化学工业出版社（北京市东城区青年湖南街13号　邮政编码100011）

印　　装：三河市延风印装有限公司

787mm×1092mm　1/16　印张 $10\frac{1}{2}$　字数254千字　2018年9月北京第1版第1次印刷

购书咨询：010-64518888（传真：010-64519686）　售后服务：010-64518899

网　　址：http://www.cip.com.cn

凡购买本书，如有缺损质量问题，本社销售中心负责调换。

定　　价：35.00元

版权所有　违者必究

前 言

以煤为主是符合我国资源禀赋不可否认的事实，相当长时间内煤炭是我国的主力能源。碳和硫是煤炭的两个关键元素，实现碳硫组分的高效转化和价态调控，对于煤清洁利用、环境保护和减少煤炭地球气候效应等具有极其重要的意义。为促进我国煤炭能源工业高素质一流人才的培养，我们为煤炭特色高校相关专业（如应用化学、化学工程与工艺、矿物加工工程等）设计和编写了《碳硫化学与煤转化创新实验》。本书以“十二五”国家级煤炭洁净加工和高效转化实验教学示范中心为实施平台，主要实验内容来源于中心从事碳硫化学和煤转化研究教师的科研成果，并且在本书的出版过程中得到2015年江苏省高等学校重点教材立项建设项目的支持。本书可以让学生了解该领域的进展状况和发展趋势，书中包括的所有实验采用个性化的预约、讨论和全时间开放，鼓励学生独立探索、设计、开展研究和结果分析，撰写总结报告和学术论文，让其感知和体会科学研究的过程，提升了学生对于知识探索的兴趣。第一篇“实验样品制备与常见分析仪器介绍”和第二篇“碳硫化学基础及其应用”由石美、吕小丽、马娟和潘长伟编写，第三篇十三个典型单元创新性实验由高庆宇、赵炜、秦志宏、胡光州、张双全、倪中海、吉琛、黄骏、蒋荣立、王月伦、胡影、袁玲、申双林老师编写，研究生魏涛、张宇轩、贾优、刘晓娟、佘卫兵、王贵涛在部分实验撰写和实验探索方面做了大量工作，同时本书的编写得到谢广元教授的支持，在这里表示衷心的感谢。

全书由高庆宇、石美、马娟、吕小丽和吉琛汇总和统稿。本教材缺失难免，欢迎读者提出批评和指正。

编者

2018年3月

目 录

第一篇　实验样品制备与常见分析仪器介绍

第二篇　碳硫化学基础及其应用

第三篇　典型单元创新性实验

第一篇 实验样品制备与常见分析仪器介绍

第一章 实验样品制备

实际样品的分析过程一般包括试样采集、样品预处理、测定、数据分析和结果报告五个部分。采样就是采集分析样品，用于分析检测。试样采集及预处理，是样品分析的第一步，这两部分工作的好坏将直接影响整个样品分析结果的可靠性，因此，试样的采集和预处理是分析过程的关键步骤。由于实际工作中要分析的物料是各式各样的，因此试样的采集以及进行预处理的方法也各不相同，在各种产品的国家标准、行业标准、企业标准及相关的工业分析书籍中都有具体的操作方法，本书将对一些共同性、原则性问题进行介绍。

第一节 试样的采集

分析化学中的实际样品种类繁多，有固体、液体和气体，有食品、医药、金属、矿石、土壤、血、尿和毛发等。分析对象的数量往往相差较大，有的可以惊人的巨大，如一轮船矿石、石油可以上万吨，也可以数量十分稀少，如合成化合物样品、天然提取物只有几毫克。有的样品十分稀有、珍贵，如天外来客（陨石等）、古代文物等。很显然，对于数量较大的分析对象，不能将其“整体”都拿来进行分析检测，也不应该任意采集一部分。采集试样的基本目的是从被检的总体物料中取得具有代表性的样品，通过对样品的检测，得到在允许误差内的数据，从而求得被检物料的某一特性或某些特性的平均值。采样要求所取得的试样具有代表性，即试样的组成和被分析物料整体的平均组成一致。如果采样不具备充分的代表性，那么使用再先进的仪器设备、采用再精确的测试手段、得到再准确的分析结果也都毫无意义。当进行采样时一定要根据分析对象的性质和特点，如考虑分析对象的状态、数量和均匀程度等，综合分析，制定合理的采样方案。

一、采样方案

采样方案一般需要：确定总体物料的范围；确定采样单元和二次采样单元；确定样品数、样品量和采样部位；规定采样操作方法和采样工具；规定样品的加工方法；规定采样安全措施等。

采样方案应保证所采样品的均匀性和代表性，采样数量应能反映所采物料的真实质量情况和满足检验项目对试样量的需求。

二、采样记录

为明确采样与分析的责任，方便分析工作，采样时应记录被采物料的状况和采样操作，如物料的名称、来源、编号、数量、包装情况、存放环境、采样部位、所采的样品数和样品量、采样日期、采样人姓名等。如果发现货品有污染的迹象，应将污染的货品单独抽样，装入另外的包装内，分别化验。可能被污染的货品的堆位及数量要详细记录。必要时根据记录填写采样报告。

实际工作中例行的常规采样，可简化需要记录的内容，但至少要记录物料的名称、规格、批号、采样数量、采样人员及日期等信息。

三、采样误差

与分析化学中分析数据包括的系统误差和随机误差相似，采样误差也包括采样系统误差和采样随机误差两种。

采样系统误差是指由于采样方案不完善、采样设备有缺陷、操作者不按规定进行操作以及环境等的影响而引起的采样误差。采样系统误差是有方向的，不能依靠增加重复采样次数来减小，采样中应分析该误差的来源，尽量避免和减小这类误差。

采样随机误差是在采样过程中由一些无法控制的偶然因素所引起的误差，这类误差无法避免，增加重复采样的次数可以减小该类误差。

四、采样数目和采样量

采样数目是从物料中采集样品的数目，单位是个、件、桶等，采样数目也称采样点数目，或采样单元数目；采样量是采集样品的量，单位为克、千克、毫升、升等。为了取得具有代表性的试样，采样时应做到在满足需要的前提下，采样数目和采样量越少越好。

早期的分析化学书籍上，采样量用如下的采样公式计算：

$$Q=Kd^{a} \tag{1-1}$$

式中，Q 是应采取试样的最低质量，kg；d 是物料中最大颗粒的直径，mm；K，a 为经验常数，与物料的均匀程度和易破碎程度有关，K 取值一般为 0.02～0.15，a 为 1.8～2.5。

式(1-1) 只考虑了应取试样的质量，而未考虑采样数目，而且物料的种类繁多，不能用这么一个简单的公式来解决所有问题。

从统计学的角度看，采样数目比采样量更重要，采样数目一般由两个因素决定：第一，采样的允许误差，即试样中组分的含量和整批物料中组分平均含量所允许的误差，允许误差越小，准确度要求越高，采样数目应越多；第二，物料的不均匀性，物料越不均匀，采样数目应越多，物料的不均匀性既表现在物料中各颗粒的大小上，又表现在颗粒中组分的分散程度上。

五、化工产品的采样

化工产品的采样常采用两步法。对两步法的采样公式进行了修正，一般采用经验公式。采样单元数目一般根据总体物料的单元数量来决定。当总体物料单元数大于500时，采样单元数目$=3\times\sqrt[3]{N}$，N 为总体物料单元数，如计算结果为小数，则进为整数。

采样时，样品量采应满足以下要求：至少满足 3 次重复检测的需要；当需要留存备测样品时，必须满足备测样品的需要；采得的样品物料如需制样处理时，必须满足加工处理的需要。

当然，在讨论采样数目时，也应同时考虑以后在试样处理上所花费的人力和物力。显然，应选用能达到可预期准确度的最少的采样数目。

1. 固体物料的采样

固体物料种类繁多，如矿石、金属材料、天然产物、化工原料、生物组织等，状态包括颗粒、块状、粉末和膏状等。固体物料的成分分布通常不均匀，因此采样应重点关注采集试样的代表性。不同来源的样品，采样方式也有所不同。固体样品在保存过程中有可能发生化学组成的变化，如挥发性物质的损失、生物降解以及发生氧化还原反应等。在样品的保存过程中应采取措施，避免环境条件对样品的影响。

固体物料（如矿石、原料和煤炭等）常常露天堆放。这种物料原来就是不均匀的，在堆放过程中往往会由于大小块的不同或相对密度的不同进一步发生分层现象，增加物料的不均匀性，如大块物料从上滚下，聚集在堆底附近，细粒则堆集在中心。因而从已堆好的物料堆中采取试样时，应从物料的不同部位、不同深度分别采取试样。但这样做需要扒开物料堆，难以操作，也容易破坏储存条件，促使空气流通，引起物料成分发生变化，因此最好是在物料堆放过程中采取试样。如果使用皮带运输机输送物料进行堆放，可在输送过程中，间隔一定时间采样一份，但应注意每份试样应从输送皮带宽度的不同位置采取，因为在输送过程中，大块物料容易靠近皮带边缘，细粉易靠近中心。

金属材料经过了熔融、冶炼处理，组成相对比较均匀，但是在冷却、凝固过程中，由于纯组分的凝固点比较高，常常在物体的表面先凝固下来，杂质向内部移动，在内部含量较高。铸件越大，这种不均匀现象越严重。因此应该钻孔穿过整个物体或物体厚度的一半，收集钻屑，作为试样。也可以在不同的部位把金属材料锯断，收集锯屑作为试样。

土壤样品一般需要采集风干的样品。但当测定土壤中的挥发酚、铵态氮、硝态氮、二价铁等不稳定成分时，需要提供新鲜土壤样品。

如果物料的包装方式是捆、袋、箱和桶等，则首先应从一批包装中选取若干件（采样单元），然后用适当的取样器从每件中取出若干份。这类取样器一般都可以插入各种包装的底部，以便从不同深度采取试样。

2. 液体样品采样

液体样品包括溶剂、饮料（如牛奶和果汁）、自然界样品（如湖水、河水、海水以及雨水等）、体液（如血液、尿液和脑髓液等）、悬浮液（如各种口服液）等。

液体物料一般比较均匀，采样比较容易，采样数量也可以较少。但也有可能存在某些组分的不均匀性。例如，湖水中的含氧量在湖水表面和一定深度处有可能相差1000倍。因此液体试样的采集也要注意采样代表性。

采样时还应该注意，在取样过程中不要使物料组成发生任何改变，如不能使挥发性组分、溶解的气体逸出，如果试样见光后有可能发生反应，则应将它贮于棕色容器中，在保存和送去分析途中要注意避光等；采样容器和采样用的管道必须清洁，临取样前应用被分析的物料冲洗。采样以后也要注意其化学成分还可能受化学、物理以及生理条件变化的影响。因而应该合理控制pH和温度，密封并避光保存，有时还需加入化学防腐剂。

如果液体物料贮于较小的容器中，如瓶中或桶中，采样前应选取数瓶或数桶，将其滚动或用其他方法将物料混合均匀，然后取样。如果物料贮于大的容器中，或天然江河湖海采样时，应用取样器从容器上部、中部和下部分别采取试样。采得的试样分别进行分析，这时的分析结果分别代表这些部位物料的组成；也可以把取得的各份试样混合后进行分析，这时的分析结果代表物料的平均组成。

液体物料取样器可以用一般的瓶子，下垂重物使之可以浸入物料中。在瓶颈和瓶塞上系以绳子或链条，塞好瓶塞，浸入物料中的一定部位后，将绳子猛地一拉，就可打开瓶塞，让这一部位的物料充满于取样瓶中。取出瓶子，倒去少许，塞上瓶盖，擦拭干净，贴上标签送去分析。也可用特制的取样器取样，其作用原理基本上相同。从较小的容器中取样时，可用特制的取样器取样，也可用一般的移液管，插入液面下一定深度处，吸取试样。如果贮存物料的容器装有取样开关，就可以从取样开关放取试样，显然，较大的贮器，如液槽，应至少装有三只取样开关，位于不同的高度，以便从不同的高度处取得试样。

有时测定液体样品中的某些微量组分时，常采用现场富集的方法。将在线微型柱预浓缩系统应用于现场样品的预富集，将微型柱带回实验室后直接连接到流动注射-火焰原子吸收法联用（FI-FAAS）系统中进行测定，这种微型柱现场采样（MFS）技术在环境水样的分析中得到了应用与发展。采用 MFS 技术不但可以减少污染、避免采样和贮存等过程中的损失，而且便于携带与运输，比其他方法更简便省时。

在采集液体样品时，还必须注意容器的材料。例如，分析有机物、杀虫剂和油污时，由于这些物质常与塑料表面相互作用，应该选用玻璃容器；分析痕量金属离子时，由于玻璃容器对金属离子有吸附作用，应该选用塑料容器。

3. 气体试样的采集

气体试样包括大气、工业排气、汽车尾气和压缩气等，测定气溶胶中固体颗粒物的采样也属于气体采样。

气体样品的均匀性很好，因而采样的注意点不在于其均匀性，而在于取样时怎样防止样品的污染。

气体取样装置由取样探头、试样导出管和贮样器组成。取样探头应伸入输送气体的管道或贮存气体的容器内部。贮样器可由金属或玻璃制成，也可由塑料袋制成，大小形状不一。

气体可以在取样后直接进行分析。如果欲测定的是气体试样中的微量组分，贮样器口处需要装有液体吸收剂，用以浓缩和富集欲测定的微量组分，这时的贮样器常常是喷泡式的采样瓶。如欲测定的是气体中的粉尘、烟等固体微粒，可采用滤膜式采样夹，以阻留固体微粒达到浓缩和富集的目的。

气态样品一般比较稳定，不需要特殊保存。可通过热解吸或溶剂萃取的方式将样品与吸附剂分离。

大气采样是环境保护中常规空气监测的重要环节，其采样方法是典型的气体采样模式。大气采样有多种方法，常用的是直接采样法和富集采样法。直接采样法是直接抽取少量空气样品进行分析，该法所得结果为污染物瞬时浓度，不过由于采样量有限，被测组分含量往往很低，因此该法采样要求分析方法有较高的灵敏度。富集采样法又称浓缩采样法，该法适合于大气污染物浓度很低时的情况。该方法通过较长时间的抽气，并利用吸附剂富集被测污染物，达到采样和富集的目的。该方法测定的是采样时间内有害物质的平均浓度。根据吸附剂的不同又分为溶液吸收法和填充柱阻留法，目前使用较为普遍的是溶液吸收法。在溶液吸收法中，当气体流过盛有吸收液的吸管时，被测有害气体被浓缩在吸收液中。理想的吸收效率为100%，一般要求大于99%。填充柱阻留法中常用的吸附剂包括活性炭、硅胶、分子筛等，把吸附剂填充到玻璃管或不锈钢管柱中，通过吸附、反应等作用，将待测组分阻留在柱中达到浓缩的目的。采样后通过解吸或溶剂洗脱，使待测组分从吸附剂上释放出来，用于后续的分析检测。

气体中痕量挥发性有机化合物（Volatile organic compound，VOCs）经常采用固体吸附剂进行吸附。吸附剂的选择要求：在所要求的采样体积内，被采集物质不应超过采样管的吸附容量；吸附VOCs的种类要尽可能多；被吸附剂富集的VOCs易于脱附；吸附剂对水的亲和力要小；吸附剂的本底尽可能低。常用的吸附剂包括活性炭、石墨化炭黑、多孔碳材料、碳分子筛、碳基多孔聚合物等，其中活性炭和多孔聚合物使用最多。例如，测定气体中有机氯污染物时常选用XAD-2树脂，测定硝基苯时采用Tenax-TA树脂等进行富集。当测定大气中的汞含量时，由于环境空气中的汞浓度一般较低（ng/m^3级或者pg/m^3级），准确测定各种形态的汞，需要超纯的采样分析技术。对于大气气态总汞的测定，可采用湿法吸收，湿法吸收是用含强氧化剂的吸收液吸收大气中的气态汞，由于受试剂空白的限制，这些采样方法在测定背景环境时（数个ng/m^3）显得有些力不从心。固体吸收法利用MnO_2、$KMnO_4$、活性炭等固体吸附剂，涉及化学消解和分析。也可用金或银等贵金属与汞形成汞齐的原理来进行预富集，这一方法消除了化学分析中的试剂空白问题，灵敏度好、空白低，金管和银管等可以重复使用，非常方便。

气体采样装置有时还需要流量计和简单的抽气装置。流量计用以测量所采集的气体的体积；抽气装置常用电动抽气泵。

第二节 试样的预处理

对于不均匀固体样品，采样得到的试样通常质量较大，不可能都用来进行分析检测，一般需用适当的方法进行预处理，得到质量适合（如0.1～1.0g）能直接进行分析检测的试样。样品预处理需要考虑组分的回收率、干扰、检测浓度和费用（包括时间）等四个方面。

样品预处理的基本目的之一就是减少试样质量，同时要保持原始样品中待测组分含量不变。回收率就是描述在预处理以后待测组分含量保留原始样品待测组分含量的程度。

定量分析对分离的要求：干扰组分减少至不再干扰测定；待测组分的损失小至可忽略不计。一般以回收率和分离因子两个指标来衡量一种分离方法的效果。回收率用于衡量被测组分回收的完全程度，其定义为：

$$R_A = m_A / m_A^0 \times 100\% \tag{1-2}$$

式中，R_A表示分析物中被测组分A的回收率；m_A表示经分离后测得组分A的质量；m_A^0表示组分A在被测物中的质量。

回收率越高，分离效果越好。对含量在1%以上的常量组分，回收率应在99.9%以上；对微量组分，回收率应为95%或更低些。

干扰是影响分析结果的重要因素之一，消除干扰是分析测试的重要环节，在样品处理过程中可以进行消除干扰的操作。干扰是指试样中共存组分对被测组分的测定产生干扰，通常与所用的测试方法有关。在样品处理过程中应尽量多地消除干扰，同时也要防止样品处理过程中引起沾污。

各种分析方法都有最佳的检测浓度范围，大约为检测限的2～50倍。不同测试方法的检测限及最佳浓度范围不同，对于一定的仪器或测试方法，不同组分的检测限及最佳浓度范围也不同。样品处理时必须考虑到最后检测时溶液的总体积，从而确定合适的试剂用量以及决定是否需要进行预先浓缩、稀释等操作。

样品处理的费用取决于所用仪器设备的价格、操作时间和试剂及辅助物料的消耗，而这些又取决于对测试结果精密度和准确度的要求，样品处理时应该考虑。

一、破碎

实际的固体样品经常为大块物料，破碎物料是样品预处理的第一步。为了粉碎试样，可用各种破碎机，较硬的试样可用腭式轧碎机，中等硬度的或较软的可用锤磨机把大块试样击碎。接着为了把试样进一步粉碎，对于较硬的试样可用滚磨机，一般不太硬的试样用球磨机。球磨机的原理是把试样和瓷球一起放入球磨机中，盖紧后使之不断转动，由于瓷球不断地翻腾、打滚，把试样逐步地磨细，同时也起到了混合的作用。

粉碎也可以手工操作，置试样于平滑的钢板上，用锤击碎；也可以把试样放在冲击钵中打碎。冲击钵由硬质的工具钢制成。底座上有一可取下的套环，环中放入数块试样，插入杆，用锤击杆数下，可把试样粉碎。然后可用研钵把试样进一步研磨成细粉。对于硬试样，可用玛瑙研钵或红柱石研钵研磨。

在破碎过程中容易引起试样组成的改变，应该注意以下问题：①在粉碎试样的后面阶段常常会引起试样中水分含量的改变；②破碎机研磨表面的磨损，会使试样中引入某些杂质，如果这些杂质恰巧是要分析测定的某种微量组分，问题就更为严重；③在破碎、研磨试样过程中，常常会发热，而使试样温度升高，引起某些挥发性组分的逸去，由于试样粉碎后表面积大大增加，某些组分易被空气氧化；④试样中质地坚硬的组分难以破碎，锤击时容易飞溅逸出；较软的组分容易粉碎成粉末而损失，这样都将引起试样组成的改变。

二、过筛

在试样破碎过程中，应经常过筛。先用较粗的筛子过筛，随着试样颗粒逐渐地减小，筛孔目数应相应地增加。不能通过筛孔的试样粗颗粒，应反复破碎，直至能全部通过为止。切不可将难破碎的粗粒试样丢弃。因为难破碎的粗颗粒和容易破碎的细颗粒组成往往是不相同的，丢弃了难破碎的粗颗粒，将引起试样组成的改变。

三、混合

经破碎、过筛后的试样，应加以混合，使其组成均匀。混合可人工进行。对于较大量的试样，可以用锹将试样堆成一个圆锥，堆时，每一锹都应倒在圆锥顶上。当全部堆好后，仍用锹将试样铲下，堆成另一个圆锥。如此反复进行，直至混合均匀。对于较少量的试样，可将试样放在光滑的纸上，依次提起纸张的一角，使试样不断地在纸上来回滚动，以达到混合的目的。为了混合试样，也可以将试样放在球磨机中转动一定时间，如果能用各种类型的实验室用的混合机来混合试样，那就更为方便。

四、缩分

缩分的目的是在不改变试样组成条件下减少试样的质量。在破碎、混合过程中，随着试样颗粒越来越细，组成越来越均匀，可将试样不断地缩分，以减少试样质量。常用的缩分方法是四分法（见图 1.1）。四分法就是将试样堆成圆锥形，将圆锥形试样堆压平成为扁圆堆。然后用相互垂直的两直径将试样堆平分为四等份。弃去对角的两份，而把其余的两份收集混合。这样经过一次四分法处理，就把试样量缩减一半。反复用四分法缩分，最后得到数百克均匀、粉碎的试样，密封于瓶中，贴上标签，送至分析室。近年来采用格槽缩样器来缩分试样也渐渐多起来，格槽缩样器能自动地把相间的槽中的试样收集起来，而与另一半试样分开，以达到缩分的目的。

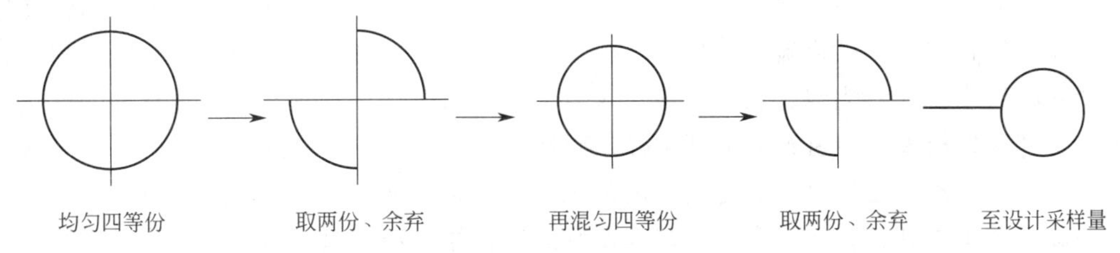

图 1.1　四分法缩分试样示意图

上述介绍的是传统试样预处理方法，为人工操作，相当费时费力。随着科技的进步，现在已经有了专门用于试样预处理的机械设备，实现了破碎、过筛、混合、缩分等步骤的机械化和自动化，试样预处理变得非常方便、快速。

在试样预处理过程中，试样水分变化是值得注意的问题。试样中常常含有水分，其含量往往随湿度、温度及试样的分散程度而改变，从而使试样的组成因所处环境及处理方法的不同而发生波动。为了解决这个问题，可以采用下列措施：①在称量试样前，先在一定温度下，把试样烘干，去除水分，然后称样进行分析；②保持试样中水分含量的恒定，使分析结果能有较好的重现性；③在进行分析测定的同时，测定试样的水分含量，试样中各组分的含量可以折算为“干基”时的含量。

干燥可采用冷冻干燥、烘箱干燥、真空干燥、红外和微波炉干燥等方法。一般认为样品干燥过程中减少的质量为失去的水分，但质量的损失也可能是由于干燥过程中失去了易挥发成分，加热比室温干燥更容易引起易挥发样品的损失。无机样品常采用传统的烘箱干燥，而土壤、硅胶等则需要加热到大大高于水的沸点的温度来除掉水分，同时一些挥发性样品可能会流失。对于生物样品或易挥发样品常采用冷冻干燥的方法。对于疏水的有机化合物不需要除水，对于碳水化合物，如酸酐，可采用抽真空的保干器干燥。

一般情况下，样品预处理需要制备均一性的代表样品，但有时也没必要制备成均一混合样品。如食品中农药残留的检测，有时就需按食品的不同部位来分别取样检验。

一定要注意的是，制备好的样品应尽快地进行检验，否则要把制备好的样品放在干燥器中或冰箱中保存，以保证测定结果的可靠与真实性。

第三节　试样的分解和溶解

进行定性和定量分析的样品大多都是液体状态，样品溶解（称为溶样）是分析化学的重要环节。在实际样品的分析中经常会遇到难以溶解的样品，溶样技术仍是分析化学中的重要研究课题。

所选用的试剂，应能使试样全部分解转入溶液，如仅能使一种或几种组分溶解，仍留有未分解的残渣，这种从试样残渣中浸取某些组分的溶解方法，往往是不完全的，因而是不可取的。

对于所选用的试剂，应考虑其是否会影响测定。例如，测定试样中的 Br^- 时，不应选用 HCl 作溶剂，因为大量 Cl^- 的存在会影响 Br^- 的测定。其次，溶剂如果含有杂质，或者在分解过程中引入某种杂质，常常会影响分析结果。对于痕量组分的测定，这个问题尤为突出，因此在痕量分析中，纯度也是选择溶剂的重要标准。

在溶解和分解过程中，如果不加注意，许多组分都有可能挥发损失。例如，用酸处理试样，会使二氧化碳、二氧化硫、硫化氢等挥发损失，如果用碱性试剂处理，会使氨损失。在热的盐酸溶液中，三氯化砷、三氯化锑、四氯化锡、四氯化锗和氯化汞等挥发性的氯化物将部分或全部挥发损失。用氢氟酸处理试样，会使硅和硼生成氟化物逸去。同样，含卤素的试样用强氧化剂处理，会使卤素氧化成游离的氯、溴、碘而损失，如果用强还原剂处理试样，则会使砷、磷生成胂、膦而逸去。一些挥发性的氧化物，如四氧化锇、四氧化钌以及七氧化二铼等能从热的醋酸溶液中挥发损失。

如有可能，分解试样最好能与干扰组分的分离相结合，以便能简单、快速地进行分析测定。例如，矿石中铬的测定，如用 NaO_2 作为熔剂进行熔融处理，熔块以水浸取。这时铬氧化成铬酸根转入溶液，可直接用氧化还原法测定。铁、锰、镍等组分形成氢氧化物沉淀，可避免干扰。

使试样成为溶液状态，除了使用溶剂溶解的方法，还有熔融、烧结、消解等方法。

一、溶解法

溶解是指用各种溶剂溶解样品制成溶液的过程，这是使用最多的方法。除了水以外，常用的溶剂还包括各种无机酸、碱、氧化剂、还原剂和有机溶剂等。

1. 盐酸

对于许多金属氧化物、硫化物、碳酸盐以及活泼性位于氢以前的金属，盐酸是一种良好的溶剂，所生成的氯化物除少数几种（如 AgCl，Hg_2Cl_2，$PbCl_2$）外，都易溶于水。由于 Cl^- 具有一定的还原性，能使一些氧化性的试样（如 MnO_2）还原而促使其溶解。又由于 Cl^- 能与某些金属离子配合生成较稳定的配合物，因而盐酸又是这类试样（如 Fe_2O_3，Sb_2S_3）良好的溶剂。

2. 硫酸

浓硫酸的主要特点是沸点高（约 340℃），许多矿样以及大多数的金属和合金，在高温下常常可较快地溶解。浓热硫酸有较强的氧化性和脱水性，许多有机物质可被浓热硫酸脱水和氧化而从试样中除去。硫酸也是一种重要的溶剂，但是大多数硫酸盐的溶解度比相应的氯化物和硝酸盐小些，而碱土金属和铅的硫酸盐溶解度则更小。由于硫酸的沸点较高，当 HNO_3、HCl、HF 等低沸点酸的阴离子干扰测定时，可加入硫酸，加热蒸发至冒 SO_3 白烟，就可将这些挥发性酸除去。

3. 硝酸

硝酸为氧化性酸，除了金和铂族元素难溶于硝酸以外，绝大部分金属都能被 HNO_3 溶解。但是钨、锡、锑与浓硝酸作用时，因生成难溶的钨酸、偏锡酸和偏锑酸沉淀，而难以溶解。但在溶解试样后，将沉淀过滤，就可以使这些化合物和其他可溶性组分分离。铝、铬、铁在硝酸中溶解时表面会生成氧化膜，产生钝化现象，阻碍它们的溶解。

硝酸也是硫化物矿样的良好溶剂，只是在溶解过程中会析出单质硫；如果在溶液中加入 $KClO_3$ 或 Br_2，就可以把硫氧化为 SO_4^{2-}。

如果试样中的有机物质干扰分析测定，可加浓硝酸加热，以氧化除去。钢铁分析中，常用 HNO_3 来破坏碳化物。用硝酸溶解试样后，溶液中往往含有 HNO_2 和氮的其他低价氧化物，能破坏某些有机试剂，因而应煮沸溶液，将它们除去。

4. 高氯酸

高氯酸是一种强氧化剂，可使多种铁合金（包括不锈钢）溶解。由于 $HClO_4$ 的沸点较高（含 72.4%的 $HClO_4$ 共沸溶液的沸点为 203℃），加热蒸发至冒烟时可以去除低沸点的酸，这时所得残渣加水易溶解，而硫酸蒸发后所得残渣常较难溶解。又由于浓热高氯酸的强氧化性，在分解试样的同时可把组分氧化成高价态，如把铬氧化成 $Cr_2O_7^-$，硫氧化成 SO_4^{2-} 等。除 K^+、NH_4^+ 等少数离子外，一般的高氯酸盐都易溶于水。

由于高氯酸具有强氧化性，浓热高氯酸与有机物质或其他易被氧化的物质一起加热时，会发生爆炸。当试样中含有机物质时，应先加浓硝酸加热，破坏有机物后再加 $HClO_4$。高氯酸的沸点较高，蒸发时逸出的浓烟易在通风橱及管道中凝聚。在这些地方凝聚的高氯酸与有机物接触容易引起燃烧或爆炸，因此，如果需要经常加热蒸发高氯酸，应使用特殊的通风橱，通风橱和管道内壁应衬以玻璃或不锈钢，并且没有隙缝，而且还应备有适当装置，以便定期用水淋洗通风橱和管道内壁，排风机也应是专用的，不能和其他通风橱合用。

5. 氢氟酸

氢氟酸常用来分解硅酸盐岩石和矿石，这时硅形成 SiF_4 挥发逸去，试样分解，存在于试样中的各种阳离子进入试液。过量的氢氟酸可加入硫酸或高氯酸反复加热蒸发来去除。因为 F^- 可与许多阳离子形成极为稳定的配合物，试液中少量的 F^- 就可能影响这些阳离子的测定，因此应除去过量的氢氟酸，而除 F^- 的操作十分费时。

对于某些矿样，用氢氟酸分解后，Fe(Ⅲ)、Al(Ⅲ)、Ti(Ⅳ)、Zr(Ⅳ)、Nb(Ⅴ)、Ta(Ⅴ)、W(Ⅵ) 和 U(Ⅵ) 等以氟配合物的形式溶解；Ca^{2+}、Mg^{2+}、Th^{4+}、U(Ⅵ) 和稀土金属离子则生成难溶的氟化物沉淀析出，这样可以同时起到分离作用。

氢氟酸也常常与 H_2SO_4、HNO_3、$HClO_4$ 配成混合溶剂，用来分解含钨、铌的合金钢、硅铁以及硅酸盐等。

显然，用氢氟酸分解试样时，试样中的硅含量是无法测定的，欲测定试样中的硅含量，应用熔融法。

氢氟酸对人体有毒性和腐蚀性，使用时应注意勿吸入氢氟酸蒸气，也不可接触氢氟酸，氢氟酸接触皮肤后引起的灼伤溃烂不易愈合。

用氢氟酸分解试样，通常应在铂器皿中进行，也可用聚四氟乙烯容器，但加热不应超过 250℃，以免聚四氟乙烯分解产生有毒的含氟异丁烯气体。

6. 氧化还原性试剂

有些氧化还原性试剂在溶样过程中有着特殊的应用，常用的包括过氧化氢、高锰酸钾、重铬酸钾等。

过氧化氢主要用于分解有机样品。常用的试剂过氧化氢含量为30%或48%，是一种强氧化剂。对于许多有机染料和天然高分子物质（如橡胶等），用硝酸和硫酸混合液不能分解，如果用过氧化氢处理就能很容易溶解。对于含有汞、砷、锑、铋、金、银或锗的金属有机化合物，用硫酸和过氧化氢混合液分解效果较好。

高锰酸钾是实验室中常用的强氧化剂，在酸性、中性及碱性介质中氧化能力不同，可分解多种有机物。在不同介质中，高锰酸钾自身转化成不同的形态：酸性，Mn^{2+}；中性，MnO_2；碱性，MnO_4^-。高锰酸钾对有机物的氧化作用很复杂，一般有机物最后都能被氧化成二氧化碳。

重铬酸钾常与各种酸（硫酸或磷酸）或碘酸盐结合以氧化有机物样品。重铬酸钾和硫酸的混合物处理样品，可用于有机物中碳和卤素的测定。

7. 混合溶剂

混合溶剂是指一些无机酸或再加入氧化剂混合配成的溶剂，这类溶剂常常具有更强的溶解能力。王水就是混合溶剂，一份浓硝酸和三份浓盐酸混合配成的王水，反应生成氯气和NOCl，反应式如下：

$$HNO_3 + 3HCl \longrightarrow NOCl + Cl_2 + 2H_2O$$

氯气和NOCl都具有强氧化性，而王水中的大量Cl^-又具有配合作用，从而使王水能溶解金、铂等贵金属和HgS等难溶化合物。而一份浓盐酸和三份浓硝酸混合配成的混合溶剂称逆王水，氧化能力较王水稍弱，但也能溶解汞、钼、锑等金属及某些矿样。

在无机酸中加入溴或H_2O_2，常常可以加强无机酸的溶解能力，并能迅速氧化破坏试样中可能存在的有机物质。硝酸和高氯酸、硝酸和硫酸配成的混合溶剂也有类似的作用。

在钢铁分析中常用硫酸和磷酸的混合溶剂；在硅酸盐分析中则用硫酸和氢氟酸的混合溶剂等。

8. NaOH 溶液

直接作为溶剂的碱不多，NaOH溶液是常见的一种。20%～30%的NaOH溶液是溶解铝合金的良好溶剂，反应式如下：

$$2Al + 2NaOH + 2H_2O \longrightarrow 2NaAlO_2 + 3H_2\uparrow$$

反应可在银或聚四氟乙烯容器中进行。试样中的两性元素Al、Pb和部分Si形成含氧酸根离子进入溶液中，Fe、Mn、Cu、Ni、Mg等则以金属沉淀形式析出。可以将溶液用HNO_3或H_2SO_4酸化，将金属沉淀溶解后，测定各个组分；也可以将金属沉淀和碱性溶液分离，沉淀用硝酸溶解，溶液用酸酸化后，分别进行分析。

9. 有机溶剂

上述各种溶剂一般用于无机元素分析中试样的分解和溶解。而有机试样的溶解一般使用有机试剂。

有机试剂种类繁多，通常按其性质可以分为极性、非极性；活性、惰性；酸性、中性和碱性等种类。有机试剂按化学结构又可以分成烃、醇、醚、酮、酸、酯、酐和杂环化合物等。分析化学中常用的有机溶剂包括各种醇类、丙酮、丁酮、乙醚、甲乙醚、二氯甲烷、三氯甲烷、四氯化碳、氯苯、乙酸乙酯、醋酸、吡啶、乙二胺、二甲基甲酰胺等。选择有机溶剂的基本原则是相似相溶原理：溶剂能够溶解结构或极性与其相似的试样。极性试样选择极性溶剂，非极性试样选择非极性溶剂。还可以应用各种混合溶剂，如甲醇与苯混合溶剂，乙二醇和醚混合溶剂等。通过调节混合溶剂的组成可以改变混合溶剂的极性，因此混合溶剂具有更广泛的适用性。

除了考虑溶剂的溶解能力外，样品处理时还应考虑溶剂对样品中特定组分或官能团的反应倾向以及在后续测定中的光谱区的适应性。例如，若试样中各组分是用色层分析法分离后进行测定的，则所选用的溶剂应不妨碍层析分离的进行。如果在后续测定中用到紫外检测，则所用溶剂应不吸收紫外光，常用醇、三氯甲烷、乙腈、烃和醚类作溶剂；芳烃和酮多用可见光谱区；红外区常用的溶剂主要有二硫化碳、四氯化碳等。在酸碱滴定和官能团分析中，应用较广的溶剂有乙二胺、二甲基甲酰胺和冰醋酸。沸点较低的有机溶剂常用于索氏提取法提取样品中的待测组分。因此有机溶剂的选择常常要结合具体的分离和分析方法而定。

二、熔融法

熔融法是利用酸性或碱性熔剂在高温下与试样发生复分解反应，生成易于溶解的物质，然后再用水或酸等溶剂溶解的方法。由于熔融时反应物浓度和温度（300～1000℃）高，因而分解能力很强。熔融法经常用于硅酸盐（测定硅含量时）、某些天然氧化物和少数铁合金等用酸很难溶解的试样。熔融法具有一些缺点：①熔融时需要加热到高温，会使某些组分挥发损失；②熔融时所用的容器常常会受到熔剂不同程度的侵蚀，从而使试液中杂质含量增加；③由于应用了大量的熔剂（一般熔剂质量约为试样质量的十倍），在以后所得的试液中盐类浓度较高，熔剂的杂质也会进入试液，可能会对分析测定带来影响。当试样可用酸性溶剂（或其他溶剂）溶解时，应该尽量避免使用熔融法。熔融一般在坩埚中进行。操作过程为：称取已经磨细、混匀的试样置于坩埚中，加入熔剂混合均匀。开始时缓缓加热坩埚，进行熔融。此时必须小心注意，不要加热过猛，否则水分和某些气体的逸出会引起飞溅，而使试样损失，为了避免试样损失可将坩埚盖住。然后渐渐升高温度，直到试样分解。应当避免温度过高，否则会使熔剂分解，也会使坩埚的腐蚀增加。熔融所需时间一般在数分钟到 1 小时，随试样种类而定。当熔融进行到熔融物变为澄清时，表示分解作用已经完全，熔融可以停止。但熔融物是否已澄清，有时难以判断，此时只能根据以往分析同类试样的经验来判断。熔融完全后，让坩埚渐渐冷却，待熔融物将要开始凝结时，转动坩埚，使熔融物凝结成薄层，均匀地分布在坩埚内壁，以便于溶解。待完全冷却后加入溶剂溶解，对所得溶液应仔细观察其中是否有残留未分解的试样微粒，如果分解不完全，应重做。

熔剂一般是碱金属化合物，但分解碱性试样时可使用酸性熔剂，如碱金属的焦硫酸盐、氧化硼和 KHF_2 等。分解酸性试样时用碱性熔剂，如碱金属的碳酸盐、氢氧化物和硼酸盐等。氧化性的熔剂包括 Na_2O_2、Na_2CO_3、KNO_3、$KClO_3$ 等。

三、烧结法

烧结法又称半熔融法，是让试样与固体试剂在低于熔点的温度下进行反应。因为温度较低，加热时间较长，但烧结法不易侵蚀坩埚，可以在瓷坩埚中进行。

1. Na_2CO_3-ZnO

常用于矿石或煤中全硫量的测定。试样和固体试剂混合后加热到 800℃，此时 Na_2CO_3 起熔剂的作用，ZnO 起疏松和通气的作用，使空气中的氧将硫化物氧化为硫酸盐。用水浸取反应产物时，硫酸根离子形成钠盐进入溶液中，SiO_3^{2-} 大部分析出为 $ZnSiO_3$ 沉淀。

若试样中含有游离硫，加热时易挥发损失，应在混合熔剂中加入少许$KMnO_4$粉末，开始时缓缓升温，使游离硫氧化为SO_4^{2-}。

2. $CaCO_3$-NH_4Cl

如欲测定硅酸盐中的K^+、Na^+时，不能用含有K^+、Na^+的熔剂，可用$CaCO_3$-NH_4Cl烧结法。

烧结温度为750～800℃，反应产物仍为粉末状，但K^+、Na^+已转变为氧化物，可用水浸取。

参考文献

［1］ 武汉大学. 分析化学［M］. 第5版. 北京：高等教育出版社，2006.
［2］ 李攻科，等. 样品前处理仪器与装置［M］. 北京：化学工业出版社，2007.

第二章　常见分析仪器介绍

第一节　紫外-可见分光光度计

紫外-可见吸收光谱（Ultraviolet and visible spectrophotometry，UV-VIS）属于电子光谱。紫外-可见吸收光谱法是利用物质的分子或离子对在200～800nm光谱区的辐射吸收对物质结构、组成和含量等进行分析测定的方法。这种分子吸收光谱产生于价电子和分子轨道上的电子在电子能级间的跃迁，广泛应用于有机和无机物质的定性和定量测定。

一、紫外吸收光谱分析的工作原理

紫外-可见吸收光谱是由分子中的价电子跃迁而产生的，因此这种吸收光谱取决于分子中价电子的分布和结合情况。按分子轨道理论，在有机化合物分子中有几种不同性质的价电子：形成单键的电子称为σ键电子；形成双键的电子称为π键电子；氧、氮、硫、卤素等含有的未成键的孤对电子，称为n电子（或称为p电子）。当它们吸收一定能量ΔE后，这些价电子将跃迁到较高能级（激发态），此时电子所占的轨道称为反键轨道，而这种特定的跃迁同分子内部结构有着密切关系，一般将电子跃迁分成如下四种类型。

$$\sigma \rightarrow \sigma^{*}\text{跃迁、}n \rightarrow \sigma^{*}\text{跃迁、}\pi \rightarrow \pi^{*}\text{跃迁和}n \rightarrow \pi^{*}\text{跃迁}$$

吸收能量的次序为：

$$\sigma \rightarrow \sigma^{*} > n \rightarrow \sigma^{*} \geqslant \pi \rightarrow \pi^{*} > n \rightarrow \pi^{*}$$

电子跃迁$n \rightarrow \pi^{*}$及$\pi \rightarrow \pi^{*}$所需能量在可见及紫外光区，吸收的波长可用紫外-可见分光光度计测定。$n \rightarrow \sigma^{*}$及$\pi \rightarrow \pi^{*}$跃迁所需能量大小相差不多，都在200nm左右，在吸收光谱上产生末端吸收。

$\pi \rightarrow \pi^{*}$跃迁的吸收系数比$n \rightarrow \sigma^{*}$大得多，故$\pi \rightarrow \pi^{*}$的吸收峰比$n \rightarrow \sigma^{*}$高。另外，化合物分子有共轭存在，其$\pi \rightarrow \pi^{*}$的吸收就向长波长方向移动。

二、紫外-可见分光光度计的应用

1. 化合物中微量杂质检查

利用紫外光谱法可以方便地检查出某些化合物中的微量杂质。例如，在环己烷中含有微量杂质苯，由于苯有一B吸收带，吸收波长在220～270nm范围，而环己烷在此处无明显吸收峰。因此，根据在220～270nm处有苯的精细结构吸收带，即可判断环己烷中有微量杂质苯存在。

2. 未知样品的鉴定

用紫外光谱法鉴定未知样品时，若有标准样品，则把试样和标准样品用相同的溶剂，配制成相同浓度的溶液，分别测量吸收光谱，如果两者为同一化合物，则吸收光谱应完全一致。若无标准样品，可与文献上的标准谱图进行比较，如煤焦油中稠环芳烃定向转化衍生物的紫外性质表征方法。

3. 定量分析

应用紫外可见光谱法进行定量分析的方法很多，如：标准曲线法、对照法、吸光系数法、双波长分光光度法等。但最常用最简单的方法就是标准曲线法。

4. 有机化合物分子结构的推断

（1）共轭体系的确定

通过测定有机化合物的紫外光谱，可以确定分子中有无共轭体系及共轭程度。如果一种化合物在 210nm 以上无吸收，可以认为不含共轭体系。在 210～250nm 区域有较强吸收带，则可能有两个共轭双键。

（2）互变异构体的判别

某些有机化合物在溶液中存在互变异构体，利用它们紫外吸收光谱的特点，可以进行判别。

（3）顺反异构体的判别

当有机化合物分子空间构型不同时，其紫外吸收光谱也不一样。通常反式异构体的吸收峰波长比顺式异构体的吸收峰波长要长，吸收强度要大。利用这种方法，可以鉴别顺反异构体。

第二节 红外光谱仪

20 世纪中期以后，红外光谱在理论上更加完善，而其发展主要表现在仪器及实验技术上的发展。1947 年世界上第一台双光束自动记录红外分光光度计在美国投入使用，这是第一代红外光谱的商品化仪器。第一代仪器是用棱镜作单色器，缺点是要求恒温、干燥，扫描速度慢和测量波长的范围受棱镜材料的限制，波长一般不能超过中红外区，分辨率也低。20 世纪 60 年代，采用光栅作单色器，比起棱镜单色器有了很大的提高，但它仍是色散型的仪器，分辨率、灵敏度还不够高，扫描速度慢，这是第二代仪器。第二代仪器对红外光的色散能力比第一代仪器高，得到的单色光优于棱镜单色器，且对温度和湿度的要求不严格，所测定的红外波谱范围较宽（7800～350cm^{-1}）。随着计算机技术的发展，20 世纪 70 年代开始出现第三代干涉型分光光度计，即傅里叶变换红外分光光度计（FTIR）。傅里叶变换红外分光光度计与色散型分光光度计不同，光源发出的光首先经过迈克尔逊干涉仪变成干涉光，然后再照射样品。检测器仪获得干涉图，然后用计算机对干涉图进行傅里叶变换，得到熟悉的红外光谱图。傅里叶变换红外分光光度计具有以下几个显著特点，第一是扫描速度快，它可在 1s 内测得多张图谱；第二是光通量大，因而可以检测透射率比较低的样品；第三是分辨率高，便于观察气态分子的精细结构；第四是测定光谱范围宽（12500 ～240cm^{-1}）。现代傅里叶变换红外分光光度计快速发展，使得衰减全反射光谱法、漫反射光谱法、光声光谱法、显微光谱法、动态光谱法（动力学法）得到广泛应用。傅里叶变换红外分光光度计与其他仪器如 TG（热重分析仪）、GC（气相色谱仪）、HPLC（高效液相色谱仪）的联用，扩大了其使用范围。

一、红外光谱仪的工作原理

红外光谱法是一种根据分子内部原子间的相对振动和分子转动等信息来确定物质分子结构和鉴别化合物的分析方法。当一束具有连续波长的红外光通过物质，物质分子中某个基团的振动频率或转动频率和红外光的频率一样时，分子就吸收能量，由原来的基态振（转）动能级跃迁到能量较高的振（转）动能级，当分子有偶极矩的变化时，分子吸收红外辐射后发生振动和转动能级的跃迁，该处波长的光就被物质吸收。

二、红外光谱仪的应用

1. 化合物的鉴定

用红外光谱鉴定化合物，其优点是简便、迅速和可靠；同时样品用量少、可回收；对样品也无特殊要求，无论气体、固体和液体均可以进行检测。有关化合物的鉴定包括下列几种：

（1）鉴别化合物的异同

某个化合物的红外光谱图同熔点、沸点、折射率和比旋度等物理常数一样是该化合物的一种特征。尤其是有机化合物的红外光谱吸收峰多达 20 个以上，如同人的指纹一样彼此各不相同，因此用它鉴别化合物的异同，可靠性比其他物理手段强。如果两个样品在相同的条件下测得的光谱完全一致，就可以确认它们是同一化合物，例外较少。

（2）鉴别光学异构体

旋光性化合物的左、右对映体的固相红外光谱是相同的。对映体和外消旋体由于晶格中分子的排列不同，使它们的固体光谱彼此不同，而溶液或熔融的光谱就完全相同。非对映异构体因为是两种不同的化合物，所以无论是固相，还是液相光谱均不相同，尤其在指纹区有各自的特征峰。但是大分子的差向异构体如高三尖杉酯碱与表高三尖衫酯碱，由于彼此晶格不同，固相光谱的差别较大，而液相光谱差别很小。

（3）区分几何（顺、反）异构体

对称反式异构体中的双键处于分子对称中心，在分子振动中链的偶极矩变化极小，因此在光谱中不出现双键吸收峰。顺式异构体无对称中心，偶极矩有改变，故有明显的双键特征峰，以此可区分顺、反异构体。

不对称的分子，由于反式异构体的对称性比顺式异构体高，因此双键的特征峰前者弱，后者强。

（4）区分构象异构体

同一种化学键在不同的构象异构体中的振动频率是不一样的。以构象固定的六元环上的 C—Y 键为例，平展的 C—Y 键伸缩振动频率高于直立键，原因在于直立的 C—Y 键垂直于环的平面，其伸缩振动作用于碳上的复位力小；Y 若在平展键，C—Y 的伸缩振动使环扩张，复位力大，所以振动频率高。研究构象异构体要注意相的问题。固态结晶物质通常只有单一的构象，而液态样品大多是多种构象异构体的混合物，因此两种相的光谱不尽相同。如果固相和液相光谱相同，则表明该化合物只有一种构象。

环状邻位双羟基化合物可以利用羟基之间的氢键推断构相。有分子内氢键的羟基特征峰波数低于游离羟基的波数。氢键越强，二者波数差越大。

（5）区分互变异构体

有机化学中经常碰到互变异构现象，如β-双酮有酮式和烯醇式，红外光谱极容易区分它们。在四氯化碳溶液中酮式在约 $1730cm^{-1}$ 有两个峰，烯醇式只有一个氢键螯合的羰基，振动频率降至 $1650cm^{-1}$，比酮式低 $80\sim100cm^{-1}$。同时在 $1640\sim1600cm^{-1}$ 区有共轭双键特征峰，强度与羰基近似。

2. 定性分析

根据主要的特征峰可以确定化合物中所含官能团，以此鉴别化合物的类型。如某化合物的图谱中只显示饱和C—H特征峰，就是烷烃化合物；如有═C—H和C═C或C≡C等不饱和键的峰，就属于烯类或炔类；其他官能团如H—X，X≡Y，>C═O和芳环等也较易认定，从而可以确定化合物为醇、胺、酯或醛等。

同一种官能团如果处在不同的化合物中，就会因化学环境不相同而影响到它的吸收峰位置，为推断化合物的分子结构提供十分重要的信息。以羰基化合物为例，有酯、醛和酸酐等，利用化学性质有的容易鉴别，有的却很困难，而红外光谱就比较方便和可靠。红外光谱用于定性方面的另一长处是 $5000\sim1250cm^{-1}$ 区内官能团特征峰与紫外光谱一样有加和性，可用它鉴定复杂结构分子或二聚体中含官能团的各个单体。

3. 定量分析

红外分光光度计同其他分光光度计一样，可按照朗伯-比尔定律进行定量分析。由于红外分光光度计狭缝远比一般光电比色计的宽，通过的光波长范围大，使测定的吸收峰变矮变宽，影响直观的强度，加之吸收池、溶剂和制备技术不易标准化等各方面的因素，使其精密度较紫外光谱低。

基于混合物的光谱是每个纯组分的加和，因此可以利用光谱中的特定峰测量混合物中各组分的百分含量。有机化合物中官能团的力常数有相当大的独立性，故每个纯组分可选一或两个特征峰，测其不同浓度下的吸收强度，得到浓度对吸收强度的工作曲线。用同一吸收池装混合物，分别在其所含的每个纯组分的特征峰处测定吸收强度，从相应的工作曲线上求取各个纯组分的含量。如果杂质在同一处有吸收就会干扰含量，克服这个缺点的方法是对每个组分同时测定两个以上特征峰的强度，并在选择各组分的特征峰时尽可能选择它的强吸收峰，其他组分在测定组分强吸收峰附近吸收很弱或根本无吸收。

4. 鉴定样品纯度和指导分离操作

通常纯样品的光谱吸收峰较尖锐，彼此分辨清晰，如果含5%以上杂质，由于多种分子各自的吸收峰互相干扰，常降低每个峰的尖锐度，有的线条会模糊不清。加之有杂质本身的吸收，使不纯物的光谱吸收峰数目比纯品多，故与标准图谱对比即可判断纯度。

5. 研究化学反应中的问题

在化学反应过程中可直接用反应液或粗品进行检测。根据原料和产物特征峰的消长情况，对反应进程、反应速度和反应时间与收率的关系等问题及时作出判断。

第三节 质 谱 仪

质谱分析法（MS）是一种根据离子（带电荷的原子、分子或分子碎片）质荷比（Mass charge ratio，m/z）不同而排列成谱图进行物质成分分析的方法。质谱分析法可用来分析同位素成分、有机物结构以及元素成分、痕量分析等。首先将待测样品离子化，在电场或磁场环境下，不同质荷比的离子运动行为不同，从而得到按质荷比大小排列而成的质谱图，进而通过质谱谱峰位置和谱峰丰度对待测样品组成进行定性或定量分析。从离子源出来的离子具有各种不同的质荷比，其后续的仪器功能是采用某种方法将这些离子按质荷比进行一一分离，并按质荷比大小进行排序，形成质谱。常见的质谱仪按不同质荷比的离子分离方法可以分为磁偏转质谱仪、四极杆质谱仪（Q-MS）、离子阱质谱仪（IT-MS）、傅里叶变换离子回旋共振质谱仪（FTICR-MS）和飞行时间质谱仪（TOF-MS）。

一、质谱仪的工作原理

质谱仪通常由样品导入系统、离子源、质量分析器、检测器等部分组成。样品在离子源中被离子化，带有一个或者几个电荷，经过离子源的加速聚焦极板的作用，形成高速的飞行离子束。离子束通过离子源的狭缝后进入磁场分析器，首先不同质荷比的样品离子被分离，然后通过磁场分析器的离子继续飞行进入静电场分析器，对质荷比相同但能量不同的离子进行分离，最后满足条件的样品离子通过质谱仪的飞行通道，进入检测器，检测器将离子信号转换为电信号，放大后显示出来。

二、质谱仪的应用

最近 30 年质谱学在各个方面都获得了极大的发展。新的离子化方法如场致电离（FI）、场解吸电离（FD）、化学电离（CI）、激光离子化、等离子体法等不断出现。复杂的、高性能的商品仪器不断推出，如离子探针质谱仪、磁场型的串联质谱仪、离子回旋共振-傅里叶变换质谱仪等。液相色谱与质谱的联用在近 20 年来取得突破性进展，已进入实用阶段。另一方面，低价位、简易型仪器的推出，对扩大和普及质谱分析的应用起了很大的作用。据文献记载，质谱技术已经应用到了各个领域。

1. 医药领域

1980 年以来，中药代谢及其药代动力学研究的深度和广度有了较大幅度的提高。近年来，由于液相色谱和质谱联用技术的迅猛发展，使得质谱尤其是串联质谱已成为中药代谢物研究和检测的重要工具。药物代谢研究是药物开发过程中非常重要的一步，通常的做法是首先收集样品，用溶剂提取、柱色谱或高压液相色谱制备得到纯品，再进一步对原药和代谢物进行紫外、红外、质谱、核磁共振等光谱分析，推断代谢物的结构。液相色谱和质谱联用大大方便了样品处理和提取工作，同时由于采用串联质谱检测，通过图谱解析可以了解母体药物的代谢产物。

表面加强激光解析电离飞行时间质谱仪（SELDI-TOFMS）是一种新的蛋白质检测技术，与传统的蛋白质组学方法相比，该技术具有快速、灵敏、高通量等特点。运用该技术制成的蛋白质芯片质谱仪已成为蛋白质组学研究中的重要工具。

2. 食品领域

丹麦罗斯基斯的一个实验室发明了一种带有质谱仪的装置。该装置可测定产品中60多种元素的相对含量，可与农产品样品的质谱仪图谱进行对比，从而可得知这些农产品有无化肥与农药残留物，确认是否为不含化肥与农药残留物的真正绿色食品。国内自行研制的高分辨率ESI-TOF-MS可用于分析大豆磷脂中的磷脂酰胆碱。结果表明，利用ESI-TOF-MS共检测出了大豆磷脂中的52种磷脂酰胆碱。

3. 环境、生物、煤炭和化学领域

串联质谱技术作为分析混合物和鉴定分子结构的重要手段，很早以前已在大型质谱仪上得到应用。在两个前后串联的质谱/质谱仪中，前级质谱主要用于分离，在样品被电离后，它只允许被分析的目标化合物的母离子碎片通过，经过碰撞裂解后，由第二级质谱进行分析，由于上述过程的完成至少需要三个质量分离器串联而成，故在大型质谱仪上应用串联质谱技术成本较高，而且操作比较复杂，从而限制了该技术的广泛应用。随着离子阱质谱仪的发展，利用其可实现时间串联的特性，即串联质谱的每个阶段在不同时间段进行，使用同一个离子阱质量分离装置就可以完成串联质谱的分析，甚至可以进行多级质谱的分析，Varian公司的Saturn串联质谱仪目前可以做到MS_6。从而大大降低串联质谱分析的成本，而且性能优异的工作站软件也使该分析的操作变得十分容易。目前，该技术在环境分析、煤的萃取物分析、生物分析以及化合物分析等方面得到了广泛的应用。它不仅适用于复杂基体混合物的定性分析，而且可以利用二级质谱结果进行定量分析。同位素比率质谱仪是近些年发展起来的用于测定某些稳定同位素组成的仪器，在诸多领域中都展现出广阔的应用前景。由于稳定同位素组成中蕴藏着丰富的地球化学信息，通过研究其组成可以揭示地球化学过程中的诸多方面的信息。所以同位素比率质谱仪技术和同位素一起作为一种新的有效手段在地球化学研究中有着越来越广泛的应用。

第四节 核磁共振仪

核磁共振（NMR）是交变磁场与物质相互作用的一种物理现象，目前已经广泛应用于多个学科领域的研究，在化学、食品、矿业等工业领域，生物医学以及材料科学等领域都有广泛的应用，已成为这些领域研究工作的不可或缺的分析与测量手段。

一、核磁共振仪的工作原理

1. 核磁共振原理

核磁共振现象是非零磁矩的原子核在外部磁场作用下，核自旋简并能级发生塞曼分裂，并共振吸收特定频率射频能量的物理过程。在原子核的微观结构中，中子不带电，质子带正电，这使得整个原子核呈现出带电性。在核自旋运动的作用下，这些带电的原子核就形成自身的核磁矩。该磁矩u与自旋角动量p成正比，即$u=\gamma p$，其中γ为对应原子核的旋磁比。根据量子力学理论，核自旋角动量是量化的，不可连续取值，其具体取值以自旋量子数I进行表示：

$$|p|=\frac{h}{2\pi}\sqrt{I}(I+1) \tag{2-1}$$

其中，h为普朗克常数。I会随着原子核的质子数Z和中子数N的不同而取不同的值。

当质子数 Z 和中子数 N 都为偶数时，原子核为非磁性核，I 取零，不产生自旋角动量，无法产生 NMR 信号。除此之外，其他的原子核均能产生 NMR 现象。当 $I=1/2$ 时，核外电子云呈均匀的球形分布，原子核所形成的谱线宽度较窄，最适合应用于 NMR 谱学检测。当施加外部主磁场（简称主磁场）时，样品中的核磁矩就会在一段时间内实现沿主磁场方向有序排列。随后，在垂直于主磁场方向、特定频率的射频脉冲激励下，核磁矩发生翻转，原子核从低能态跃迁到高能态，能级发生变化。当射频脉冲作用结束后，核磁矩和外磁场之间存在一定的角度，从而核磁矩绕主磁场方向进动。其进动角频率（Larmor 频率）与翻转角度无关，是由原子核的旋磁比 γ 和主磁场的磁感应强度共同决定。在核磁矩的不断进动过程中，跃迁到高能态的原子核逐步回迁到基态，并辐射出相应的电磁波。通过电子检测手段，将探测到的电磁感应信号进行数据处理，就可以有效地分析物质成分和结构等。

2. 核磁共振波谱分析的基础

在原子结构中，除了带正电的原子核外，外围还包含着相对等数量带负电的电子。在形成分子时，由于周围环境的变化和相关作用，有的电子会偏离原有原子核，有的则会形成共用配对，使得整个电子云具有不同的分布。对于抗磁性物质，这些分子内的电子在无磁场作用下，与原子核形成无磁性耦合，总自旋角动量为零。然而，当外部磁场出现时，核外电子云会被极化，产生感应环形电子流，呈现出一个逆向的感应磁矩。并且极化后的电子云会在原子核处产生一个与外部磁场相反的内部磁场，使原子核感受到的有效磁场小于外部磁场 B_0。对于液体样品，其表达式为：

$$B_{\mathrm{eff}}=B_0-\sigma B_0=(1-\sigma)B_0 \tag{2-2}$$

式中，σ 为磁屏蔽常数，它只与原子核所处的化学环境有关。在这种磁屏蔽的作用下，不同化学环境中原子核的 NMR 共振峰会在频率维度上产生不同程度的位移，形成化学位移。此时，该原子核的 NMR 频率为：

$$\upsilon=\frac{1}{2\pi}\gamma(1-\sigma)B_0 \tag{2-3}$$

式中，$\gamma\sigma B_0/2\pi$ 为绝对化学位移，是依据单个原子核来计算的。然而在现实复杂的化学环境中，孤立的原子核并不会存在，因此不可能准确测量绝对化学位移。在通常情况下，NMR 实验只能测量相对化学位移，也就是同一种核自旋在不同化学环境中 NMR 共振频率的相对变化：

$$\Delta\upsilon=\frac{1}{2\pi}\gamma(\sigma_1-\sigma_2)B_0 \tag{2-4}$$

因此，当电子检测系统接收信号时，自由衰减（Free induction decay，FID）信号就已经包含了与不同化学成分、化学结构相对应的化学位移信息。再将 FID 信号进行傅里叶（Fourier）变换处理，所得到的频域谱图就可以清晰地展示出研究人员所需的物质成分和结构等信息。

二、核磁共振仪的应用

核磁共振仪由于能够分析 ^{13}C、^{1}H、^{19}F 和 ^{31}P 等原子核在不同的化学环境中的结构，而广泛应用于多个学科领域的研究，如化学、食品、矿业等工业领域，生物医学以及材料科学等，并且已成为很多领域研究工作的不可或缺的分析与检测手段。

（1）基于信号幅值的检测应用

基于信号幅值的检测，即只是在检测方向上对样品的信号强度进行简单的识别，在这种检测中，只针对核的种类进行检测，并不区分处于不同化学环境的核。不把信号的强度与位置联系起来，即不需转换为图像，只是简单的得到样品密度的差异。可以利用这一技术来检测含核的种子，在食品加工管理工作中区别果实是否去核，据报道 N. Zion 等成功地用一维投影检出了传送带上的含核种子。还可以利用此种技术来进行香烟焦油检测，地下找水（秦始皇皇陵检测是否进水），纤维含油率检测等。

（2）基于图像的检测应用

所谓 NMR 图像法，即通过选择合适的脉冲序列，得到回波信号，为将样品的体素与图像上的像素一一对应，在二维傅里叶变化法中，可以通过三个互相垂直的可控线性梯度来实现定位，然后根据样品截面上不同点的信号强度的差异，经过计算机处理得到明暗对比，再将这些像素组合起来就得到图像。检测中一般用到二维图像，即得到某一截面的图像，通过信号颜色的亮暗反映样品的组成物质的含量。

（3）基于弛豫时间差异的检测应用

弛豫过程是指处于激发态的核通过非辐射途径放出能量恢复到基态的过程。由于自旋核和体系中其他原子核相互作用而丢失能量的过程称为自旋-晶格弛豫，由自旋核和同种核相互作用而丢失能量的过程则称为自旋-自旋弛豫。这两种弛豫过程的快慢分别用弛豫时间 T_1 与 T_2 表示。在低场磁共振成像分析仪中，可以根据需要选择不同的脉冲序列来得到所要的信息。

第五节 原子吸收分光光度计

早在 1802 年，伍朗斯顿（W. H. Wollaston）在研究太阳连续光谱时，就发现了太阳连续光谱中出现暗线，1860 年克希霍夫（G. Kirchhoff）和本生（R. B. Bunse）研究碱金属和碱土金属的火焰光谱时，发现钠蒸气发出的光通过温度较低的钠蒸气时会引起钠光的吸收，并且根据钠发射线与暗线在光谱中位置相同这一事实，断定太阳连续光谱中的暗线正是太阳外围大气圈中的钠原子对太阳光谱中的钠辐射吸收的结果。1955 年，澳大利亚物理学家瓦尔西（A. Walsn）发表著名论文《原子吸收光谱在化学分析中的应用》奠定了原子吸收光谱法的基础。1961 年里沃夫（B. V. Lvoi）发表非火焰原子吸收法，灵敏度达 $10^{-14}\sim10^{-13}$ g。1965 年威立斯（J. B. Willis）引入了氧化亚氮-乙炔火焰解决易生成难熔氧化物元素的原子化问题，使可测定元素达到近 70 个，扩展了原子吸收光谱分析元素的应用范围。1969 年 W. Holak 首次采用氢化物原子吸收法产生 AsH_3，空气乙炔火焰测定 As。1973 年 E. J. Kundson 等开发了氢化物发生-石墨炉原子吸收光谱法。氢化物发生-原子吸收光谱法是测定 Se、As、Sn、Te、Bi、Hg 等易生成挥发性化合物的元素最灵敏的分析方法之一。20 世纪 80 年代以来，元素形态分析研究有了很大发展，其中色谱和原子吸收联用是分析元素形态的最有效方法之一。

一、原子吸收光谱的工作原理

原子吸收光谱法是基于蒸气相中被测元素的基态原子对共振辐射的吸收强度测试样品中被测元素含量的一种方法。原子吸收光谱分析最重要的就是使被测元素变成基态原子。

常用的原子化方法有火焰法和非火焰法。

1. 火焰原子化法

火焰原子化法使用的仪器包括喷雾器、雾化器和燃烧器三部分。为保证辐射光被原子蒸气有效吸收，燃烧器喷嘴设计成长条形，高度和方向可调，试样浓度较小时，能够使辐射光平行通过火焰中原子蒸气浓度最大的部分。在喷雾器中，试液被高速气流吸入雾化，与撞击球碰撞生成细小颗粒的气溶胶，雾化器的作用是使气溶胶进一步细小化，并与燃料气体和助燃气体充分混合进入燃烧器火焰中，在火焰中生成基态原子，为保证基态原子数目，火焰原子化的温度在原子化的前提下尽可能低。

试样气溶胶离子在火焰中经蒸发、干燥、离解（还原）等过程产生大量基态原子，原子化过程中，火焰的性质对不同元素的基态原子的产生具有很大影响。

常用的空气-乙炔火焰温度达2600K，可测35种元素。N_2O-C_2H_2火焰温度较高，可使测定的元素增加到70多种。选择火焰时，还应考虑火焰本身对光的吸收。可根据待测元素的共振线，选择不同的火焰，避开干扰。

2. 非火焰原子吸收法

非火焰原子吸收法主要是电热高温石墨炉原子化法。

石墨炉原子化法是常用的非火焰原子化方法，通过大电流使试样原子化。石墨炉法需要根据待测元素及样品选择合适的石墨管，现在普遍使用的石墨管有三种，高密石墨管、热解石墨管和平台石墨管。高密石墨管用普通石墨制作，应用最为广泛。由于石墨具有多孔的特性，液体样品在石墨管壁会有一定的渗透。热解石墨管是在高密石墨管的表面用CVD方法进行热解，而具有金属般光泽的表面，样品在管壁渗透较少。

二、原子吸收分光光度计的应用

1. 在理论研究方面的应用

原子吸收可作为物理或物理化学的一种实验手段，对物质的一些基本性能进行测定和研究，另外也可研究金属元素在不同化合物中的不同形态。

2. 在元素分析方面的应用

原子吸收光谱法凭借其本身的特点，现已广泛地应用于工业、农业、生化制药、地质、冶金、食品检验和环保等领域。该法已成为金属元素分析的最有力手段之一。而且在许多领域已作为标准分析方法，如化学工业中的水泥分析、玻璃分析、石油分析、电镀液分析、食盐电解液中杂质分析、煤灰分析及聚合物中无机元素分析；农业中的植物分析、肥料分析、饲料分析；生化和药物学中的体液成分分析、内脏及试样分析、药物分析；冶金中的钢铁分析、合金分析；地球化学中的水质分析、大气污染物分析、土壤分析、岩石矿物分析；食品中微量元素分析。

3. 在有机物分析方面的应用

使用原子吸收光谱仪可通过与相应的金属元素之间的化学计量反应，间接测定多种有机物，如8-羟基喹啉（Cu）、醇类（Cr）、酯类（Fe）、氨基酸（Cu）、维生素C（Ni）、含卤素的有机物（Ag）等。

第六节 气相色谱仪

气相色谱法是一种以气体为流动相的柱色谱法，根据所用固定相状态的不同，可分为气-固色谱（GSC）和气-液色谱（GLC）。气-固色谱以多孔性固体为固定相，分离的对象主要是一些气体和低沸点的化合物；气-液色谱的固定相是涂渍在惰性担体上的高沸点有机物液膜。由于有很多种固定液可供选择，因此气-液色谱选择性较好，应用广泛。

一、气相色谱仪的工作原理

气相色谱的流动相为惰性气体，气-固色谱法中以表面积大且具有一定活性的吸附剂为固定相。当多组分的混合物样品进入色谱柱后，由于吸附剂对每个组分的吸附力不同，经过一定时间后，各组分在色谱柱中的运行速度也就不同。吸附力弱的组分最先离开色谱柱进入检测器，而吸附力最强的组分不易被解吸下来，因此最后离开色谱柱。各组分在色谱柱中彼此分离，依次进入检测器中被检测、记录下来。气-液色谱中，以均匀地涂在载体表面的液膜为固定相，这种液膜对各种有机物都具有一定的溶解度。当样品被载气带入柱中到达固定相表面时，就会溶解在固定相中。当样品中含有多个组分时，由于它们在固定相中的溶解度不同，经过一段时间后，各组分在柱中的运行速度也就不同。溶解度小的组分先离开色谱柱，而溶解度大的组分后离开色谱柱。这样，各组分在色谱柱中彼此分离，然后依次进入检测器中被检测、记录下来。

二、气相色谱仪的应用

气相色谱法由于具有分离效能高、分析速度快、选择性好等优点，在石油化工、煤的小分子萃取、医药卫生、环境监测、生物化学等领域都得到了广泛的应用。

1. 在卫生检验中的应用

检验空气、水中污染物如挥发性有机物、多环芳烃（苯、甲苯、苯并［*a*］芘）等；农作物中残留有机氯、有机磷农药等；食品添加剂苯甲酸等；体液和组织等生物材料的分析如氨基酸、脂肪酸、维生素等。

2. 在医学检验中的应用

体液和组织等生物材料的分析：如脂肪酸、甘油三酯、维生素、糖类等。

3. 在药物分析中的应用

抗癫痫药、中成药中挥发性成分、生物碱类药品的测定等。

4. 在煤化工分析中的应用

煤的热解产物的分析，煤焦油中稠环芳烃的定向转化，煤气的高温脱硫分析以及煤的催化加氢裂解等成分分析。

第七节 高效液相色谱仪

现代色谱法从发明到现在已有近百年的历史。1901 年俄国的植物学家 Tswett 开始关于色谱分离方法的研究，1903年他发表了“一种新型吸附现象及其在生化分析上的应用”的论文，提出了应用吸附原理分离植物色素的新方法，并首先认识到这种层析现象在分离分析方面有重大价值。3年后，他将这种方法命名为色谱法，20多年后，Kuhn等成功地用色谱法从蛋黄中分离出了植物叶黄素，证实了色谱法可以用来进行制备分离，此后，色谱分离法被各国科学工作者注意和应用。直到20世纪60年代，随着气相色谱中系统理论和实践经验在液相色谱中被应用，液相色谱的分离能力大大提高了。与此同时，高压输液泵的使用加快了液相色谱的分析速度，机械式的色谱积分器的使用使比较准确地测定色谱峰面积成为可能。所有这些标志着高速、高压、高效的液相色谱法已蓬勃发展起来了。20世纪80年代，毛细管电泳技术在色谱中的运用，发展了细内径的高效制备色谱及径向制备色谱，解决了DNA、蛋白质及多肽等生物研究方面的难题，使液相色谱得到了进一步的发展。

一、高效液相色谱仪的工作原理

液相色谱仪工作过程为：高压泵将储液瓶中的流动相经进样器以一定的速度送入色谱柱，然后由检测器出口流出。当样品混合物经进样器注入后，由流动相携带进入色谱柱，由于各组分的性质不同，它们在柱内两相间作相对运动时产生了差速迁移，混合物被分离成单个组分，依次从柱内流出进入检测器，检测器将各组分浓度转换成电信号输出给记录仪或数据处理装置，得到色谱图。

高效液相色谱仪种类很多，根据其功能不同，主要分为分析型、制备型和专用型。根据分离机制不同分为液-液色谱、液-固色谱、离子色谱、离子对色谱和凝胶色谱等。

二、高效液相色谱仪的应用

高效液相色谱有利于分离热不稳定和非挥发性的、离解的和非离解的以及各种分子量范围的物质，能够分离复杂相体中的微量成分。随着固定相的发展，有可能在充分保持生化物质活性的条件下完成分离。由于高效液相色谱法具有上述各种特点，因而广泛应用于核酸、肽类、稠环芳烃、高聚物、药物、人体代谢物、生物大分子、表面活性剂、抗氧剂、杀虫剂等物质的分析。总的来说，高效液相色谱法在很多方面都起到了重要的作用。

1. 医药方面

可以了解监控药物生产过程中主体和副体产物的存在情况。另外通过测定人体血或尿中药物的含量分析药物在体内的代谢情况也是近来医药研究的主要内容之一。

2. 生化方面

高效液相色谱法在生化方面的研究主要体现在对RNA，DNA及其碎片的研究，对氨基酸、肽和蛋白质的分析，以及对酶和糖的分析。

3. 天然产物

天然产物的组分非常复杂，例如中草药等，用高效液相色谱法进行分离分析，具有简单快速的特点。

4. 食品方面

有效分析控制食品或饲料中各种添加剂及有害有毒成分，是当前食品科学中的重要课题，高效液相色谱法已经被广泛应用于这些领域。

5. 环境分析

在对大气中污染物的成分分析，废水、废气和汽车尾气中有害组分的分析中，高效液相色谱法发挥着很大的作用。

6. 农业分析

在农业的发展中，高效液相色谱也发挥着很大的作用。它主要用来对各种农作物中营养成分进行分析，特别是对多糖、脂肪酸、蛋白质等都是极为有效的分析方法。

7. 煤的成分分析

煤热解大分子产物的分析以及煤的萃取成分分析。

第八节 透射电子显微镜

1897 年，Thomson 发现了电子；1924 年，Louis de Broglie（1929 年诺贝尔物理奖得主）提出电子具有波动的物理特性；1926 年，Busch 发现电子可像光线经过玻璃透镜一样在电磁场中发生折射；1932 年，Ruska 发明了以电子束为光源的透射电子显微镜，并于 1986 年与证明扫描电子显微镜理论的 Knoll 因为在电子显微技术上的杰出贡献而同获诺贝尔奖。经典的电子显微技术主要包括透射电子显微镜（TEM）和扫描电子显微镜（SEM）。实际上透射电子显微和扫描电子显微是两种完全不同的技术，但是由于都利用了电子束，都具有观察微小细节的能力，因此共同构成了电子显微技术的基础。

透射电子显微镜，简称透射电镜，是利用高能电子束做激发源进行放大成像的超显微分析设备，是在纳米及原子级空间研究各种固体材料内部结构的非常有效的技术。1933 年，德国科学家卢斯卡（Ruska）和克诺尔（Knoll）研制出了世界上第一台透射电镜，1939 年，西门子公司以这台电镜为样机，制造了第一批商品透射电镜，其分辨能力比光学显微镜提高了 20 倍。从此，人类对微观世界的科学研究有了更强有力的武器。目前透射电镜的分辨率达到了 0.1～0.2nm，放大倍数为几百～数百万倍。早期 TEM 作为一种高分辨率、高倍率的显微镜，只是光学显微镜的一个技术延伸，用于观察光学显微镜无法分辨的亚显微及超微结构。但随着电子显微学理论和实践的不断发展和积累，人们发现和开发了 TEM 的许多新功能，使 TEM 成为了一种综合性分析仪器。透射电子显微镜如今已经广泛应用于自然科学各领域，尤其在物理、化学、生物、医学和材料科学等方面发挥着不可代替的作用。

一、透射电子显微镜的工作原理

透射电镜通过极高加速电压轰击薄膜或粉末样品，其透射电子束携带了与物质结构及成分相对应的多种物理信息；经过特殊设计可以快速有效地采集和处理这些信号，将高分辨图像、明场/暗场图像、电子衍射信息以及详细的微区化学成分信息有机地结合起来，使其成为分析研究固态物质的重要仪器。

透射电子显微镜与光学显微镜的成像原理基本相似，所不同的是透射电镜采用电子束作光源，电磁场作透镜。透射电镜和光学显微镜的各透镜位置及光路图基本一致：入射电子束经过聚光镜会聚之后辐照样品，透过样品的电子束由物镜会聚成像；之后由中间镜和投影镜再进行两次接力放大，最终在荧光屏上形成投影供观察者观察。电子束照射并透过样品后，样品上的每一个点由于对电子的散射变成一个个新的点光源，并向不同方向散射电子。方向相同的光束在物镜后焦平面上会聚为电子衍射花样；而在物镜像平面上得到放大图像。透射电子显微镜中关键的部件主要有电子枪、电磁透镜、探测器及真空系统。其中，电子枪提供的电子束经过极高加速电压加速后轰击薄膜或粉末样品，其透射电子束携带了与物质结构及成分相对应的多种物理信息：当加速电子撞击非晶样品时，部分电子被样品吸收，吸收率因穿透区域厚度和成分的差异引起图像振幅（或称质量厚度）衬度。由于电子与物质相互作用，透射强度会不均匀分布，这种现象称为衬度，所得的像称为衬度像。利用质厚衬度（又称吸收衬度）像，对样品进行微观形态学分析；质量厚度是非晶体样品的主要成像衬度机制。其他电子会发生小角度散射，由此样品的成分和结构决定，这会导致所谓的图像相衬度。在晶体样品内，电子会发生方向截然不同的散射，与晶体结构有关，这会导致所谓的图像衍射衬度。一些撞击样品的电子会大角度转向，或者被样品的原子核反射；如果样品是晶体，衍射图样会在物镜下方被称为后焦面的位置上形成。通过更改物镜正下方透镜的放大倍数，可以放大衍射图案并将其投影到观察设备上。物镜下方是几片投影透镜，用于聚焦、放大并将图像或衍射图样投影到观察设备上。而相衬度和衍射衬度是晶体样品图像形成所需的最重要因素。利用电子衍射、微区电子衍射、会聚束电子衍射物等技术对样品进行物相分析，从而确定材料的物相、晶系，甚至空间群；利用衍衬像和高分辨电子显微像技术，观察晶体中存在的结构缺陷，确定缺陷的种类、估算缺陷密度。撞击样品的电子还会将样品自身的电子撞离样品的原子，这些被撞离的电子就形成了低能量的二级电子。撞击样品的电子可能会导致样品原子发出X射线，这些射线的能量和波长与样品的化学元素组成密切相关，因此被称作特征X射线。利用TEM所附加的能量色散X射线谱仪或电子能量损失谱仪可对样品的微区化学成分进行分析；利用带有扫描附件和能量色散X射线谱仪的TEM，或者利用带有图像过滤器的TEM，对样品中的元素分布进行分析。

二、透射电子显微镜的应用

作为电镜主要性能指标的分辨率已由当初的约50nm提高到今天的0.1～0.2nm的水平，它的应用几乎已扩展到包括材料科学、地质矿物和其他固体科学以及生命科学在内的所有科学领域，已经成为人类探索客观物质世界微观结构奥秘的强有力的手段。现代自然科学领域的所有重大成就，几乎都包含着电子显微技术的贡献。透射电镜主要功能有以下几点。

1. 固体表面形貌观察

由于电子束穿透样品的能力低，因此要求所观察的样品非常薄，对于透射电镜常用75～200kV加速电压来说，样品厚度应控制在100～200nm。复型技术是制备这种薄样品的方法之一，而用来制备复型的材料常选用塑料和真空蒸发沉积炭膜，它们都是非晶体。复型技术只能对样品表面形貌进行复制，不能揭示晶体内部组织结构等信息，受复型材料本身尺寸的限制，电镜的高分辨本领不能得到充分发挥，萃取复型虽然能对萃取物相作结构分析，但对基体组织仍然是表面形貌的复制。而由金属材料本身制成的金属薄膜样品则可以最有效地发挥电镜的极限分辨本领；能够观察和研究金属及其合金的内部结构和晶体缺陷，成像及电子衍射的研究把形貌信息与结构信息联系起来；能够进行动态观察，研究在温度改变的情况下相变的形核长大过程，以及位错等晶体缺陷在应力下的运动与交互作用。

2. 纳米材料分析

透射电镜现已在纳米材料（陶瓷、金属及有机物）、纳米粉体、介孔材料、纳米涂层、碳纳米管、薄膜材料、半导体芯片线宽测量等领域得到了广泛应用。即使一般材料研究，要得到更多显微结构信息的高分辨率照片，也需要场发射 TEM。

3. 生物医学领域中的应用

17 世纪光学显微镜的发明，促进了细胞学的发展，20 世纪电子显微镜的发明，揭开了病毒和细胞亚显微结构的奥妙。20 世纪 60 年代以来，电镜广泛应用于工农业生产、材料学、考古学、生物学、组织学、病毒学、病理学和分子生物学等众多研究领域中。但从电镜技术应用的广度、研究的深度等方面看，没有哪一个领域可与生物医学相媲美。在细胞学方面：由于超薄切片技术的出现和发展，人类利用电镜对细胞进行了更深入的研究，观察到了过去无法看清楚的细胞超微结构。

第九节 扫描电子显微镜

虽然透射电子显微镜由于利用电子束照明获得了较光学显微镜高千倍水平的放大倍率，为了解纳米尺度的微观世界创造了条件，但透射电子显微镜在使用上仍然存在重要的限制，由于电子束的透过能力有限，因此透射电子显微镜在其发展的初期主要是应用于生物材料的观察，而且需要配合切片技术以获得较薄的观察样片，在其应用于透过性能更差的金属等固体样品的观察时，则需要配合更为复杂的样品制备技术以获得极薄的样片。当前，透射电子显微镜较多用于观察纳米材料等的形貌和尺度，然而，使用透射电镜需要一些特殊制备的支撑材料来负载被观察的样品，能观察的也主要是纳米材料的外形轮廓，对材料表面形貌的表达不够充分。

在透射电子显微技术之后，扫描电子显微技术创造了另一条通往微观世界的道路。从字面上看，两者都称为电子显微镜，但实际上两者除了都利用到电子束和电磁透镜外，在工作原理上是截然不同的。正如前面讨论的，透射电子显微镜完全承袭了光学显微镜的放大原理，而扫描电子显微镜是一种基于电子与表面相互作用产生信号的技术，更大程度上类似于表面分析技术，因而其图像不仅能够反映样品表面的显微形貌特征，还可能提供密度、元素分布等更有意义的信息。

1935 年，Max Knoll 证明了扫描电子显微镜的理论；1938 年，Ardenne 发明了第一台扫描电子显微镜；1939 年，Ruska 和 Borries 在西门子公司制造了第一台商用的扫描电子显微镜；1960 年，Everhart 和 Thornley 发明二次电子侦测器。扫描电镜可直接利用样品表面材料的性能进行微观成像。扫描电镜的优点是：①有较高的放大倍数和范围、在 20～20 万倍连续可调；②有很大的景深，视野大，成像富有立体感，可直接观察各种试样凹凸不平表面的细微结构；③试样制备简单。目前很多扫描电镜配有 X 射线能谱仪装置，这样可以同时进行显微形貌观察和微区成分分析，是十分有用的科学研究仪器。

一、扫描电子显微镜的工作原理

扫描电子显微镜的工作原理是利用一束极细的电子束扫描样品，在样品表面激发出某种可测的信号，其信号强度与样品表面形貌结构或物质构成等有关，这些信号被检测放大器转变为电信号再还原为亮度信号，显示出与电子束同步的扫描图像。

1. 入射电子和样品表面的相互作用

了解电子束与物质表面接触时究竟发生怎样的相互作用对理解扫描电子显微镜的放大成像原理是十分重要的，当一束高能电子束轰击样品表面时，其发生的主要相互作用方式如图2.1所示，基于这些作用产生的信号可形成多种成像方式，见表2.1。

表 2.1 SEM 各种成像方式所利用的信号和作用

显微成像方式	信号来源	作用
SEI(Secondary electron image)	二次电子	表面形貌
BEI(Backscattered electron image)	背散射电子	原子序数对比
EDS(Energy dispersive specturm)	X 射线	元素分析
WDS(Wavelength dispersive sperturm)	X 射线	高解析元素分析
EBSP(Electron backscattering diffraction pattern)	衍射电子及前向散射电子	颗粒取向
CL(Cathodoluminescence)	阴极发光	半导体及绝缘体缺陷或杂质

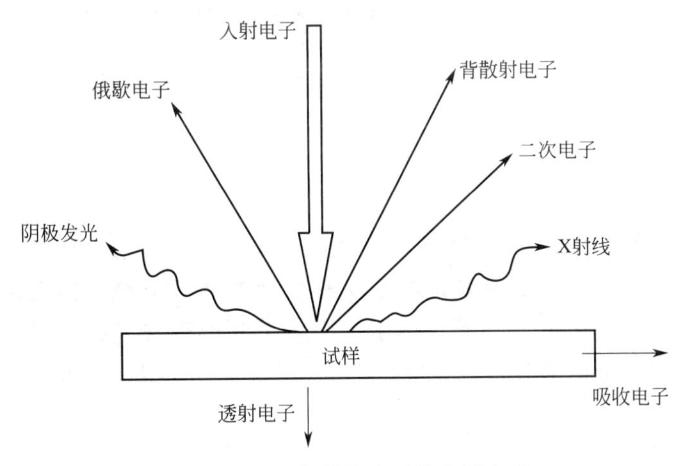

图 2.1 电子与样品表面的作用方式

由此可见，当一细束聚焦的电子轰击试样表面时，会激发出能反映试样形貌、结构和组成的各种信息，包括二次电子、背散射电子、特征 X 射线、连续 X 射线、俄歇电子、吸收电子、透射电子等。除此之外，在可见、紫外、红外光区域也会产生电磁辐射，产生电子-空穴对、晶格振动（声子）、电子振荡（等离子体）等。原则上讲，利用电子和物质的上述相互作用，可以获取被测样品本身的各种物理、化学性质信息，如形貌、组成、晶体结构、电子结构和内部电场或磁场等。其中二次电子和背散射电子在显微成像中尤为重要，这些电子的产生是入射电子与试样的原子核和核外电子产生弹性或非弹性散射作用所致。从原子结构的角度可得到更明确的理解，见图2.2。

2. 扫描电镜利用的主要电子信号

(1) 二次电子

入射电子在轰击样品表面时，使样品原子的较外层电子（价带或导带电子）电离并逸出

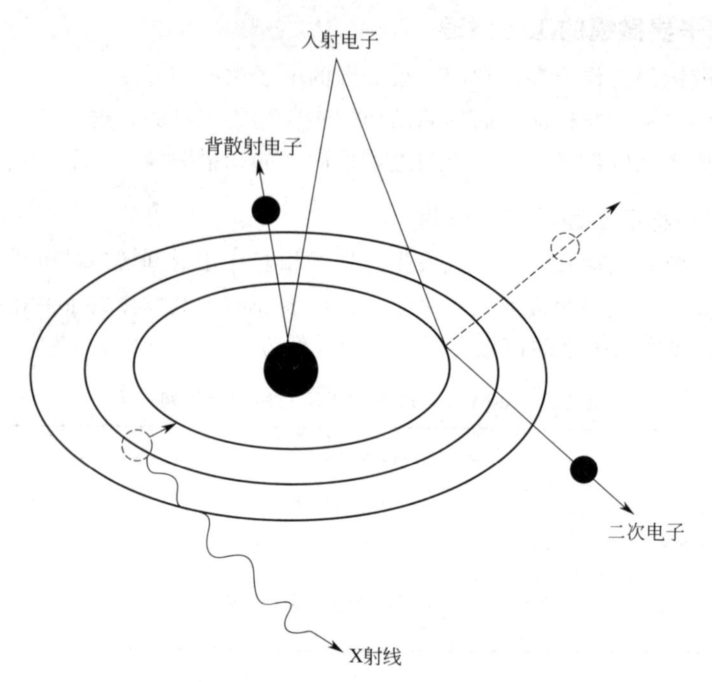

图 2.2 从原子结构角度理解入射电子与样品的作用

样品表面，称二次电子。这是由于原子核和外层价电子间的结合能较小，当这些电子从入射电子中获得了大于结合能的能量时，可电离成为自由电子。如果这一过程发生在比较接近样品表层处，只要自由电子的能量大于材料逸出功，这些自由电子便可从样品表面逸出，成为真空中的自由电子。

二次电子能量较低，一般小于 50eV，而且仅在样品表面 5～10nm 的深度内才能逸出表面，它对表面形貌非常敏感，能有效地显示试样表面的微观形貌。而且由于它发自试样表层，入射电子还没有被多次反射，所以产生二次电子的面积与入射电子的面积没有太大区别，分辨率较高，扫描电镜的分辨率一般就是指二次电子分辨率。同时，二次电子产率与原子序数关系不大。

(2) 背散射电子

背散射电子是指入射电子与样品相互作用（弹性和非弹性散射）之后，再次逸出样品表面的高能电子，其中弹性背散射电子是指被样品中原子核反射回来的那些入射电子，其能量基本上没有变化，可达数千到数万电子伏，非弹性背散射电子是入射电子和核外电子撞击后产生非弹性散射，不仅能量变化，而且方向也发生变化，其能量范围很宽，从数十电子伏到数千电子伏。从数量上看，弹性背散射电子远比非弹性背散射电子所占的比例多。背散射电子成像分辨率较二次电子差一些，一般为 50～200nm。

背散射电子的产额随样品的原子序数增大而增加，所以背散射电子信号的强度与样品的化学组成有关，即与组成样品的各元素平均原子序数有关，利用背散射电子作为成像信号可以用来显示原子序数衬度，进行定性成分分析。

(3) 吸收电子

吸收电子也是对样品中原子序数敏感的一种物理信号。入射电子与样品相互作用形成的电流可表示为：

$$i_I = i_B + i_A + i_T + i_S \qquad (2\text{-}5)$$

式中，i_I 为入射电子电流；i_B、i_T 和 i_S 分别代表背散射电子、透射电子和二次电子电流；i_A 为吸收电子电流。当样品厚度足够大时，入射电子不能穿透样品，所以透射电子电流为零。由于二次电子信号与原子序数（$Z>20$ 时）无关，即设 $i_S=C$，则此时吸收电子电流为：

$$i_A = (i_I - C) - i_B \qquad (2\text{-}6)$$

在一定条件下，入射电子束电流是一定的，所以吸收电流与背散射电流存在互补关系，即吸收电子像与背散射电子像是互补的。

3. SEM 的放大倍率

SEM 的放大倍率在几十到几十万倍间连续可调，但放大倍率不是越大越好，而是由分辨率制约的，要根据有效放大倍率和分析样品的需要进行选择。基于人眼的自然分辨率为 0.2mm，若显微镜的分辨率为 5nm，则有效放大倍率 $M=0.2\times10^6\,\text{nm}\div5\text{nm}=40000$（倍），如果选择高于 40000 倍的放大倍率，不会增加图像细节，只是虚放，一般无实际意义。

扫描电镜的分辨率与光学显微镜和透射电子显微镜中讨论的一致，即利用高速电子束可获得短的波长从而可获得高的分辨率，但实际上扫描电镜的分辨率远未达到其理论分辨率极限，原因是电子束的束斑还难以控制到如此小的面积，而扫描电子显微技术中分辨率较高的二次电子像的分辨率基本等于电子束束斑半径，目前钨灯丝热发射的 SEM 分辨率可达到 3～6nm，场发射源 SEM 分辨率可达到 1nm。

4. 扫描电镜的景深

扫描电子显微镜的景深特性也是决定其性能的一个重要参数，景深大的图像立体感强。

二、扫描电子显微镜的应用

扫描电镜追求固体物质高分辨的形貌，形态图像，形貌分析（表面几何形态，形状，尺寸）。

扫描电子显微镜可用于显示化学成分的空间变化。

基于化学成分的相鉴定——化学成分像分布，微区化学成分分析，用 X 射线能谱仪或波谱采集特征 X 射线信号，生成与样品形貌相对应的元素面分布图，进行定点化学成分定性定量分析，相鉴定。

利用背散射电子基于平均原子序数（一般和相对密度相关）反差，生成化学成分相的分布图像。

利用阴极荧光，基于某些痕量元素（如过渡金属元素，稀土元素等）受电子束激发的光强反差，生成痕量元素分布图像。

利用样品电流，基于平均原子序数反差，生成化学成分相的分布图像，该图像与背散射电子图像亮暗相反。

利用俄歇电子，对样品物质表面 1nm 表层进行化学元素分布的定性定量分析。

利用背散射电子衍射信号对样品物质进行晶体结构（原子在晶体中的排列方式），晶体取向分布分析，基于晶体结构的相鉴定。

同时扫描电子显微镜还可以作为显微操作平台，接配纳米机械手、微机械探针、离子枪等装置，进行离了切割加工，纳米操作，微区尺度物理化学性质测量。为适应材料的动态观察和材料所处环境，可配置特殊样品台，如机械拉伸台、高温样品台、低温样品台，样品分析室充入可与样品发生物理化学反应的特殊气体。

第十节 电化学工作站

随着科技的进步，电化学测量仪器获得了飞跃性的发展，有力地促进了电化学各领域的发展。从早期的高压大电阻的恒电流测量电路，到以恒电势仪为核心的模拟仪器电路，再到计算机控制的电化学综合测试系统，仪器功能、可实现的测量方法更加丰富，控制和测量精度大大提高，操作更加方便快捷，实验数据的输出管理和分析处理能力更加强大。

快速发展的电化学工作站是现代电子技术与电化学理论研究的产物，欧美的先进国家电化学研究起步较早，并且凭借自己先进的电子技术，使得其在电化学检测方面的研究在世界处于领先地位。最初，测试仪器采用单片机作为前端机，简单地与微机相连接，但存在软件支持少、接口不兼容及产品商业化等问题。将工作站进行改进，形成了以微机为上位机、单片机为下位机的二级系统。单片机进行数据的采集与存储，微机进行数据的管理与分析处理，从而产生了面向不同应用方向的电化学工作站。

一、电化学工作站的工作原理

电化学工作站具有多种电化学分析技术，是多种电化学分析方法的综合。虽然生产电化学工作站的厂家及其品种系列有很多，但电化学工作站通常都包括恒电位仪、恒电流仪、转换器、滤波器以及电极系统这几个大的部分。

其中，恒电位仪和恒电流仪是电化学工作站的核心设备，其性能直接影响电化学测试结果的准确度。恒电位仪实质上是利用运算放大器的计算使得参比电极与研究电极之间的电势差严格等于输入的指令信号。因此，具有运算放大器的恒电位仪在电解池、电流取样及指令信号的连接上有很大的灵活性。恒电位仪可以通过调控电极电势而达到恒电势极化的目的，同时，还可以使电极电势自动跟踪指令信号，并做出相应的改变。

1. 恒电位仪与恒电流仪

恒电位仪：根据恒电位仪的电路不同，将恒电位仪分为电压跟随式恒电位仪、反相放大器式恒电位仪、加法器恒电位仪和具有欧姆电势降补偿的恒电位仪。在电化学测量中，由于溶液电阻的存在，测量结果往往会受到很大影响。为了尽可能减小电化学测量的系统误差，可以通过在恒电位仪电路上增加补偿电路来消除溶液电阻对电势测量的影响。

恒电流仪：控制流过电解池的电流，即控制流过电解池中工作电极和辅助电极的电流。在恒电流实验中，我们感兴趣的常常是工作电极相对于参比电极的电极电势。同样的，用运算放大器可以组成各种恒电流仪。根据电路的不同，恒电流仪也有很多种，如基于比例放大器的电路的简单恒电流仪，具有欧姆电势降补偿的恒电流仪等。

2. 转换器

在计算机应用中，计算机运算、加工处理的信号都是数字量，而计算机控制的对象又都是模拟量（连续变化的电压和电流）。所以，电化学工作站中必须有数-模转换器（简称

DAC）和模-数转化器（简称 ADC）。利用计算机可以方便地得到各种复杂的激励波形。这些波形以数字阵列的方式产生并存于存储器中，然后这些数字通过数-模转换器转换成模拟电压施加在恒电势仪上。在获取数据及记录方面，电化学响应，诸如电流或电势，基本上是连续的，可通过模-数转换器在固定时间间隔内将它们数字化后进行记录。

3. 滤波器

滤波器可以使信号中特定的频率成分通过，而极大地衰减或抑制其他频率成分，相当于频率“筛子”。电化学工作站中两个可供选择的低通滤波器可以防止高频噪声的产生。它们对于低电流实验非常方便，但为了在高扫描速率状态下获得更好的准确度，也可以将它们关闭。

4. 电极体系

电化学工作站采用的是三电极体系的电解池。三电极分别是：①研究电极，也称工作电极，是被研究的对象。研究电极的材料及形状可根据实验要求来定，如柱形的玻碳电极、铂电极等，平面状的铜电极、ITO 导电玻璃电极等。平面状电极制作方便，在理论上数据处理简单，常被采用。②辅助电极，也称对电极。它的作用是与研究电极一起使电流形成通路，保证研究电极的极化，其面积往往比研究电极大得多，这样通过辅助电极的电流密度就很小。在电化学实验测量中，要求辅助电极上发生的反应对研究电极的影响较小或者几乎没有，或者辅助电极不参与反应。③参比电极。电极电位恒定，不受溶液组成或电流流动方向变化影响的电极称为参比电极。它是测定研究电极电势的参考点。在测量中参比电极不发生极化，且电势稳定。参比电极与研究电极构成的回路几乎没有电流通过，只是为研究电极提供电位参照标准。水溶液中常用的参比电极有氢电极、甘汞电极、银-氯化银电极和汞-氧化汞电极等。

二、电化学工作站的应用

电化学工作站的主要功能有：循环伏安法、线性电位扫描法、交流阻抗法、恒电势法、恒电流法、电势阶跃法、电流阶跃法、计时电量法、差分脉冲伏安法、常规脉冲伏安法、差分常规脉冲伏安法、方波伏安法、交流伏安法、二次谐波交流伏安法、电位溶出分析、差分脉冲电流检测、开路电位-时间曲线、三脉冲电流检测、控制电位分解库仑法、流体力学调制伏安法、旋转圆盘电极转速控制、扫描-阶跃混合方法及多电位阶跃法等。以下选取最常用的几种功能（循环伏安法、交流阻抗法、恒电势法与恒电流法以及电势阶跃法与电流阶跃法）及其应用做简要介绍。

1. 循环伏安法

在电极上施加一随时间作线性变化的大幅度三角形波电势，这一电势称为扫描电势。扫描电势以恒定的速度从电势 i 扫描到 λ，然后再反扫，从电势 λ 扫描到 i。在扫描电势的作用下，通过电极的电流随电势而变，用示波器或 X-Y 函数记录仪自动记录电流-电势曲线，这就是循环伏安曲线。循环伏安法扫描速度快，一般为 0.04～1000V/s，所以能在很短的时间内观察到宽广电势范围内的电极过程变化。对伏安曲线进行数学解析处理，可以得到峰电流、峰电位、扫描速度、物质催化活性及动力学参数等一系列特征关系，从而为研究电极反应规律提供了相当丰富的电化学信息。

循环伏安法可用于初步研究电极体系可能发生的电化学反应，判断电极过程的可逆性，研究电活性物质的吸脱附过程以及单晶电极电化学行为表征。

循环伏安法常用于研究一个电解池系统中可能发生的反应。因为在循环伏安曲线上出现阳极电流峰通常表示发生了氧化反应，而阴极电流峰则表明发生了还原反应。并且，根据电解液中的离子组成，还可以判断电流峰对应的电势范围发生了什么反应。

2. 交流阻抗法

以小振幅的正弦波电势（或电流）为扰动信号，使电极系统产生近似线性关系的响应，测量电极系统在很宽频率范围的阻抗谱，以此来研究电极系统的方法就是交流阻抗法，又称为电化学阻抗谱。

根据交流阻抗谱图，可以了解到影响电极过程的状态变量的情况，判断有无传质过程的影响以及获得从参比电极到工作电极之间的溶液电阻，双电层电容和电极反应电阻的信息。交流阻抗法广泛应用于金属电沉积、腐蚀科学和化学电源等领域。

3. 恒电势法与恒电流法

恒电势法与恒电流法均用于测量稳态极化曲线。恒电势法就是在恒电势电路或恒电势仪的保证下，控制研究电极的电势，使其按照人们预想的规律变化，不受电极系统发生反应而引起的阻抗变化的影响，同时测量相应电流的方法。而恒电流法就是通过控制研究电极的极化电流，使其按照一定的规律变化，记录相应的电极电势的方法。

恒电势法与恒电流法常用于电化学基础研究。

4. 电势阶跃法与电流阶跃法

控制电势阶跃法是指在恒电势仪中控制工作电极按照一定的具有电势的波形规律变化，同时测量电流随时间的变化，进而分析电极过程的机理、计算电极的有关参数或电极等效电路中各元件的数值。控制电势阶跃法被控制的变量是电势，此电势是随时间而变化的阶跃波，阶跃信号通过恒电势仪加到电极上。如将阶梯波发生器产生的阶梯变化的电势信号通过恒电流仪加到电极上，进行恒电流变化，同样可以测得稳态极化电流，这种方法称为控制电流阶跃法。

电势阶跃法与电流阶跃法在电化学吸附、化学电源及金属电结晶等领域有广泛应用。在化学电源的研究中，电流阶跃法可以用于电池电阻的测定，由于欧姆电阻具有跟随性，通过缩短测量时间，电池两端电压的变化就简化为电池欧姆内阻的电压降。电流阶跃法还可以测量多孔电极的面积。

参考文献

[1] 李昌厚．紫外可见分光光度计［M］．北京：化学工业出版社，2005.
[2] 李昌厚．仪器学理论与实践［M］．北京：科学出版社，2008.
[3] 胡文杰．紫外可见分光光度计的应用与维修［J］．分析测试技术与仪器，2005，1（11）：75-79.
[4] Wiegand J R，Mathews L D，Smith G D. A UV-Vis photoacoustic spectrophotometer［J］. Anal Chem，2014，86（12）：6049-6056.
[5] 杨琨．傅里叶变换红外光谱仪若干核心技术研究及其应用［D］．武汉：武汉大学，2010.
[6] 邱颖，陈兵，贾东升．红外光谱技术应用的进展［J］．环境科学导刊，2008，27：23-26.

[7] 张远方．TENSOR27 傅里叶变换红外光谱仪的使用与日常维护［J］．分析仪器，2014，(2)：119-122.
[8] 翁诗甫．傅里叶变换红外光谱仪［M］．北京：化学工业出版社，2005.
[9] 中国科学技术大学化学与材料科学学院实验中心．仪器分析实验［M］．合肥：中国科学技术大学出版社，2011.
[10] 刘敏娜，王桂清，卢其斌．红外光谱技术的进展及其应用［J］．精细化工中间体，2001，31 (6)：1-3.
[11] 王绪明．近年来红外光谱在临床医学中的应用新进展［J］．现代仪器，2007，13 (1)：5-9.
[12] 徐维并．GC-FTIR 联用技术测定水中有机污染物［J］．光谱学与光谱分析，1994，14 (1)：37-42.
[13] 李生华．应用红外光谱学的进展［J］．国外分析技术仪器与应用，1996，(4)：1-11.
[14] GB/T 21186—2007 傅立叶变换红外光谱仪．
[15] 钟丽君，万乐人，彭嘉柔．质谱仪的简介及应用［J］．现代仪器，2005，(1)：32-35.
[16] Herbert G G，Johnstone R A W. Mass spectrometry basics［M］．Boca Raton：CRC Press LLC，2003.
[17] 张正行．有机光谱分析［M］．北京：人民卫生出版社，2009.
[18] 何美玉．现代有机与生物质谱［M］．北京：北京大学出版社，2002.
[19] 郑重．现代环境测试技术［M］．北京：化学工业出版社，2009.
[20] 李发美．分析化学［M］．北京：人民卫生出版社，2011.
[21] 胡育筑，孙毓庆．分析化学［M］．北京：科学出版社，2011.
[22] Claridge T D W. 有机化学中的高分辨率 NMR 技术［M］．北京：科学出版社，2010.
[23] JJF 1448—2001 超导脉冲傅里叶变换核磁共振谱仪校准规范．
[24] (墨) 伊利亚 G. 卡普兰．分子间相互作用：物理图像、计算方法与模型势能［M］．卞江，彭阳，毛悦之译．北京：化学工业出版社，2013.
[25] 陈合兵．核磁共振技术在药物定量分析和混合物结构鉴定中的应用［D］．北京：中国人民解放军军事医学科学院，2010.
[26] 刘忠敏．现代分析仪器分析方法通则及计量检定规程［M］．北京：科学技术文献出版社，1997.
[27] 张友杰，刘小鹏．药物核磁共振定量分析参数的研究［J］．波谱学杂志，2007，24 (3)：289-295.
[28] 武汉大学化学系分析化学教研室．分析化学例题与习题：定量化学分析及仪器分析［M］．北京：高等教育出版社，1999.
[29] 陈燕舞．涂料分析与检测［M］．北京：化学工业出版社，2009.
[30] 王亦军，吕海涛．仪器分析实验［M］．北京：化学工业出版社，2009.
[31] 王书文，齐燕，李明．核磁共振氢谱在有机综合实验中的应用［J］．实验科学与技术，2009，(6)：8-12.
[32] 王逗．核磁共振原理及其应用［J］．现代物理知识，2005，17 (5)：49-51.
[33] 李明，李国强，杨丰科．基础化学实验Ⅱ［M］．北京：化学工业出版社，2001.
[34] 张丽君．核磁共振技术的进展［J］．河北师范大学学报：自然科学版，2000，24 (2)：224-227.
[35] 毛希安．核磁共振基础理论［M］．北京：科学出版社，1996.
[36] Repke J U. Pressure swing batch distillation for homogeneous azeotropic separation［J］．Chem Eng Res Des，2007，85 (4)：492.
[37] 威尔茨．原子吸收光谱［M］．北京：地质出版社，2000.
[38] 邓勃，何华焜．原子吸收光谱分析［M］．北京：化学工业出版社，2004.
[39] 沈泽清．原子吸收分光光度计及其维修保养［M］．北京：科学技术文献出版社，1989.
[40] 方琦，罗德伟，洪林．火焰原子吸收光谱仪影响因素与应对措施［J］．绿色科技，2010，(10)：170-173.
[41] 郭冰．气相色谱仪及其应用［J］．石油化工自动化，2007，(5)：88-90.
[42] 李利明，张立红，张建勇．过程气相色谱仪 PG3302 的故障检测［J］．石油化工自动化，2002，(2)：88-90.
[43] 吴烈钧．气相色谱检测方法［M］．北京：化学工业出版社，2000.
[44] 汪正范．色谱定性与定量［M］．北京：化学工业出版社，2002.
[45] GB/T 30433—2013 液相色谱仪测试用标准色谱柱．
[46] 朱明华，胡坪．仪器分析［M］．北京：高等教育出版社，2008.
[47] 陈康．高效液相色谱仪基本结构及使用［J］．仪器原理与使用，2009，24 (1)：36-39.
[48] 苏承昌，等．分析仪器［M］．北京：军事医学科学出版社，2000.
[49] 刘密新，罗国安，等．仪器分析［M］．第 2 版．北京：清华大学出版社，2002.

[50] 邹汉法，等．高效液相色谱法［M］．北京：科学出版社，1998.

[51] Harris D C. Quantitative chemical analysis［M］. W. H. Freeman and Company，1995.

[52] 章晓中．电子显微分析［M］．北京：清华大学出版社，2006.

[53] GB/T 18907—2013 微束分析 分析电子显微术 透射电镜选区电子衍射分析方法．

[54] 徐祖耀，黄本立，鄢国强．材料表征与检测技术手册［M］．北京：化学工业出版社，2009.

[55] 郝晨生，齐海群．材料分析测试技术［M］．北京：北京大学出版社，2011.

[56] 黄新民，解挺．材料分析测试方法［M］．北京：国防工业出版社，2006.

[57] 余焜．材料结构分析基础［M］．第2版．北京：科学出版社，2010.

[58] GB/T 17507—2008 透射电子显微镜X射线能谱分析生物薄标样的通用技术条件．

[59] 石德珂．材料科学基础［M］．北京：机械工业出版社，2003.

[60] 李斗星．透射电子显微学的新进展——透射电子显微镜及相关部件的发展及应用［J］．电子显微学报，2004，24（3）：269-277.

[61] Kimoto T，Takeda，Shida S. A method to determine long-range order parameters from electron diffraction intensities detected by a CCD camera［J］. Ultramicroscopy，2003，96（1）：105-116.

[62] 姚骏恩．电子显微镜的现状与展望［J］．电子显微学报，1998，17（6）：767-776.

[63] 李方华，何万中．场发射高分辨电子显微像的复原［J］．电子显微学报，1997，16（3）：177-181.

[64] 施明哲．扫描电镜和能谱仪的原理与实用分析技术［M］．北京：电子工业出版社，2015.

[65] 姚琲．扫描隧道与扫描力显微镜分析原理［M］．天津：天津大学出版社，2009.

[66] 张大同．扫描电镜与能谱仪分析技术［M］．广州：华南理工大学出版社，2009.

[67] 曾毅，吴伟，刘紫微．低电压扫描电镜应用技术研究［M］．上海：上海科学技术出版社，2015.

[68] 邵曼君，赵万敏，肖骅昭．高温环境扫描电镜（KYKY1500）Ⅱ．调试与应用［J］．电子显微学报，1997，16（1）：65-70.

[69] 杨阳，惠森兴，张冰阳，等．扫描电声显微镜图像质量的提高［J］．电子显微学报，1998，17（1）：92-96.

[70] Hao S W，Liu K T，Ren B H，et al. A new system for X-Ray microanalysis［C］. In：Proc. 7th BCEIA，A. Electron Microscopy. Beijing：Peking University Press，1997：A19-20.

[71] Rose H. State and prospects of corrected high-resolution energy-filtering electron microscopes［C］. In：Proc. 7th BCEIA，A. Electron Microscopy. Beijing：Peking University Press，1997：A15-16.

[72] 刘剑霜，谢峰，吴晓京．扫描电子显微镜［J］．上海计量测试，2003，（6）：37-39.

[73] 王蕾，靖丽丽，高春香，等．扫描电子显微镜在无机材料分析中的应用［J］．当代化工，2007，36（3）：318-321.

[74] 张强基．表面分析技术及其在材料科学中的应用［J］．理化检验——物理分册，2000，36（3）：99-102.

[75] 张庆军．扫描电子显微镜的应用［J］．河北理工学院学报，1998，20（3）：10.

[76] GB/T 29190—2012 扫描探针显微镜漂移速率测量方法．

[77] 白春礼．纳米科技及其发展前景［J］．科学通报，2001，46（2）：89-92.

[78] Hanland R，Benatar L. A practical guide to scanning probe microscopy［R］. Sunnyvale：Sandia Lab，the Ohio State Univ，2000：25-30.

[79] Bakharaen A A，Nurgazizon N I. AFM investigation of selective etching mechanism of nanostructured silica［J］. Surface Science，2001，482（3）：1319-1324.

[80] 宋桂兰．仪器分析实验［M］．北京：科学出版社，2010.

[81] 陈宏芳．原子物理学［M］．北京：科学出版社，2006.

[82] Eigler D M and Schweizer E K. Positioning single atoms with a scanning tunnelling microscope［J］. Nature，1990，344：524.

[83] Crommie M F，Lutz C P，Eigler D M. Confinement of electrons to quantum corrals on a metal surface［J］. Science，1993，262：218.

[84] 刘玉海，杨润苗．电化学分析仪器使用与维护［M］．北京：化学工业出版社，2011.

[85] Zhao A，Li Q，Chen L，et al. Controlling the Kondo effect of an adsorbed magnetic ion through its chemical bonding［J］. Science，2005，309：1542.

[86] Hansmahg H G, Vesenkaj J, Siegeristc C, et al. Reproducible imaging and dissection of plasmid DNA under liquid with the atomic force microscope [J]. Seience, 1992, 256 (5060): 1180-1184.

[87] Model 600C Series Electrochemical Analyzer/Workstation. Brochure-2006. CH Istruments Inc. http: //www. chinstruments. com/chi600. html.

[88] Yoshimoto S, Tada A, Itaya K. In situ scanning tunneling microscopy study of the effect of iron octaethylporphyrin adlayer on the electrocatalytic reduction of O_2 on Au (111) [J] . The Journal of Physical Chemistry B, 2004, 108 (17): 5171-5174.

[89] Jerkiewicz G, Vatankhah G, Lessard J, et al. Surface-oxide growth at platinum electrodes in aqueous H_2SO_4: Re-examination of its mechanism through combined cyclic-voltammetry, electrochemical quartz-crystal nanobalance, and Auger electron spectroscopy measurements [J] . Electrochimica Acta, 2004, 49 (9): 1451-1459.

[90] Bozzini B, Mele C, Tadjeddine A. Electrochemical adsorption of cyanide on Ag (111) in the presence of cetylpyridinium chloride [J] . Journal of Crystal Growth, 2004, 271 (1): 274-286.

[91] Obliers B, Anastasescu M, Broekmann P, et al. Atomic structure and tip-induced reconstruction of bromide covered Cu (110) electrodes [J] . Surface Science, 2004, 573 (1): 47-56.

[92] 杨新红，蒋雄．弱酸性 KCl 溶液中 Zn^{2+} 在铜电极上沉积机理的探讨 [J] . 华南师范大学学报：自然科学版，1993，(2)：61-68.

[93] 费锡明，李苏，马培燕．交流阻抗法研究有机添加剂对铜电沉积的影响 [J] . 湖北理工学院学报，1997，(2)：6-12.

[94] Marchebois H, Keddam M, Savall C, et al. Zinc-rich powder coatings characterisation in artificial sea water: EIS analysis of the galvanic action [J] . Electrochimica Acta, 2004, 49 (11): 1719-1729.

[95] Gabrielli C, Keddam M, Minouflet-Laurent F, et al. Investigation of zinc chromatation: Part Ⅱ. Electrochemical impedance techniques [J] . Electrochimica Acta, 2003, 48 (11): 1483-1490.

[96] Le Guenne L, Bernard P. Life duration of Ni - MH cells for high power applications [J] . Journal of Power Sources, 2002, 105 (2): 134-138.

[97] Yang J, Song Y, Varela H, et al. The effect of chloride on spatiotemporal dynamics in the electro-oxidation of sulfide on platinum [J] . Electrochimica Acta, 2013, 98: 116-122.

第二篇
碳硫化学基础及其应用

第三章 碳化学

第一节 碳及其化合物

一、碳单质

1. 金刚石和石墨

自然界有金刚石矿和石墨矿，我国的山东和辽宁也有集中的矿藏。金刚石与石墨的物理化学性质不同，具体比较见表 3.1。

表 3.1 金刚石与石墨物理化学性质比较

性质	金刚石	石墨
杂化态	sp^3	sp^2
化学键	全部为 σ 单键	同层 σ 单键，层间 π 键
晶体类型	原子晶体	混合晶体
外观	无色透明发光	灰墨不透明
硬度（莫氏）	10	1
熔沸点	极高	极高（单质之最）
导电导热	无（无自由电子）	有（有自由电子）
化学性质	惰性	比金刚石稍活泼
$\Delta_f G^\ominus/kJ\cdot mol^{-1}$	2.9	0
结构	0.15nm	

平常所说的无定形碳，如木炭、焦炭、炭黑等实际上都具有石墨结构。用特殊方法制备

的多孔性炭黑有较大的吸附能力，称为活性炭，可用于脱色和选择性分离，也可用作催化剂的载体等。

2. 石墨嵌入化合物

由于石墨的片层之间是以较弱的分子间力结合的，因而片层间结合松，许多体积较小的分子、原子、离子能渗入层间形成石墨化合物（包括插入化合物，间充化合物），其结果为：①石墨膨胀（增加层间距离）；②化合物为非整比；③增加导电性（导体）或失去导电性（非导体）。

导体（离子型）：结构特点是片层和电子体系不变，顺磁性。其性质为：①石墨吸收碱金属原子生成的化合物，颜色取决于被金属原子占据的层数；②Cl_2、Br_2、金属卤化物、氧化物（MoO_3）、硫化物（FeS_2）等都可渗入碳碳层之间，且生成的化合物导电性大大增强，导电机理是片层中电子从石墨传给嵌入物，在片层中留下“空穴”而使片层带电。

非导体（共价型）：是氟和氧（浓 H_2SO_4，浓 HNO_3，$KMnO_4$）与石墨形成的化合物，这些化合物中石墨层内的 π 电子体系遭到破坏，碳的 4 个电子全部用于成 σ 键，杂化状态也发生变化（$sp^2 \rightarrow sp^3$），碳原子也可能不共面了，但是连续的，所以化合物不导电。

3. 足球烯（富勒烯）

20 世纪 80 年代中期，人们发现了碳元素还存在第三种晶体形态，称为碳原子簇。其中，人们对 C_{60} 研究得最深入，因为它是稳定性最高的一种。C_{60} 由 12 个五边形和 20 个六边形组成（见图 3.1），每个碳原子以 sp^2 杂化轨道与相邻的三个碳原子相连，使∠CCC 小于 120°且大于 109°28′，形成曲面，剩余的 p 轨道在 C_{60} 球壳的外围和内腔形成球面 π 键，从而具有芳香性。

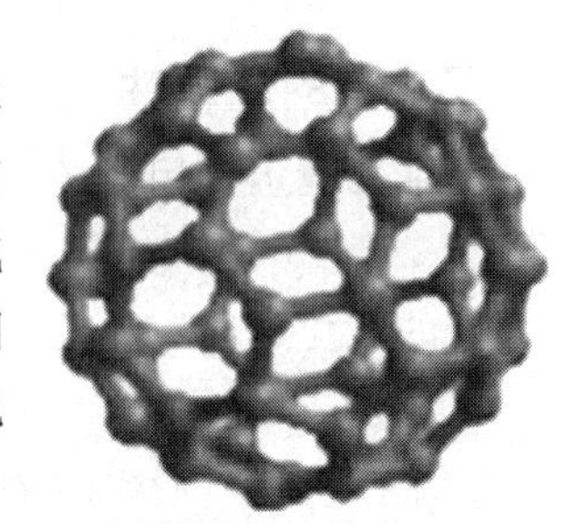

图 3.1 C_{60} 模型

欧拉方程：面数(F)+顶点数(V)=棱数(E)+2

根据欧拉定理，通过 12 个五边形和数个六边形的连接可以形成封闭的多面体结构：C_{60} 为第一个五边形间互不相邻的封闭笼状结构，其形状酷似足球，故称为足球烯，亦称为富勒烯（建筑学家 Buckminster Fuller）或布基球。C_{70} 为第二个五边形间互不相邻的封闭笼状结构，两个五边形相邻的最小碳笼为 C_{50}，三个五边形相邻的最小碳笼为 C_{28}，不存在六边形的最小碳笼为 C_{20}。

科学家认为 C_{60} 将是 21 世纪的重要材料。①C_{60} 分子具有球形的芳香性，可以合成 $C_{60}F_n$，作为超级润滑剂；②C_{60} 笼内可以填入金属原子而形成超原子分子，($C+M \rightarrow C_{60}M \rightarrow C_{48}M \rightarrow C_{36}M \rightarrow C_{24}M \rightarrow C_8M \rightarrow C_x^- M^+$)，作为新型催化剂或催化剂载体，具有超导性，掺 K 的 C_{60}，$T_c=18K$，Rb_3C_{60} 的 $T_c=29K$，它们是三维超导体；③C_{60} 晶体有金属光泽，其微晶体粉末呈黄色，易溶于苯，其苯溶液呈紫红色。C_{60} 分子特别稳定，进行化学反应时，C_{60} 始终是一个整体。

1991 年日本 SumioIijima 用电弧放电法制备 C_{60} 时，得到的碳炱中发现管状的碳。碳的壁为类石墨二维结构，基本上由六元并环构成，按管壁上的碳碳键与管轴的几何关系可分为“扶手椅管”、“锯齿状管”和“螺管”三大类（见图 3.2），按管口是否封闭可分为“封口管”和“开口管”，按管壁层数可分为单层管（SWNT）和多层管（MWNT）。碳管的长度通常只达到纳米级（$1nm=10^{-9}m$）。

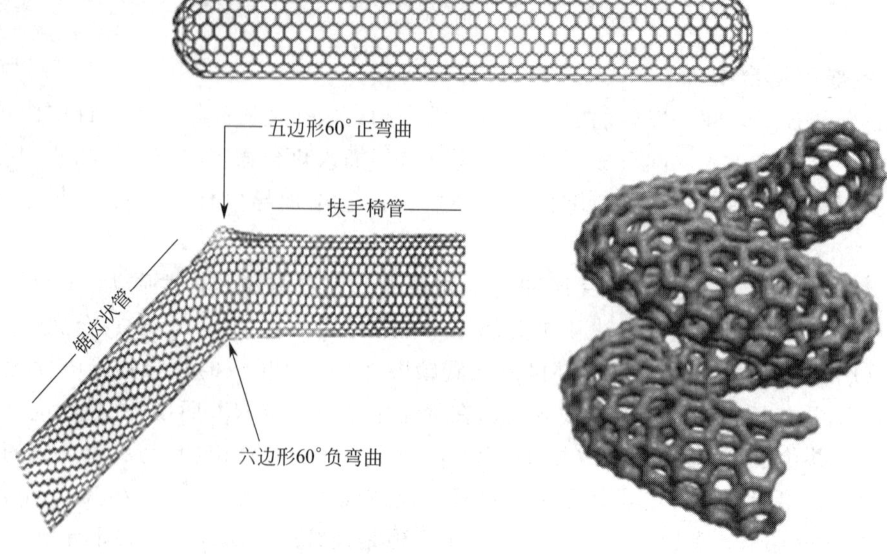

图 3.2 碳纳米管

二、碳的还原性

冶金工业上，用碳还原金属氧化物制备金属，如：

$$MgO+C \xlongequal{} Mg+CO \quad (2000K)$$

碳的氧化还原，涉及以下三个反应：

$$2CO(g)+O_2(g) \longrightarrow 2CO_2(g) \qquad \Delta_r G_m^{\ominus}=-172kJ \cdot mol^{-1}$$

$$C(s)+O_2(g) \longrightarrow CO_2(g) \qquad \Delta_r G_m^{\ominus}=3kJ \cdot mol^{-1}$$

$$2C(g)+O_2(g) \longrightarrow 2CO(g) \qquad \Delta_r G_m^{\ominus}=178kJ \cdot mol^{-1}$$

把这三个反应的 $\Delta_r G_m^{\ominus}$ 对温度 T 作图，其斜率是 $-\Delta_r S_m^{\ominus}$。

$$\Delta_r G_m^{\ominus}=\Delta_r H_m^{\ominus}-T\Delta_r S_m^{\ominus}$$

三、碳的氧化物

碳的氧化物有 CO、CO_2、C_3O_2、C_4O_3、C_5O_2、$C_{12}O_9$ 等。

1. 一氧化碳 CO

CO 是无色无臭有毒气体，在水中溶解度较小。

（1）制备

$$HCOOH(l) \longrightarrow CO(g)\uparrow + H_2O(l)$$

$$2C(s)+O_2(g) \xlongequal{} 2CO(g) \qquad \Delta_f H=-111kJ \cdot mol^{-1}$$

$$C(s)+H_2O(g) \xlongequal{} CO(g)+H_2(g) \qquad \Delta_f H=131.3kJ \cdot mol^{-1}$$

将空气和水蒸气交替地通入热的碳层。

$$H_2C_2O_4(s) \xlongequal{\text{浓 } H_2SO_4} CO+CO_2+H_2O$$

将 CO_2 和 H_2O 用固体 NaOH 柱吸收，制得 CO。

羰基化合物分解制得高纯度 CO：

$$Fe(CO)_5 \longrightarrow Fe+5CO$$

（2）结构

CO 分子有 10 个价电子，与 N_2 是等电子，故 MO 相同。

$$2N \longrightarrow N_2 \quad [KK(\sigma_{2s})^2(\sigma_{2s}^*)^2(\pi_{2py})^2(\pi_{2pz})^2(\sigma_{2p})^2]$$

$$C+O \longrightarrow CO$$

或 :C⇐≡O:

键长：C—O 148pm

C═O 124pm

C≡O 112.8pm

CO 分子中 O 的电负性大于 C，故一对电子偏向氧原子，但由于 O 原子反过来又向 C 原子提供一对电子，形成配位键，因而，从总的效果来看，O 原子和 C 原子的电子云不会发生太大的偏移。事实上，CO 偶极矩接近于零，碳原子略带负电荷。

C 原子的电负性比 O、N 都要小，加之电子云密度有所增强，因而比较容易向其他有空轨道的原子提供电子或参加其他反应（CO 分子键能比 N_2 大，但比 N_2 活泼，配位能力更强）。

（3）主要化学性质

① 很好的配体：可以与过渡元素形成羰基化合物，如 $Fe(CO)_5$、$Mn(CO)_{10}$、$Ni(CO)_4$、$Cr(CO)_6$。这是一大类化合物；可以与血液中携带 O_2 的血红蛋白（Hb）形成稳定的配合物，使人不知不觉地中毒死亡，空气中 1/800 的 CO 可能在半小时内使人死亡。

工业上消去 CO 的方法：

$$2CuCl+CO+2H_2O+4NH_3 = 2Cu+2NH_4Cl+(NH_4)_2CO_3$$

$$[Cu(NH_3)_2]Ac+CO+NH_3 \underset{\text{减压升温}}{\overset{\text{加压降温}}{\rightleftharpoons}} [Cu(NH_3)_3CO]Ac$$

② 还原性：由于 CO 中 C 上电子密度增大，故 C 的一对弧电子易参与成键而体现还原性：

$$CO+Cl_2 = COCl_2\text{（碳酰氯，光气）}$$

$$CO+\frac{1}{2}O_2 = CO_2 \qquad \Delta_r H^{\ominus} = -284kJ \cdot mol^{-1}$$

$$Fe_2O_3(CuO、PbO)+CO \xrightarrow{\text{高温}} Fe(Cu、Pb)+CO_2$$

$$CO+PbCl_2+H_2O = CO_2+Pb\downarrow+2HCl$$

$$CO+2Ag(NH_3)_2OH = 2Ag\downarrow+CO_2\uparrow+4NH_3+H_2O$$

这些反应很灵敏，反应也较快，可用于鉴定 CO。

消去 CO： $NaOH+CO \xrightarrow{350K} HCOONa$

用于合成有机化合物：

$$CO+H_2 \begin{cases} CH_3OH \\ CH_4+H_2O \end{cases}$$

2. 二氧化碳 CO_2

（1）制备

$$C(s)+O_2(g) = CO_2(g) \qquad \Delta_f H^{\ominus} = -394kJ \cdot mol^{-1}$$

$$CH_4(g)+2O_2(g) = CO_2(g)+2H_2O(g) \qquad \Delta_r H^{\ominus} = -603kJ \cdot mol^{-1}$$

反应在热力学上十分有利，$CH_4(g)$ 是生活用煤气的主要成分。

工业上 $CaCO_3 \xlongequal{\triangle} CaO + CO_2(g)$

实验室 $CaCO_3 + 2HCl(浓) \xlongequal{} CaCl_2 + CO_2 + H_2O$(启普发生)

(2) 鉴定 $CO_2 + Ca(OH)_2 \longrightarrow CaCO_3 \downarrow + H_2O$

(3) 结构

: O—C—O :

C═O 124pm

直线形，键长＝116.2pm

用 O═C═O 表示 CO_2 分子

(4) 性质及用途

① 非极性分子，易液化，其临界温度为 304K，固体二氧化碳为雪花状，俗称“干冰”，它是分子晶体（注：在特定条件下也能形成原子晶体）。从相图可知，它的三相点高于大气压，所以在常压下直接升华为气体，它是工业上广泛使用的制冷剂。也常用作戏曲舞台的烟云。

② CO_2 比空气重，不助燃，可用于灭火，浓度高时使人窒息中毒（地窖）。

③ CO_2 在高温下的氧化性：

$$CO_2 + 2Mg \xlongequal{点燃} 2MgO + C$$

$$4K + 3CO_2 \xlongequal{} 2K_2CO_3 + C$$

如图 3.3 所示，与活泼金属反应燃烧，不可作活泼金属的灭火剂。

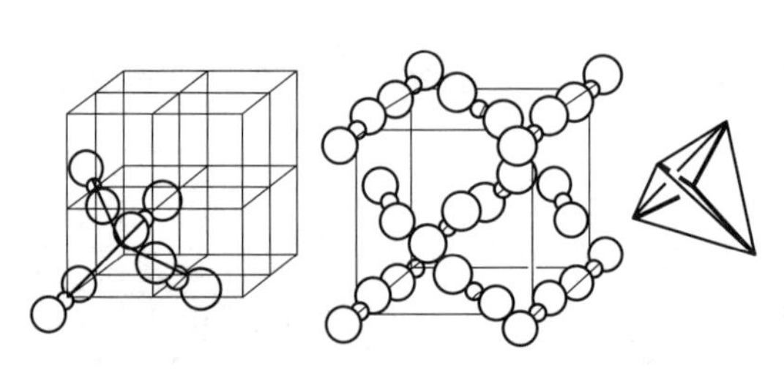

图 3.3 CO_2 结构与氧化性

④ 作为酸性氧化物在工业上广泛应用并可用于制饮料。

⑤ 稳定性，在高温下仅分解 1.8%：

$$2CO_2 \xlongequal{2273K} 2CO + O_2$$

3. 碳酸及碳酸盐

$$CO_2(水) + H_2O \xrightleftharpoons{1\%\sim4\%} H_2CO_3 \rightleftharpoons H^+ + HCO_3^- \rightleftharpoons 2H^+ + CO_3^{2-}$$

碳酸氢盐 碳酸盐

$K_a = 4.2\times10^{-7}$ 5.6×10^{-11}

(1) 结构

$$O{=}C(OH)_2 \qquad [CO_3]^{2-} \qquad \Pi_4^6$$

H_2CO_3：C 原子采用 sp^2 杂化，与左端 O 之间形成 1 个 σ 键和 1 个 π 键；羟基 O 原子采用 sp^3 杂化，与 C 原子形成 sp^2-sp^3σ 键。

H_2CO_3 分子中，2 个 H^+ 对 O^{2-} 的反极化作用与 C 的极化作用大致相同，两个极化作用致使 H_2CO_3 极不稳定，只存在于溶液之中。

(2) 性质

① 溶解性：正盐中除碱金属（不包括 Li^+）、铵及 Tl^+ 盐外，多数碳酸盐的溶解度都很小，难溶于水，许多金属的酸式盐的溶解度大于正盐，但 $S(NaHCO_3)<S(Na_2CO_3)$。原因是由于在 $NaHCO_3$ 溶液中 HCO_3^- 通过氢键相连成二聚离子，降低了它们的溶解度。

$$2HCO_3^- \longrightarrow [\,O{-}C(OH\cdots O)(O\cdots HO)C{-}O\,]^{2-}$$

自然界中碳酸盐的循环转化如图 3.4 所示。

图 3.4 自然界中碳酸盐的循环转化

$$CaCO_3 \rightleftharpoons Ca^{2+}+CO_3^{2-} \xrightarrow{H_2O+CO_2} Ca(HCO_3)_2 \overset{\triangle}{\rightleftharpoons} CaCO_3\downarrow+CO_2\uparrow+H_2O$$

由于地球表面碳酸盐矿大量存在，加上上述这种风化、溶解、沉淀的反复过程，使得大自然造就了各种各样、千姿百态的大溶洞钟乳石和石笋（如无锡的宜兴二洞，江西庐山的龙宫洞，桂林的芦笛岩，七星岩等）。

② 水解性

$$CO_3^{2-}+H_2O \rightleftharpoons HCO_3^-+OH^-$$

$$HCO_3^-+H_2O \rightleftharpoons H_2CO_3+OH^-$$

碱金属和铵的碳酸盐溶于水生成 CO_3^{2-} 或 HCO_3^- 盐，Ca^{2+}、Sr^{2+}、Ba^{2+} 的碳酸盐难溶。

$$Al^{3+}、Fe^{3+}\text{的碳酸盐} \xrightarrow{\text{水解}} M(OH)_3\downarrow+CO_2\uparrow+3H^+$$

$$Cu^{2+}、Zn^{2+}、Pb^{2+}、Mg^{2+} \xrightarrow{\text{碳酸盐}} M_2(OH)_2CO_3\downarrow+CO_2\uparrow$$

4. 碳的其他化合物

(1) 二硫化碳 CS_2

无色有毒，挥发性液体，分子无极性，空气中易着火，是很好的有机溶剂。

$$C+2S \xlongequal{900℃} CS_2$$

$$4S(g)+CH_4(g) \xlongequal[Al_2O_3\text{或硅胶}]{600℃} CS_2+2H_2S$$

易水解：$CS_2+2H_2O = CO_2+2H_2S$

与碱性硫化物反应：$Na_2S+CS_2 = Na_2CS_3$

$$K_2S+CS_2 = K_2CS_3 \xrightarrow{H^+} H_2CS_3$$

H_2CS_3是高折射率油状物，易分解成H_2S和CS_2。

(2) 卤化物

卤化物	CF_4	CCl_4	CBr_4	CI_4
状态	g	l	s	s
颜色	无	无	淡黄	淡红

分子间力、X^- 变形性、溶解性 → 增 大

不溶解于水，仅溶于有机溶剂

① 制备

$$CS_2+3Cl_2 = CCl_4+S_2Cl_2(300K)$$

$$CH_4+4Cl_2 = CCl_4+4HCl(713K)$$

② 性质 $CX_4+2H_2O(g) = CO_2(g)+4HX(g)$

不水解（从热力学上看是可行的）：

$$CX_4+2H_2O(g) = CO_2(g)+4HX(g)$$

$$CF_4(\Delta_r G_m^{\ominus}=-150kJ \cdot mol^{-1}), CCl_4(\Delta_r G_m^{\ominus}=-250kJ \cdot mol^{-1})$$

它们之所以不能水解是由于在通常条件下缺乏动力学因素，碳的配位数已饱和，不能与水分子结合。从$CF_4 \to CI_4$，随着键长的增大，键的强度减弱，稳定性减弱，活泼性增强。对热和化学试剂稳定，可作灭火剂。

四、碳化物

1. 离子型

碳与ⅠA、ⅡA、ⅢA族金属形成的碳化物，如Al_4C_3等不一定有离子键，但由于有典型的金属原子，故取名离子型。易水解。

$$Mg_2C_3+4H_2O \longrightarrow 2Mg(OH)_2+HC{\equiv}C{-}CH_3$$

$$Al_4C_3+12H_2O \longrightarrow 4Al(OH)_3+3CH_4$$

Al Al
C C C
Al Al

2. 间充型

重过渡金属半径大，在晶格中充填碳原子，仍有金属光泽，但硬度和熔点比原来的金属还高。如 Zr、Hf、Nb、Ta、Mo、W 等可形成 MC 式碳化物。

轻过渡金属的碳化物，其活性介于重过渡金属间充型碳化物和离子型碳化物之间。可以水解。

3. 共价型

B_4C，SiC（金刚砂）主要特点是硬度高。SiC 硬度为 9（金刚石为 10），B_4C 可用来打磨金刚石。

五、脂肪烃的性质（见表 3.2）

表 3.2 脂肪烃性质比较

项目	烷烃	烯烃	炔烃
通式	C_nH_{2n+2} $n\geqslant 1$	C_nH_{2n} $n\geqslant 2$	C_nH_{2n-2} $n\geqslant 2$
代表物	CH_4	$CH_2{=}CH_2$	$CH{\equiv}CH$
电子式	$H\overset{H}{\underset{H}{\times\!\!\bullet C\times\!\!\bullet}}H$	$H{:}\overset{H}{C}{::}\overset{H}{C}{:}H$	$H{:}C{\vdots\vdots}C{:}H$
熔沸点	变化规律与烯炔烃类似。常温下 $C_1\sim C_4$ 为气态，$C_5\sim C_{16}$ 为液态。C_{17} 以上为固态	碳原子数越多，熔沸点越高；相同碳原子数，支链越多，熔沸点越低	碳原子数越多，熔沸点越高；相同碳原子数，支链越多，熔沸点越低
溶解性	不溶于水，易溶于有机溶剂	不溶于水，易溶于有机溶剂	不溶于水，易溶于有机溶剂
密度	碳原子数越多，密度越大，但始终小于水的密度	碳原子数越多，密度越大，但始终小于水的密度	碳原子数越多，密度越大，但始终小于水的密度
化学性质概述	较稳定，不与高锰酸钾或溴水发生反应，也不和酸碱发生反应	较活泼，易被酸性高锰酸钾氧化并使其褪色；也可以和溴水发生加成反应使其褪色	较活泼，易被酸性高锰酸钾氧化并使其褪色；也可以和溴水发生加成反应使其褪色
氧化反应	$C_nH_{2n+2}+(3n+1/2)O_2\rightarrow nCO_2+(n+1)H_2O$	$C_nH_{2n}+(3n/2)O_2\rightarrow nCO_2+nH_2O$	$C_nH_{2n-2}+(3n-1/2)O_2\rightarrow nCO_2+(n-1)H_2O$
燃烧现象	火焰呈淡蓝色，安静燃烧	有黑烟产生，火焰明亮	有浓烟产生，火焰明亮
特殊性质或用途	$CH_4\xrightarrow{高温}C+2H_2$ $C_{16}H_{34}\xrightarrow{高温}C_8H_{18}+C_8H_{16}$ 一个大烷烃分子裂解成一个小烷烃分子和一个烯烃分子	顺反异构，同侧为顺，异侧为反 ↑ CH_3 CH_3 ↑ $C{=}C$ H H 顺-2-丁烯 ↑ HOOC H $C{=}C$ ↓ H COOH 反-2-丁烯二酸	乙炔俗名电石气，用于焊接金属；乙烯用作催熟剂和有机化工基本原料，甲烷俗名天然气，用于燃料

第二节 碳转化与利用

一、人工光合作用

能源危机与环境污染已成为全世界的头等难题。一方面是由于社会工业生产对煤炭石油等化石能源的需求量增大，能源需求量的增加速度远远高于其再生速度。据可靠预测，到 2050 年世界能源的需求量将会达到 2000 年的 2 倍，进而导致这些资源更加贫乏。另一方面，化石能源的大量使用导致气候变暖，臭氧层空洞及温室效应等环境问题。据美国能源信息局公布，2006 年全球与 CO_2 排放相关的能源使用是 29 亿吨，整整比 1990 年增长了 35%，这是大量使用化石能源的结果，也是导致地球变暖的主要原因。能源作为社会和经济稳定发展的必要条件，已引起世界各国的高度关注，寻找新的清洁能源，是维持社会可持续发展的前提，也是人类能够继续生存和发展的必经之路。光合作用以其高效率的转换太阳能、产生稳定生物能、清洁无污染等诸多优点显现出其独特的优势。目前，高效的将太阳能转化为生物能的体系已相当完善，在未来十大能源排行榜上人工光合作用位居第一位。

1. 自然光合作用

自然光合作用主要是指高等植物——绿色植物利用叶绿素等光合色素和某些细菌利用其自身细胞，在可见光的照射下，将二氧化碳和水（细菌为硫化氢和水）转化为储存着能量的有机物，并释放出氧气（细菌释放氢气）的生化过程。

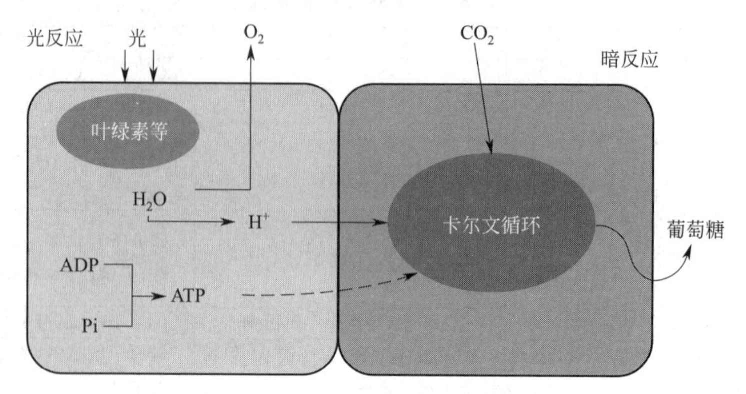

图 3.5 光合作用示意图

总反应式为： $CO_2+H_2O \xrightarrow{光} (CH_2O)+O_2$（叶绿体上进行）

光合作用分为光反应和暗反应 2 个阶段，如图 3.5 所示。光反应是在光照的情况下发生在叶绿体类囊体膜上的一系列反应。在反应过程中，来自于太阳的光能使绿色生物的叶绿素产生高能电子从而将光能转变成电能，然后电子在叶绿体类囊体膜中的电子传递链间移动传递，并将水中的 H^+ 从叶绿体基质传递到类囊体腔，建立电化学质子梯度，用于 ATP 的合成光反应的最后一步。高能电子被 $NADP^+$ 接受，使其被还原成 NADPH（还原型辅酶）。主要反应式如下。

水的光解 $2H_2O \xrightarrow{光和叶绿素} 4[H]+O_2$

ATP 的合成 $ADP+Pi+能量 \xrightarrow{酶} ATP$

NADPH 的合成 $NADP^+ +2e^- +H^+ \xrightarrow{酶} NADPH$

暗反应过程是在叶绿体基质上进行的，植物通过气孔将 CO_2 由外界吸入细胞内，通过自由扩散进入叶绿体。叶绿体中含有 C_5，起到将 CO_2 固定为 C_3 的作用。C_3 再与 NADPH、ATP 提供的能量以及酶反应，生成糖类（CH_2O）和 H_2O 并还原出 C_5，被还原出的 C_5 继续参与暗反应。主要反应式如下。

CO_2 的固定 $CO+C_5 \longrightarrow 2C_3$

C_3 的还原 C_3 化合物$+4NADPH \longrightarrow C_3$ 糖

C_3 再生 C_5 C_3（一部分）$\longrightarrow C_5$ 化合物

ATP 的分解 $ATP \longrightarrow ADP+Pi+能量$

2. 人工光合作用研究现状

光合作用吸收转换能量的过程，提供了利用太阳能来产生新能源的思路。在 20 世纪 80 年代就有一些研究者致力于人工光合作用的研究，它是指利用自然光合作用机理来体外建立光合作用系统，人为地利用太阳能分解水制造氢气，或固定 CO_2 制造有机物（糖类）。世界各国对于人工光合作用已进行了多年的探索研究，并取得相当大的成果。在分析光合作用机理、研究光合作用重要功能结构及其化学组成模拟光合作用产生新能源的探索上，各国主要集中在以下几个方向。

(1) 利用光合作用进行 H_2O 的分解制 H_2。

在光合作用光反应过程中进行着水的光解反应，反应式如下：

$$H_2O \xrightarrow{\text{放氧酶}} 2H^+ + O_2$$

其具体过程如下：叶绿素吸收光子，使色素分子处于激发态，然后将这种激发态通过色素分子间的传递，激发反应中心分子电荷分离，并进行原初反应，最后在放氧酶的作用下进行水的裂解，H^+ 在氢化酶的作用下产生 H_2，反应式如下：

$$2H^+ + 2e^- \xrightarrow{\text{氢化酶}} H_2$$

氢能除了从电解水获得外，工业上还常采用热化学的方法，虽然此种方法产生的氢能也主要来源于水，但是反应需在高温条件下进行，耗费了大量的化石燃料并释放出 CO_2，造成资源浪费的同时又引起各种环境问题。因此在此研究方向上主要是考虑如何人工模拟光合作用进行水的分解来制氢，即对光合作用系统 PSⅡ（光反应过程）过程的模拟，而对此过程的模拟主要有以下 2 个途径。

途径 1 以有机物为基础进行光合作用系统的模拟

光合作用 PSⅡ过程涉及光能的捕获、色素激发能量传递、电荷分离、水的分解等重要过程，而这一系列的反应主要依赖于叶绿素（光敏剂：吸收转化光能）、含 Mn 放氧酶（裂解水分子产氢）和原初电子受体 3 大核心物质结构。

途径 2 以无机半导体材料为基础进行光合作用系统的模拟

利用有机物来模拟光合作用的反应体系较为复杂，需要添加催化剂和电子受体等消耗性物质，物质原料的合成也非常繁琐，金属化合物的合成可能对环境造成污染，并且其化学性质也不稳定，因此还进行着以半导体材料为基础的人工光合作用的研究。

它基于本田藤岛效应，是由 Fujishima 和 Honda 等发现的，基本原理是将 TiO_2 单晶电极与 Pt 电极相连放入水中，在太阳光的照射下，水能被分解。半导体光催化对于人工光合作用的研究首先是由 Bald 及其合作者在 1979 年提出的，即将 TiO_2 或 CdS 等半导体微粒直接悬浮在水中进行光解水反应，在半导体微粒上又常添加铂作为光敏剂，加速聚集和传递电子，促进光还原水的放氢反应。

(2) 人工建立生物化学模拟装置，生成碳水化合物

自然光合作用最终结果是固定 CO_2 生成碳水化合物，同时放出氧气，因此对于光合作用的体外模拟还可从最基本的以生成碳水化合物为目的进行研究，这样既可得到生物能源又降低 CO_2 含量。据日本媒体 2011 年 9 月 21 日报道，丰田中央研究所依靠太阳能，仅以水和二氧化碳为原料合成有机物的人工光合作用示范研究取得成功，此次模拟光合作用合成含碳有机物——蚁酸的研究成果属世界首创，但是其太阳光能源转换率较低，只有 0.04%，光合成效率也只有自然光合作用的 1/5，合成得到的蚁酸不能作为能源使用，因此将继续研究如何提高光合效率，生产出如甲醇等可作为能源的有机物。

(3) 基因工程改造光合作用的固碳过程，引导生产清洁燃料（如 H_2 或甲醇）

不同植物的光合作用原理相同，但是其固碳产物却不一样，这主要是由于不同的植物有着不同的固碳基因，在此研究方向上欲通过基因工程对固碳基因进行遗传学改造，使其定向

产生对人类有用的物质。但是在对固碳过程的基因改造过程中还有着诸多问题，如技术水平尚不成熟，基因很难控制，经常会变异，对条件要求比较苛刻，成本高等。

人工光合作用的研究在解决当今能源危机上起着重要作用，是解决当前资源与环境问题的一个极具可行的方案。纵观全世界，世界多个国家都投入大量的人力、物力、财力，积极准备着攻克这一难关，这一现象也正暗示了人工光合作用具有广阔的前景，它将比自然光合作用更加完善，可以定向生产对人类有用的碳水化合物（糖类含碳燃料等）。

二、直接碳燃料电池(DCFC)

随着世界经济的快速发展，对一次能源的需求急剧增加，以化石资源为燃料的能源结构受到严重的挑战，日益严重的能源供需和环境问题已经成为制约经济和社会发展的瓶颈。为此，世界各国都把发展洁净能源和能源洁净利用技术当作可持续发展能源战略的重要目标。尽管近年来原油价格飞涨，煤的价格却始终稳定在较低的水平。发展以煤为主的能源结构对于国家能源安全意义重大。我国煤炭贮量丰富，而且煤炭在我国能源消费结构中所占的比重远远超过世界平均水平，目前煤炭发电占全国总发电量的80%以上，到2020年，煤电仍将超过75%，但是煤炭的开发和加工利用是我国环境污染物排放的主要来源。因此，发展洁净煤技术将是我国能源发展的必然选择。在洁净煤技术中，集成的煤气化和燃料电池组合循环发电系统（IGFC）是最高效的发电系统，同时对环境具有很小的影响，有望成为“最终的煤基发电技术”。固体氧化物燃料电池（SOFCs）因其燃料适应性强、全固态模块化设计、可热电联合发电等优点，成为集成的煤气化和燃料电池组合循环发电系统（IGFC）发电部分的最佳候选者。

1. DCFC 发展史

1896年，Jacques将煤负极和铁正极浸没在熔融NaOH中构筑了一个电池系统，并将100节单电池构成电池堆，当电池堆工作温度为400～500℃时，输出功率达1.5kW，电流密度高达$100mA/cm^2$，首次建造了一千瓦级的直接碳燃料电池，并且展示了直接碳燃料电池的巨大发展潜力。但是随着蒸汽机技术的不断成熟以及科学界对燃料电池认识的不足，DCFC的研究未能继续下去。直到20世纪后期，随着能源价格的上涨，对环境污染控制的要求日益严格以及燃料电池技术的进步，DCFC的研究才又重新兴起。

1912～1939年，Bagotsky等提出让煤的电化学氧化在煤充分、快速燃烧的温度下进行，并使用熔融的Na_2CO_3和K_2CO_3混合物为电解质构筑DCFC。随后，Bagotsky与其合作者又使用固体氧化锆为电解质开发了固体氧化物燃料电池（SOFC）的雏形，该电池利用高温固体电解质进行氧离子传导，将化学能直接转化为电能。20世纪70年代，Weaver等研究证实了炭直接电化学氧化产生电能的可行性。基于能源安全和能源结构（美国55%电力来自煤）的考虑，美国能源部大力资助DCFC的研究，有力地推动这一项技术的研究进展。20世纪90年代中期，美国SARA公司（Scientific Applications & Research Associates，SARA）开始对DCFC进行研究，目前，SARA公司已经研发出以熔融氢氧化物为电解质的DCFC第四代产品。20世纪90年代末，劳伦斯-利弗摩尔国家实验室（Lawrence Livermore National Laboratory，LLNL）设计了以熔融碳酸盐为电解液，泡沫镍作为电极，氧化锆纤维布为隔膜的DCFC，并向阳极区通入氩气以防止空气进入。美国斯坦福研究院（SRI）以熔融碳酸盐和固体氧化物为电解质设计了U形DCFC，美国直接炭技术中心利用流化床技术设计了DCFC，中国的一些高校也对DCFC展开了相关理论和实验研究，并取得了较突出的研究结果。图 3.6 清楚地描绘了燃料电池的发展历程。

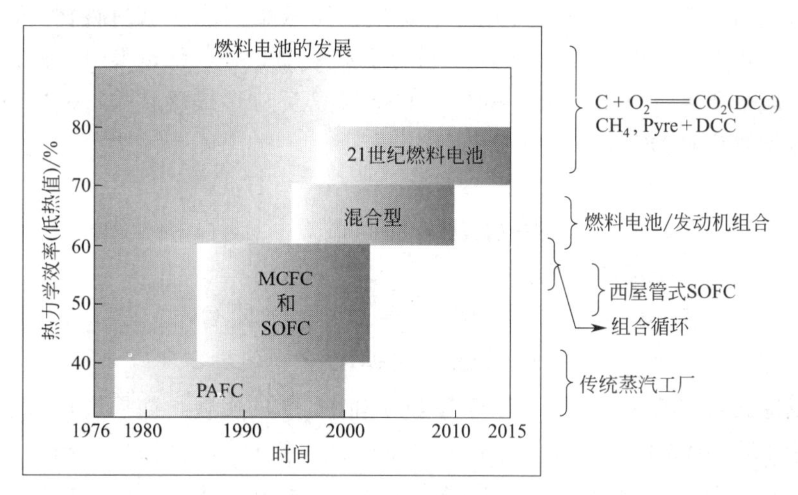

图 3.6 燃料电池的发展历程

2. DCFC 电化学原理

为了在可实际应用的电流密度下有一个较高的能量效率，DCFC 需要在高温的条件工作，这是因为在室温的条件下炭的阳极氧化过电位高，反应缓慢。直接碳燃料电池（DCFC）不同于传统的燃料电池（AFC，PAFC，MCFC，PEMFC，SOFC）。传统的燃料电池都是采用气态或液态燃料，这些燃料的一个重要特点是便于连续输送，可实现发电系统的连续化和自动化，而 DCFC 是采用固体炭（如煤、石墨、活性炭、生物质炭等）为燃料，通过其直接电化学氧化反应来输出电能。直接碳燃料电池的基本结构和传统燃料电池（MCFC 和 SOFC）一样，也是由电子导电的阳极和阴极、离子导电的电解质构成。它的基本工作原理（如图 3.7 所示）是：在电池的阳极发生固体碳燃料的直接电化学氧化反应，释放出 CO_2 等气态产物，同时释放出电子产生电流；在阴极发生氧化剂的还原反应，氧化剂与电子结合产生导电离子，导电离子通过电解质传递至阳极；通过外部不断地供给燃料和氧化剂，将燃料氧化释放的能量源源不断地转换为电能。具体的电极反应以及阴阳极生成产物因 DCFC 使用的电解质不同而不同，理想的电池反应为：

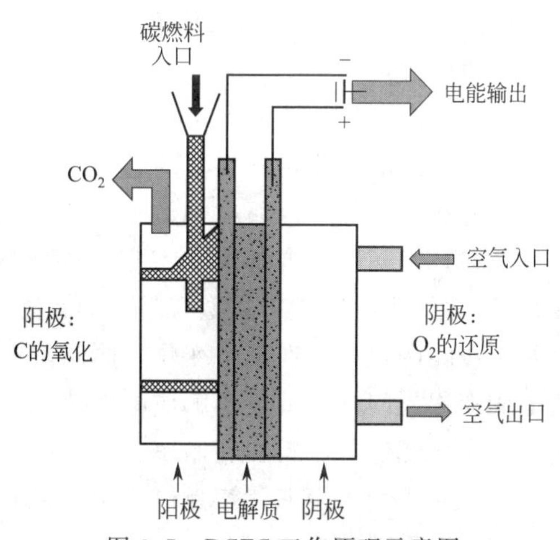

图 3.7 DCFC 工作原理示意图

$$C+O_2 = CO_2$$

DCFC 按所用电解质的不同可分为四类：①以熔融碱金属氢氧化物为电解质的 DCFC；②以熔融碳酸盐为电解质的 DCFC；③采用熔融碳酸盐（或液态金属氧化物）和固体氧化物双重电解质的复合型 DCFC；④只采用固体氧化物电解质的 DCFC，即直接碳固体氧化物燃料电池（Direct carbon solid oxide fuel cell，DC-SOFC）。

(1) 氢氧化物 DCFC

熔融氢氧化物 DCFC 操作温度为 400～500℃，阳极采用能导电的碳材料，电解质采用熔融碱金属氢氧化物，导电离子是 OH^-。世界上第一个 DCFC 就是采用熔融 NaOH 为电解质，但是熔融碱金属氢氧化物会与产物 CO_2 和燃料 C 反应形成碳酸盐，使电解质失效，这曾阻碍了熔融氢氧化物 DCFC 的发展。

$$2OH^- + CO_2 = CO_3^{2-} + H_2O$$

$$C + 6OH^- \longrightarrow CO_3^{2-} + 3H_2O + 4e^-$$

上述反应由以下两个反应构成：

$$6OH^- = 3O^{2-} + 3H_2O$$

$$C + 3O^{2-} \longrightarrow CO_3^{2-} + 4e^-$$

从以上反应式可以看出 CO_3^{2-} 的浓度是 O^{2-} 和 H_2O 的函数，如果增加熔融碱金属氢氧化物电解质中 H_2O 的含量，就可以抑制上述反应，降低 CO_3^{2-} 的浓度。因此，目前的熔融氢氧化物 DCFC 都是采用加湿空气（或氧气），减少碳酸盐生成的同时还能提高电解质的电导率，降低电解质对电池材料（一般是铁、镍、铬或其合金）的腐蚀。熔融氢氧化物 DCFC 的电极反应式为：

阳极反应： $C + 4OH^- \longrightarrow CO_2 + 2H_2O + 4e^-$

阴极反应： $O_2 + 2H_2O + 4e^- \longrightarrow 4OH^-$

电池反应： $C + O_2 = CO_2$

DCFC 以熔融氢氧化物为电解质具有很多优点：①离子电导率高；②碳在熔融碱金属氧化物中具有高的电化学活性，即具有高的阳极氧化速率和低的活化过电势；③工作温度低，对电池材料要求低，因而电池的制备成本低；④结构简单。但是这种 DCFC 目前也存在很多科学和技术问题需要解决：①它的碳燃料既作燃料又作阳极（一般使用导电性好的石墨棒），因此使用的碳燃料类型有限，而且随着燃料的消耗，阳极的表面形态、表面积、体积以及电极间的距离都在发生变化，同时阳极也难以实现连续化进料；②长期运行存在碳酸盐的生成和积累问题，造成电解质的失效；③两电极间无隔膜使得氧气和阳极碳直接接触发生化学反应，降低了燃料的利用率。

SARA 公司的第三代熔融碱 SOFC 结构如图 3.8 所示。

(2) 熔融碳酸盐 DCFC

熔融碳酸盐 DCFC 是目前 DCFC 领域中研究最广泛的。首要原因是产物 CO_2 对熔融碳酸盐电解质无任何副作用，还可以参与反应生成 CO_3^{2-}，有效地保持了碳酸根离子的浓度。熔融碳酸盐 DCFC 的操作温度是 700～900℃。另外它还具有以下优点：①碳燃料使用范围广，不局限于是否有导电性；②以熔融碳酸盐为电解质，导电离子是 CO_3^{2-}，毒性低，成本低。它的主要缺点是电解质对阴极材料（一般是 NiO）腐蚀性强。

熔融碳酸盐 DCFC 的电极反应式为：

阳极反应： $C + 2CO_3^{2-} \longrightarrow 3CO_2 + 4e^-$

阴极反应： $O_2 + 2CO_2 + 4e^- \longrightarrow 2CO_3^{2-}$

电池反应： $C + O_2 = CO_2$

电池工作过程为：当电池接通负载时，阳极的 C 发生电化学氧化反应，释放出电子，并与电解质中的 CO_3^{2-} 结合生成 CO_2，电子通过负载传到阴极，同时释放电能，产生的 CO_2

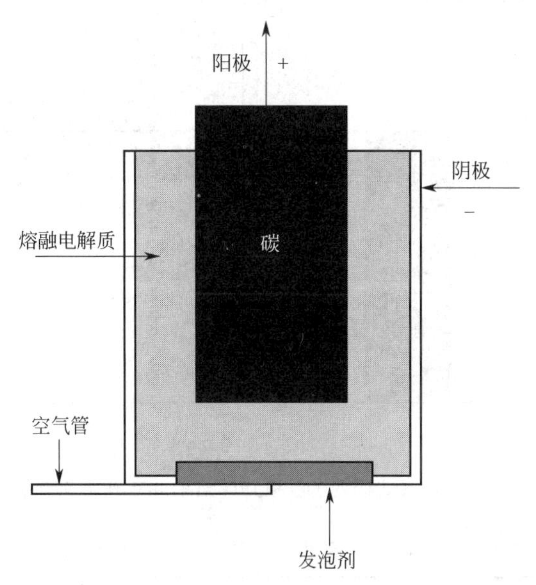

图 3.8 SARA 公司的第三代熔融碱 SOFC 结构示意图

中 2/3 通过电池外部输送到阴极循环利用，剩余的 1/3 排放。O_2在阴极得到电子被还原，并与 CO_2结合形成 CO_3^{2-}，CO_3^{2-} 在电解质内部通过扩散和毛细作用再传导至阳极。

（3）双重电解质复合型 DCFC

DCFC 采用的双重电解质是在固体氧化物电解质和碳燃料中添加液态金属或熔融碳酸盐电解质，双重电解质共同起到传递离子的作用。

固体氧化物电解质是一类研究比较早的传递 O^{2-} 的电解质，主要应用于固体氧化物燃料电池（SOFC）中。从前面的介绍中，我们知道熔融碱金属氢氧化物电解质和熔融碳酸盐电解质存在腐蚀性、泄漏以及失效等问题，将固体氧化物电解质应用在 DCFC 中，可以避免这些问题的发生。

双重电解质复合型 DCFC 解决了熔融氢氧化物和熔融碳酸盐电解质存在的难题，可以直接借用 SOFC 的结构和电池材料；阴极空气无需加湿，产物 CO_2无需循环，简化了电池结构；可方便地实现燃料的连续加入。但是有研究发现 YSZ 电解质在熔融 Li_2CO_3中不稳定，在 700℃下易生成 Li_2ZrO_3，CeO_2基电解质在碳酸盐中易生成 $Ce_{11}O_{20}$和 Ce_6O_{11}。YSZ 和 CeO_2电解质在熔融碳酸盐中的不稳定性限制了材料的选择范围。

（4）直接碳固体氧化燃料电池（DC-SOFC）

直接碳固体氧化燃料电池是一种只以固体氧化物为电解质、不需要熔融介质的全固态结构的 DCFC。1988 年，N. Nakagawa 和 M. Ishida 报道了这种全固态结构的 DC-SOFC，如图 3.9 所示。以 YSZ 为电解质，Pt 为电极。木炭燃料在阳极内发生气化反应产生 CO，CO 被 O_2氧化产生 CO_2，同时释放电子。在 1075K、1180K 和 1275K，电池的开路电压分别为 0.936V、1.05V 和 1.10V 时，阳极交换电流密度分别为 0.98mA/cm^2、1.07mA/cm^2 和 1.72mA/cm^2。C 在高温下可以与 CO_2发生气化反应生成 CO，即 Boudouard 反应，通过这个反应可以解决 C 传质难题。近年来，基于 Boudouard 反应的直接碳固体氧化燃料电池（DC-SOFC）再次引起了人们的兴趣。

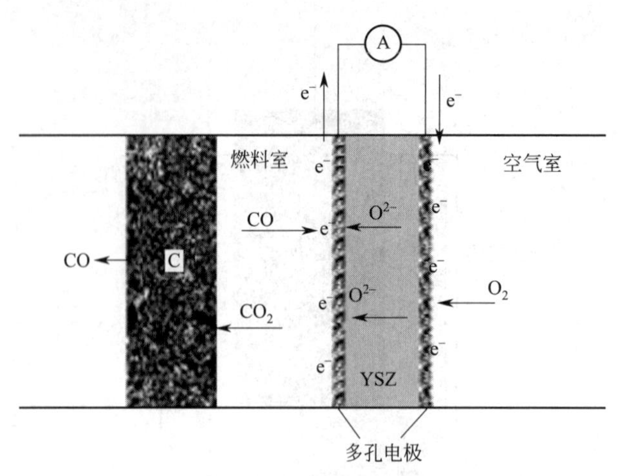

图 3.9 全固态结构的 DC-SOFC 结构和工作原理示意图

表 3.3 750℃下不同燃料电池效率对比（不包括燃料的能量消耗）

燃料	$\Delta G/\Delta H^{\ominus}_{298K}$	燃料利用因子	电压效率 $V(i)/E^{\ominus}$	净效率
C	1.003	1.0	0.8	0.80
H_2	0.70	0.75～0.85	0.8	0.42～0.48
CH_4	0.89	0.75～0.85	0.8	0.53～0.60

不同种类燃料电池的电化学效率在表 3.3 中有所对比。燃料电池的实际效率是从经济性、技术限制以及装置选择来评定的。虽然如此，电化学工程师通常都采用下式来计算净效率：

$$净效率=(\Delta G_T/\Delta H_{298K})\times(电池利用率)\times[V(i)/E^{\ominus}]$$

直接碳燃料电池理论效率可以达到 100%，利用率可以达到 100%，净效率可以达到 80%（基于 C/O_2，$\Delta H^{\ominus}_{298K}$）。

DCFC 的反应具有以下特点：

① C/O_2的自由能（$\Delta G^{\ominus}_T$）和标准焓变（$\Delta H^{\ominus}_{298K}$）基本相等，理论效率可以达到 100%，熵变基本为零。

② 电池电动势与电池位置和 C 燃烧的转化程度无关，这是由于不变的热力学活性以及 C 是固态而 CO_2是气态。这使得 C 的利用率在单电池中可以达到 100%（氢的利用率一般只有 80%）。

③ 接近于零的熵变减小了热损耗，消除了电池的热负荷。

④ C 和碳酸盐只有在接触了空气，750～850℃才可以发生反应，因而可以使用更轻便、电阻更小、功率损耗更小的分隔装置。

⑤ 强电池稳压能力。反应中 C 生成 CO_2，反应后气体分压并不改变，因为不影响该反应的电势，所以在同一温度下电压是恒定的。

⑥ DCFC 的燃料气在反应前必须脱硫及其化合物，而且燃料电池是按电化学原理发电的，所以它几乎不排放氮化物和硫化物，并且反应产物为水，减少了对环境的污染。阳极产生的 CO_2没有受到空气的稀释，是纯净物，可以方便回收利用。

⑦ 结构上具有优势。DCFC 的反应温度较高，可选择的电解质比其他燃料电池多，阳极不需要添加催化剂，也不用担心硫可能会带来的腐蚀问题，并且不存在爆炸问题，因此对

电解质的隔气功能的要求不高。

⑧ 燃料来源广泛。我国的能源特性：富煤，缺油，少气，煤的价格低廉，利 DCFC 可以提高煤的利用率，带来巨大的经济效益。

三、二氧化碳的电化学固定

对于 CO_2的开发利用已成为世界各国普遍关注的重要课题之一。CO_2是 C 家族中最廉价而又最丰富的资源，是碳的最高价态化合物，是有机化合物的最终氧化物，CO_2只能被还原，发生还原反应。现在每年大约有 110Mt 的 CO_2 应用于化学合成。由 CO_2合成的有机化合物包括：有机碳酸酯、环状碳酸酯、聚碳酸酯、尿素和水杨酸。CO_2具有热稳定性，利用 CO_2合成其他有机物时，首先应该活化 CO_2。应用电化学活化 CO_2在固定利用 CO_2 路线当中较利于环境，是一条颇具吸引力的合成路线。在多种利用 CO_2合成的反应途径中，电化学方法由于其本身所具有的优越性，被广泛研究。采用电化学固定法，条件比较温和，因而可在低能量的投入下实现 CO_2转化固定。从能量转换的角度来看，电化学合成方法其实就是把电能变换成化学能。电化学方法固定 CO_2是以 CO_2为原料进行有机电解合成，由于 CO_2是碳的最终氧化状态，所以其本身只能被还原，因此在电解反应中 CO_2只具有阴极活性。近年来，电解还原 CO_2合成有机化合物的研究方兴未艾，人们把它称为 CO_2的“电化学固定”。电化学固定 CO_2有以下好处：

① 可以通过控制不同的阴极还原电位得到不同的相对来说较单一的产物，使得到的产物的选择性较高。

② 反应可以在温和的实验条件下进行，因此对实验装置要求较低，体系较简单，造价低廉。

CO_2的电化学固定方法可以分为两种：①利用 CO_2直接电解合成有机化合物；②在温和条件下，CO_2与有机化合物发生电解加成反应，合成其他有机化合物。

二氧化碳可以用电化学方法直接还原为有机产物，如：

$$CO_2 \xrightarrow{H^+,e^-} \begin{cases} HCOOH \\ (COOH)_2 \\ HOCH_2COOH \\ HOOC(CHCOH)CH_2COOH \end{cases}$$

将 SOFC 与煤重整反应器结合起来，形成新型的 DC-SOFC 高效发电技术。煤炭经气化重整过程变成 CO 和 H_2，产物通过 SOFC 进行发电。由于 DCFC 本身固有的优势，在此过程中产生的 CO_2是纯净物，可以方便回收利用。生成的 CO_2经电催化还原，将能源以低碳燃料与碳化学品的形式储存起来，实现了 CO_2的减排，是一种新的人工模拟光合作用的方法，利用此方法有望实现再生能源的零排放。而且此方法避免了火电卡诺循环的热力学限制，提高了发电效率。

四、生物质碳转化与利用

人类自诞生以来都在使用太阳能资源，太阳能通过植物的光合作用以化学能的形式转存下来，有了呼吸的氧气、饮食的动植物、建房取火的树木、遮盖保暖的衣物。然而，正如其他的自然存在物一样，生物质被人类真正地定义才不过 50 年的时间。

英文中“biomass”一词，最早使用于 1934 年（在伟伯词典中指生物量）。从外文回溯数据库中看，1971年，英国《植物与土壤》杂志中，首次将“biomass”一词定义为生物质。1976年，一篇介绍生化过程工程的文章中提出可将废弃生物质作为一种原料使用。1979年，《Nature》的一篇文章中指出生物质燃烧产生了污染环境的气体。1980年，荷兰农业大学过程工程系真正提出将生物质作为能源材料。1981年，美国橡树岭国家实验室开始对生物质能源技术进行安全性评估。自此之后，关于生物质能源的研究报道陆续展开。

美国能源部对于生物质的定义是：生物质是指任何动植物有机体。他们特别指出其国内的生物质包括农业和林业废弃物、城市固体垃圾、工业废弃物和专用于能源的陆生和水生生物。

中国可再生能源协会对于生物质的定义是：生物质是指通过光合作用而形成的各种有机体，包括所有的动植物和微生物。

在动植物和微生物有机体中，植物是自养生物（生产者），动物是异养生物（消费者），人类生存过程中选择种养可以服务于自身的植物和动物，其中动物多被利用，而对于植物，人类主要利用了淀粉、蛋白、油脂、维生素含量较高的果实，因为没有迫切的需要，所以没有寻找转化利用其他部位的方式，便将用汗水浇灌的大部分植物体遗弃。本书中所论述的生物质是指植物生物质中除了人类食用、药用等之外的木质纤维素废弃物。

1. 生物质转化方式

木质纤维素原料收获储存一定时间后，主要由死细胞遗留的细胞壁组成。细胞壁的成分主要是纤维素、木质素和半纤维素，胞间层主要是果胶物质。细胞壁中的三种主要组分中半纤维素和木质素主要通过化学键相连接，木质素、半纤维素与纤维素主要通过氢键连接，形成了以纤维的多级结构为骨架的紧密细胞壁。因此，要充分利用木质纤维素原料，无论是应用其中何种成分，首要的就是破坏已有的细胞壁结构。

人类利用生物质的技术可以归结为三种：物理转化技术、化学转化技术和生化转化技术。

(1) 物理转化技术

生物质物理转化是指通过物理方法对生物质进行固性和加工，生产高附加值的产品，从而实现木质纤维素的高值化应用。在人类利用木质纤维素的过程中，物理转化方法的应用领域主要包括：板材、建筑材料以及木质纤维素复合材料。

生物质人造板材的制备工艺流程一般包括：原料制备→搅拌混合→模压成型→后处理，对于不同的生物质原料和不同用途的板材，工艺的主要区别在于原料的粉碎程度、添加剂的种类和数量、模压的条件以及不同的后处理方式。适用于生物质人造板的非木材类木质纤维素主要包括甘蔗油、麦草、稻草、玉米秸秆、棉秆、亚麻屑。生物质人造板，尤其是非木材类木质纤维素人造板对于减少森林资源的消费以及环保都有积极的意义。生物质建筑材料主要是指生物质墙体材料，其中以秸秆镁质水泥轻质跳板和稻草板为主，其他的材料还有玉米秸秆保温材料。墙体材料的加工过程与木质纤维素板材的加工过程相似。所得到的墙体材料具有质轻、隔声、保温、抗震、抗腐蚀等性能。人造板和墙体材料是木质纤维素原料的一种初级利用形式，现在多数是将木质纤维素直接粉碎后加上，将其中的纤维素提取后制备人造板的工艺目前较少。

而木质生物质多用于制备生物质复合材料。木质材料自身复合或与其他材料复合的形态一般分为三种类型：层积复合、混合复合和渗透复合。

由上可见，植物生物质的物理转化主要是利用其紧密的物理结构，将其转化为材料，用于生产生活中，物理转化难以将生物质转化为可替代石油基产品的可再生产品，因此难以满足现在对清洁能源和化学品的需求。

（2）化学转化技术

生物质化学转化在传统的领域中主要应用在制浆造纸行业，随着能源、环境问题的出现，生物质的研究和应用受到极大重视，生物质的化学转化方式也呈现出多种方式，目前主要包括燃烧、炭化、气化、热分解以及水热液化技术等。传统的造纸行业主要采用酸碱化学处理方式得到生物质中的纤维素，以制备纸浆。

① 生物质燃烧转化技术：它是直接利用生物质剧烈氧化过程中释放的热能或将其转化为电能形式的技术。300℃以下时，纤维素即可剧烈分解，300～350℃时，纤维素可以完成分解过程，而只有温度达到500℃以上时木质素才开始分解。该技术历史悠久，成本较低，大规模利用时可实现无害化，但该法的产值较低，并且会产生大量CO_2等温室气体。

② 生物质碳化转化技术：它是在隔绝或限制空气的条件下将生物质加热得到气体、液体和固体等产物的技术，是较古老的生物质转化技术。其中机制炭又称人造炭、成型炭，它是在高温高压下成型，再经热解炭化而得到的固型炭制品。热解过程中产生的气体混合物经冷凝、回收、加工，得到副产品——焦油和粗醋液，焦油中含有大量的酚类物质和多种有机物，是提炼芳香类物质的原料，焦油也可与渣油调和生产200号重油，或与煤混合作燃煤锅炉燃料；粗醋液是化工原料，也是无公害药剂，可制作防霉剂、防虫剂、抗菌剂、农药助剂，和农药一起使用可增效并降解农药残留。

③ 生物质气化转化技术：由于生物质具有挥发组分高、炭活性高、硫和灰的含量低等特性，可以利用空气中的氧气或含氧化物作气化剂。在高温条件下将生物质中的可燃部分转化为可燃气（主要是氢气、一氧化碳和甲烷）。该技术最早由Chaly用于生产生物质低密度燃料气体。根据用途的不同，气化通常分为常压气化和加压气化，二者原理相同，但加压气化对装置、操作、维护等要求都较高。

④ 热分解技术：它是指生物质在高温下分解成两个以上成分的低分子化过程。快速热分解是指原料热分解时提高加热速度，在几百度高温下瞬间热分解或通过快速升温进行热分解。热分解生物质可以得到热分解液、木醋、快速碳化物、脱水糖。其中，热分解液和快速碳化物可以作为燃料；木醋可以作为熏制液、害虫驱除剂、农药替代品；脱水糖可以作为生物可降解塑料等的高分子原料。

⑤ 水热液化技术：它是将生物质在高温高压的水中进行分解的技术。当得到的产物为气体时称水解气化；当得到的产物为液体时称水解化。与热分解技术相同，水热液化生成气体、液体和固体三种物质。液相中的轻质成分（热分解时的水醋成分）溶解于水，重质成分处于与同体相混合的状态，即所得的是气相、水相和油相（油和木炭的混合物）三种。产品用途与热分解产物相似。

生物质化学转化方式中，需要较为剧烈的条件，除直接用于发电外，所得产品的纯度较低，难以作为精细化学品替代石油产品，也不能作为工业的通用原料，满足现在能源、环境问题的需求。

（3）生化转化技术

生物质生化转化技术是指生物质经一定的物理、化学、生物预处理后，由生物法转化为相应的产品。生物质生化转化前期的处理过程是为达到理想的生物转化效果而进行的，不是要达到最终的产品，这是生物质生化转化中各种预处理方式区别于前述生物质物理、化学转化方式的本质所在，也正是由于这一本质，使得生物质生化转化前的预处理技术较化学、物理转化方式要温和。

通过选用不同微生物，可以将生物质在生化转化过程中转化为不同的产品：氢气、沼气、乙醇、丙酮、丁醇、有机酸（丙酮酸、乳酸、草酸、乙酰丙酸、柠檬酸）、2,3-丁二醇、1,4-丁二醇、异丁醇、木糖醇、甘露醇、黄原胶等各种产品。一方面可以经过进一步的化学合成替代石油基产品；另一方面，也可以替代粮食作为原料生产的产品，比如乙醇等。

生物质生化转化技术相对于其他转化技术而言具有操作条件温和、产品纯度高、清洁、高效、转化率高等优点，并且可以通过筛选不同的酶或微生物而将生物质转化为多种中间产物，从而为多种可再生材料、燃料和化学品的转化提供平台物质，成为石油基产品的替代物，因此，生物转化技术在研究和应用领域受到关注。

2. 生物质生化转化技术的作用与地位

从上述比较可以看出，植物生物质生化转化技术可通过温和的方式得到石油基产品的替代品，是以工业化的方式发展生态农业，实现循环经济发展的新模式，将在能源、环境、三农问题的解决中发挥重要作用。因此，生物质生化转化技术对人类的长远发展以及社会的稳定起着重要的作用，具体来说，生物质生化转化技术的作用和地位体现在以下几个方面。

（1）生物质转化技术的利用在替代化石能源领域中担当着重要的角色

据BP世界能源统计2010显示，世界石油探明储量为186.634Gt，以2009年的开采速度计算，石油可以开采45.7年，天然气可以开采62.8年，煤可以开采119年。BP世界能源展望2030表明，液体燃料的年消费，由2010年的39.433Gt增加到2030年的46.711Gt，生物燃料的生产量将由2010年的575Mt增加到2030年的2351Mt。木质纤维素作为制备生物燃料的原料，与粮食作物相比更加廉价丰厚。因此，将木质纤维素生物质尤其是农林废弃物转化为可替代石油和通用化工原料的技术即将成为人类赖以生存的技术基础之一。

（2）生物质生化转化技术是人与自然和谐相处的重要方式

在长期的工业化发展过程中，人类为了得到快速的经济发展，以廉价的石油、煤、天然气等资源为资本，创造了工业文明。而忽略了地球生态的承载能力，因而导致了温室效应以及由环境污染而带来的人类健康问题。要想扭转这种发展方式，尤其是减少已经建立起来的工业体系对于石油的依赖，一个重要的途径就是开发出新的可以替代石油基产品的产业链，以满足相关产业发展的需求。生物质生化转化技术，以可再生的生物质为原料，通过生化转化这种清洁的方式，得到能够替代石油基产品的生物基能源、生物基材料和生物基化学品，这项技术已经开始在工业体系中发挥作用。生物质生化转化技术利用自然界生态转化的过程，使生态循环中的中间产物服务于人类，因此是实现人与自然和谐相处的重要方式。

（3）生物质生化转化技术是转变农业角色和增加农民收入的重要方式

农业在长期的社会进步中，主要扮演着粮食供给者的角色。尽管粮食的价格受到保护，即使粮食产量不受到自然灾害的影响，它也越来越难以满足农民生计中教育、医疗、婚丧嫁娶等基本生活的需求。因此，通过生物质生化转化技术制备生物基产品，使农产品增加能源、材料的新角色，可以从两个方面增加农民的收入。一方面，以前废弃的农林废弃物可以作为产品销售，得到农业收入；另一方面，由于生物质生化转化新产业的兴起，尤其是依次兴起的民营企业会增加农民就业的机会，从而增加了农民的非农收入。

(4) 生物质生化转化技术将开辟新型经济增长点

随着能源价格的增长以及人类对环境的关注，石油依赖型产业的经济增长和结构将被可再生的生物质等经济、清洁的发展方式所取代。作为有形的可再生资源，生物质生化转化技术产品将代替石油系产品，因而具有较大的潜在市场需求。生物质生化转化技术是技术和资金密度高的产业，将促进产业结构的优化和升级，从而成为新型经济增长点。

生物质热解液化技术：生物质热解是指生物质在隔绝氧气或有少量氧气的条件下，采用高加热速率、短产物停留时间及适中的裂解温度，使生物质中的有机高聚物分子迅速断裂为短链分子，最终生成焦炭、生物油和不可凝气体的过程。生物质快速热解技术将低品位的生物质（热值大约12～15MJ/kg）转化成易储存、易运输、能量密度高的燃料油（热值高达20～22MJ/kg）。该技术具有明显的优点：①热解产物为燃气、生物油和焦炭，并可根据不同需要改变产物收率；②环境污染小，生物质在无氧或缺氧的条件下热解时，NO_x、SO_x等污染物排放少，且热解烟气中灰量小；③生物质中的重金属等有害成分大部分被固定在焦炭中，可以从中回收金属，进一步减少环境污染；④热解可以处理不适于焚烧的生物质，如医疗垃圾等。

第三节 煤制油简介

一、煤制油概述

煤制油的另一种叫法是煤炭液化，就是通过物理化学等方法对固体状态的煤炭进行加工的过程，使其转化为汽油、柴油、液化石油气等液态烃类燃料和高附加值化工产品的煤化工技术。目前，煤制油工艺有两大类，即煤直接液化和间接液化。直接液化和间接液化的区别在于：用于直接液化的煤一般为褐煤，间接液化对煤适应性比较广，原则上所有煤都能气化制合成气。对于这两种不同工艺的选择，则需要根据不同地区的具体条件而定。

煤的直接液化过程是：将煤干燥后，磨成小于200目的细粉，再和液化重油配成油-煤料浆；预热到350℃左右，料浆加压到20MPa左右，煤开始变软，然后热解，最后变为粘胶物；粘胶物在反应器内高压、高温、催化剂条件下，与供入的氢发生加氢反应，煤分子断裂变成低液态分子。产物中的—SH、—N—C—C、—CH、—O—等基团进一步加氢生成C_1～C_{100}烃类产品，以及氮化物、CO_2、硫化物、水、灰等。粗液化油是将气相物进行解吸，脱灰而得到的，而合格的柴油、液化气、汽油是通过催化加氢提质工艺得到的。大约1t煤可产0.5t油，加上制氢用煤，大约3～4t原煤便可产1吨油。煤直接液化的目标产品主要是：汽油、柴油和石脑油。

间接液化技术包括煤的气化和合成两部分，可分为两种：甲醇法和合成气法。其中甲醇法采用的是摩比尔工艺，由原料气合成甲醇，再由甲醇转化成汽油，合成气法采用的是费托工艺，由原料气直接转化成油。从总体上讲，这两种间接液化的方法都是将煤气化、净化制得H_2/CO比符合合成油要求的原料气，然后在一定压力、温度、催化剂等条件下，合成柴油、汽油、蜡、石脑油等液态产品。较典型的煤间接液化是将煤气化、然后在15～40MPa、250℃、催化剂条件下进行合成，大约5t煤可产1t油。综上所述，煤直接液化的条件比较苛刻，在20～30MPa、400～450℃左右的高温及供氢溶剂、催化剂条件下才能顺利进行；与直接液化相比，间接液化的工艺条件要宽松得多，温度在250℃左右，要求比较低，压强在 15～40MPa，范围比较广，技术难度比较低，操作过程比较简单。间接液化中的浆态床的目标产品为柴油和蜡。

二、国外煤制油技术发展综述

近几十年来，各国开发了多种煤液化工艺，并针对一些关键问题不断地对工艺进行改良。虽然各种工艺都有专门的适用煤种，不能简单的对它们做出评价，但通过对各个工艺的分析总结可以看出，煤液化工艺是朝着低压少氢的方向发展。国外具有代表性的煤直接液化工艺技术有德国的 IGOR（Injection gas-oil ratio）工艺，美国碳氢化合物研究（HTI）工艺。IGOR、HTI 工艺流程图见图 3.10 和图 3.11。德国是第一个将煤直接液化工艺用于工业化生产的国家，采用的是由 Bergius 在 1913 年发明的方法。德国 I. G. Farbenindustrie 在 1927 年建成第一套生产装置，所以也称 IG 工艺。这个工艺的特点是把液化油提质加工和循环溶剂加氢与煤的直接液化串联在一套高压系统中，避免了流程物料降压降温又升压升温带来的能量损失，并且在固定床催化剂上还能把 CO 和 CO_2 甲烷化，使碳的损失量降到最低。HTI 工艺是两段催化液化工艺的改进型，其主要特点是：反应温度 440～450℃，反应压力为 17MPa，由两个串联的内循环反应器来达到全返混反应器模式。催化剂是高活性催化剂，是由 HTI 专利技术制备的，用量比较少。在高温分离器的后面有加氢固定床反应器，对液化油进行加氢精制。固液分离采用 Kerr-McGee 溶剂抽提工艺，最大限度地从液化残渣中回收重质油，从而提高了液化油的回收率。

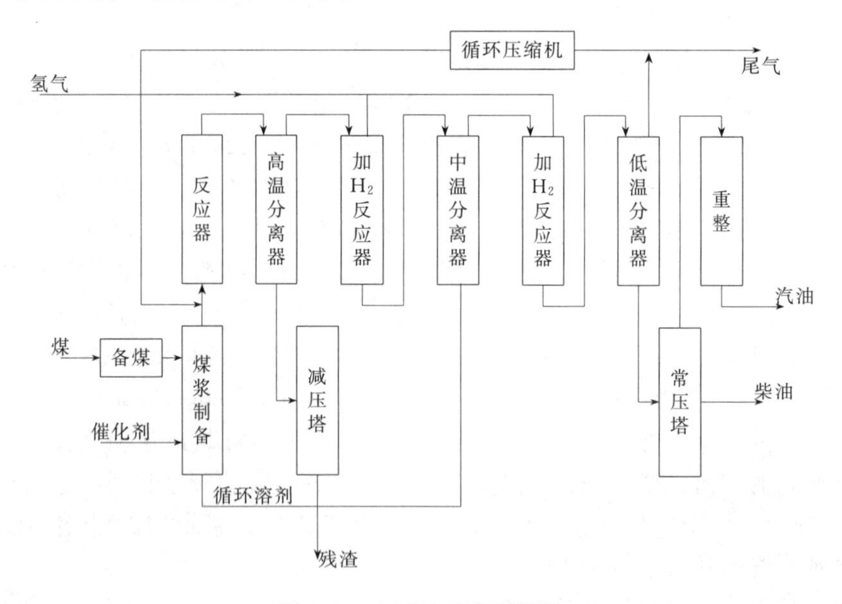

图 3.10 IGOR 工艺流程图

三、国内煤制油技术发展综述

1. 直接液化技术的发展

在第二次世界大战前，我国就已经开始了对煤制油的研究，我国的煤直接液化开始是日本军方进行的试验研究，到 20 世纪 80 年代初，在国家计委和煤炭部的支持下，又重新开展煤制油的项目。煤直接液化是当时主要进行的技术研究，其目的主要是由煤生产柴油、汽油等运输燃料，主要负责这个项目研究的是煤炭科学研究总院。到了 21 世纪已取得了一批科

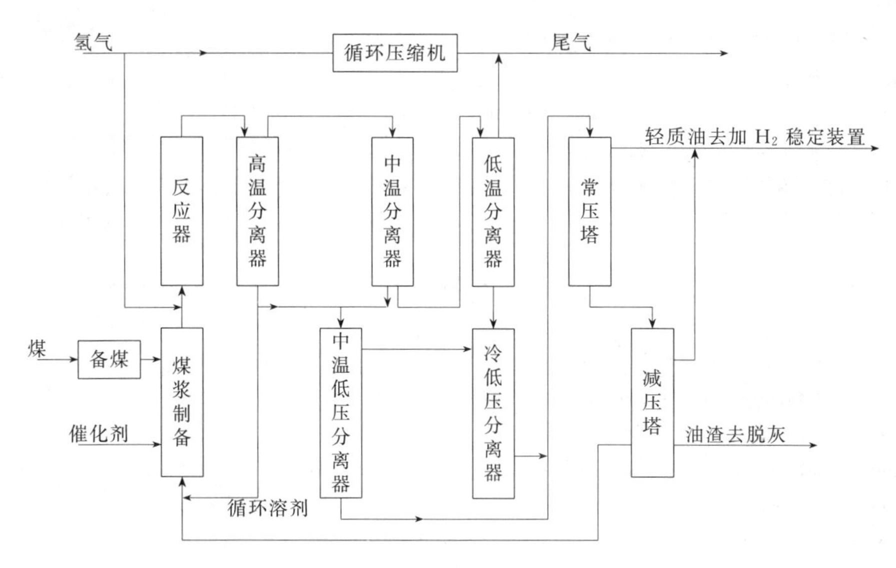

图 3.11 HTI 工艺流程图

技成果：如煤油品的提质加工、直接液化和分析检验实验室都是世界一流水平的。通过对我国十几个省及自治区的上百种煤进行的煤直接液化试验，对液化性能较好的 28 个煤种进行了直接液化运转试验，优选出了多种适合于液化的煤种，液化油回收率可达 50%以上，并对 4 个煤种进行了煤直接液化的工艺条件研究，成功地将煤液化成油，并加工成合格的柴油、汽油以及航空油。据有关数据得知，目前我国可用于直接液化的煤储量约为 300 亿吨，这表明我国在发展煤炭直接液化工业方面具有极为有利的煤炭资源条件。2004 年 8 月神华煤直接液化的项目在内蒙古自治区鄂尔多斯市伊金霍洛旗正式开工建设，于 2007 年 7 月建成第一条生产线，到 2008 年 12 月底，成功投料生产出油。

2. 间接液化技术的发展

1997 年，山西煤炭化学研究所完成了它的工业实验，就是年产 2000t 煤基合成汽油工业试验，为中科院鉴定的万吨级工业化生产打下了一定的基础。2002 年，针对共沉淀铁系催化剂的制备、新型浆态床合成反应器等工艺的研究，建成了 1000t 的中试装置，第一次试运行是在 9 月份实现的，此后进行了多次试验，全部工艺流程都被打通，合成出了第一批粗油产品，而且使每吨油中的催化剂成本从 1200 元降到 200 元以下。2003 年年底又从粗油产品中生产出高品质柴油，这种柴油无色透明，是目前世界上最优质的清洁柴油，具有无污染高动力等特点。它的产生标志着我国已经具备了开发成套产业化装置的能力，将成为世界上为数不多的可将煤转变为高清洁柴油的国家之一。在煤制油方面，兖矿已投入 1.3 亿元进行煤间接液化的中试研究，并于 2004 年 1 月底通过专家审查。中海油集团也在积极向煤化工领域拓展和开发自己的业务，并确定了煤化工产业的发展趋势，即采用国内已掌握的煤炭间接液化技术。

参考文献

[1] 傅雷，仲冰. 中国矿产资源现状与思考 [J]. 资源与产业，2008，10 (1)：83-86.

[2] 吴义权．难熔氧化物对石墨和无定形碳氧化的影响［J］．国外耐火材料，1997，22（10）：48-50.

[3] 韩汝珊．一个新的足球烯家族［M］．长沙：湖南教育出版社，1994.

[4] Iijima S. Helical microtubules of graphitic carbon［J］. Nature，1991，354（6348）：56.

[5] 周公度．无机化学丛书：无机结构化学［M］．北京：科学出版社，1982.

[6] 袁斌．CO对碳二前加氢系统的影响及其消除［J］．乙烯工业，1999，11（3）：29-31.

[7] 崔红，苏君明．添加难熔金属碳化物提高C/C复合材料抗烧蚀性能的研究［J］．西北工业大学学报，2000，18（4）：669-673.

[8] 乔华，寇建仁，张生万，等．脂肪烃类化合物气相色谱保留指数的预测［J］．计算机与应用化学，2007，24（5）：709-712.

[9] 周凌云．世界能源危机与我国的能源安全［J］．中国能源，2001，1：12-13.

[10] 徐云．谁能驱动中国——世界能源危机和中国方略［M］．北京：人民出版社，2006.

[11] 杨来侠，任秀斌，刘旭．人工光合作用研究现状［J］．西安科技大学学报，2014，34（1）：1-5.

[12] Fujishima A. Electrochemical photolysis of water at a semiconductor electrode［J］. Nature，1972，238：37-38.

[13] Muxika I，Borja A，Bald J. Using historical data，expert judgement and multivariate analysis in assessing reference conditions and benthic ecological status，according to the European Water Framework Directive［J］. Marine Pollution Bulletin，2007，55（1）：16-29.

[14] Lacan J，Miller J A. The ethics of psychoanalysis 1959-1960：The seminar of Jacques Lacan［M］. London：Routledge，2013.

[15] Bagotsky V S. Fuel cells：problems and solutions［M］. John Wiley & Sons，2012.

[16] 刘国阳，张亚婷，蔡江涛，等．直接碳燃料电池燃料的研究进展［J］．新型碳材料，2015，30（1）：12-18.

[17] Cao D，Sun Y，Wang G. Direct carbon fuel cell：fundamentals and recent developments［J］. Journal of Power Sources，2007，167（2）：250-257.

[18] Zecevic S，Patton E M，Parhami P. Direct electrochemical power generation from carbon in fuel cells with molten hydroxide electrolyte［J］. Chemical Engineering Communications，2005，192（12）：1655-1670.

[19] Patton E M，Zecevic S，Parhami P. Direct carbon fuel cell with stable molten hydroxide catholyte［C］. ASME 2006 4th international conference on fuel cell science，engineering and technology. American Society of Mechanical Engineers，2006：463-465.

[20] Reimann M，Leithner R，Winkler W，et al. Challenges and chances of direct coal fuel cells—Results of atechnical review［C］. International colloquium on environmentally preferred advanced power generation. California，2010.

[21] Zeng K，Zhang D. The promises and challenges of direct carbon fuel cells［C］. Chemeca 2010：Engineering at the Edge，Hilton Adelaide，South Australia，2010：243.

[22] Nürnberger S，Bußar R，Desclaux P，et al. Direct carbon conversion in a SOFC-system with a non-porous anode［J］. Energy & Environmental Science，2010，3（1）：150-153.

[23] Nakagawa N，Ishida M. Performance of an internal direct-oxidation carbon fuel cell and its evaluation by graphic exergy analysis［J］. Ind Eng Chem Res：（United States），1988，27（7）.

[24] Nakagawa N，Kuroda C，Ishida M. A new equivalent circuit for Pt/YSZ of a solid oxide electrolyte fuel cell：Relation between the model parameters and the interface characteristics［J］. Solid State Ionics，1990，40：411-414.

[25] 靳治良，钱玲，吕功煊．二氧化碳化学——现状及展望［J］．化学进展，2010，22（06）：1102-1115.

[26] 陶映初，吴少晖，张曦．CO_2电化学还原研究进展［J］．化学通报，2001，5：272-277.

[27] 骆仲泱，周劲松，王树荣，等．中国生物质能利用技术评价［J］．中国能源，2004，26（9）：39-42.

[28] 邓勇，陈方，王春明，等．美国生物质资源研究规划与举措分析及启示［J］．中国生物工程杂志，2010，30（1）：111-116.

[29] 刘润生．美国先进生物燃料技术政策与态势分析［J］．中国生物工程杂志，2010，30（01）：117-122.

[30] 蒋剑春．生物质能源转化技术与应用（Ⅰ）［J］．生物质化学工程，2007，41（3）：59-65.

[31] 蒋剑春．生物质能源应用研究现状与发展前景［J］．林产化学与工业，2002，22（2）：75-80.

[32] 赵军，王述洋．我国生物质能资源与利用［J］．太阳能学报，2008，29（1）：90-94.

[33] 刘荣厚，牛卫生，张大雷．生物质热化学转换技术［M］．北京：化学工业出版社，2005.

[34] 姚向君，田宜水．21世纪可持续能源丛书：生物质能资源清洁转化利用技术［M］．北京：化学工业出版社，2005.
[35] 廖益强，黄彪，陆则坚．生物质资源热化学转化技术研究现状［J］．生物质化学工程，2008，42（2）：50-54.
[36] 宋春财，王刚，胡浩权．生物质热化学液化技术研究进展［J］．太阳能学报，2004，25（2）：242-248.
[37] 米铁，唐汝江，陈汉平，等．生物质能利用技术及研究进展［J］．煤气与热力，2004，24（12）：701-705.
[38] 雷学军，罗梅健．生物质能转化技术及资源综合开发利用研究［J］．中国能源，2010，（1）：22-28.
[39] 陈洪章．生物质生化转化技术［M］．北京：冶金工业出版社，2012.
[40] 陈孙航，黄亚继．生物质液体燃料的特性和转化利用技术［J］．能源与环境，2008，（5）：27-29.
[41] 王琦．生物质热裂解制取生物油及其后续应用研究［D］．杭州：浙江大学，2008.
[42] 乔国朝，王述洋．生物质热解液化技术研究现状及展望［J］．林业机械与木工设备，2005，33（5）：4-7.
[43] 刘康，贾青竹，王昶．生物质热解技术研究进展［J］．化学工业与工程，2008，25（5）：459-463.
[44] 郭艳，王垚，魏飞，等．生物质快速裂解液化技术的研究进展［J］．化工进展，2001，20（8）：13-17.
[45] Xiao Yunhan. Coal gasification based co-production technology innovation［J］. China Coal，2008，（11）：15-20.
[46] Cave Reichle D，Houghton J，Kane B，et al. Carbon sequestration research and development［R］. US Department of Energy，1999.
[47] 李大尚．煤制油工艺技术分析与评价［J］．煤化工，2003，1（104）：17-23.
[48] 吴春来，舒歌平．中国煤的直接液化研究［J］．煤炭科学技术，1996，24（4）：12-16.
[49] Gray D，Tomlinson D. Coproduction：a green coal technology［R］. US Department of energy，2001.
[50] 张结喜．煤间接液化技术的现状及工业应用前景［J］．化学工业与工程技术，2006，27（1）：56-60.
[51] 王淑英．煤制油——煤化工业的绿色技术［J］．洁净煤技术，2005，11（3）：45-48.
[52] 黄钟九，房鼎业．化学工艺学［M］．北京：高等教育出版社，2001.
[53] 刘晓波，赵海涛．中国煤液化技术概述［J］．黑河科技，2002，2：4.
[54] 赵强．煤炭液化方法技术分析［J］．辽宁化工，2008，37（8）：557-563.
[55] 张伟．煤间接液化技术的研究与开发［J］．陕西煤炭，2005，（1）：23-25.
[56] 金琳．我国煤制油发展现状、趋势及建议［J］．天然气经济，2006，5：8-11.

第四章 硫化学

第一节 硫化合物的结构和性质

硫的化学符号为S，原子序数为16，是一种黄色、无味的非金属固体物质，存在多种同素异形体且物理性质各不相同，其中α硫和β硫最为重要，均由8个硫原子形成环状分子，只是硫原子形成的晶体结构不同。α硫为琥珀色晶体，属斜方晶型，在96℃以下稳定存在；β硫为黄色锥形晶体，属单斜晶型，在其熔点118.9℃以下稳定存在，α硫在96℃时开始转变为β硫。第三种硫为弹性硫，是将熔融的硫急速倾入冷水中，长链状的硫被固定下来，成为能拉伸的弹性硫。

硫在地壳中的含量为0.045%，是一种分布较广的元素。硫以多种氧化态存在于自然界中，从+6价的硫酸盐到-2价的硫化物，-2价的有H_2S、Na_2S以及其他硫化物，0价的硫单质，+4价的SO_2、H_2SO_3、亚硫酸盐（Na_2SO_3等），+6价的SO_3、H_2SO_4、硫酸盐（Na_2SO_4等）。硫化物矿物通常是S^{2-}与金属正离子键合形成的金属硫化物，常见的硫化物矿物有辉银矿（Ag_2S）、黄铁矿（FeS_2）、黄铜矿（$CuFeS_2$）、方铅矿（PbS）、朱砂（HgS）等，其中黄铁矿FeS_2是制造硫酸的重要原料。硫酸盐矿中石膏$CaSO_4 \cdot 2H_2O$和$Na_2SO_4 \cdot 10H_2O$最为丰富。有机硫化合物除了存在于煤和石油等沉积物中外，还广泛地存在于生物体的蛋白质、氨基酸中。单质硫主要存在于火山附近；二氧化硫（SO_2）是一种常见的酸性氧化物，也是造成硫酸性酸雨的“罪魁祸首”。

一、无机硫化合物

无机硫化合物在自然界中广泛存在，生物体的代谢与硫循环紧密相连。硫化合物的氧化路径为$S^{2-} \rightarrow S^0 \rightarrow SO_3^{2-} \rightarrow SO_4^{2-}$，硫化合物之间的相互作用使得硫氧化路径变得更为复杂，其中S^0、SO_3^{2-}和SO_3^{2-}、SO_4^{2-}反应的抑制剂对于反应的化学计量学以及构建硫氧化路径，特别是硫代硫酸盐、连四硫酸盐及连多硫酸盐的结构、性质和氧化，具有重要的研究意义。无机硫化合物包括硫化物（S^{2-}）、亚硫酸盐（SO_3^{2-}）、硫酸盐（SO_4^{2-}）、硫代硫酸盐（$S_2O_3^{2-}$）、连二亚硫酸盐（$S_2O_4^{2-}$）、连多硫酸盐（$S_xO_6^{2-}$）、过硫酸盐（$S_2O_8^{2-}$）、SO_5^{2-}和SCN^-等，它们的结构与性质具体如下。

1. 硫化物和多硫离子

硫化物通常具有鲜艳颜色，金属的酸式硫化物可溶于水。金属硫化物在水中能够发生分解反应：

$$S^{2-} + H_2O \rightleftharpoons HS^- + OH^-$$

$$HS^- + H_2O \rightleftharpoons H_2S + OH^-$$

硫化物（S^{2-}）属于强碱，它的盐如硫化钠（Na_2S）溶液即使浓度很小时也具有腐蚀性，同时能够灼伤皮肤。硫化物经过标准酸处理之后会转化为 H_2S 和金属盐，硫化物可被氧化为硫单质或硫酸盐。硫化物氧化过程中能够形成中间物硫代硫酸盐（$S_2O_3^{2-}$）。

H_2S 曾经一度被认为是毒性气体，但最近发现它是哺乳动物细胞中的信号传递分子，在吡哆醛 5′-磷酸依赖性酶（胱硫醚-β-合成酶，胱硫醚-g-合成酶）催化下，半胱氨酸代谢过程中能够产生 H_2S。H_2S 也可以从甲硫氨酸的硫转化得到，还可以从硫醇-二硫化物(Thiols-Disulfide）的硫交换得到。H_2S 与 NO 和 CO 一样能够自由穿梭于细胞膜，与水不同的是，H_2S 分子间不存在氢键。H_2S 的 $pK_{a1}=6.9$，$pK_{a2}=11.96$，因此在体液环境中 $H_2S:HS^-=1:3$。H_2S 与硫醇类似，具有较强的亲核性，能够与亲电试剂或氧化剂反应。H_2S 与双电子氧化剂生成水合硫复合物 HSOH。HSOH 是非常活泼的硫化合物，能快速被氧化为硫酸根。在生命体中 HS—OH 和 H_2S 反应会生成复杂得多硫离子混合物（HS_x^-，$x=2\sim8$）。

$$HS^- + H_2O_2 \longrightarrow HS{-}OH + OH^-$$

$$n\,HS{-}OH + HS^- \longrightarrow HS{-}S_n^- + n\,H_2O$$

H_2S 的生物功能性还不清楚，但是一些证据已经证明它能够调节心血管和肠胃病。

多硫离子（S_x^{2-}）具有链状结构，硫原子通过共用电子对连接成硫链。可溶性的硫化物在溶液中能溶解单质硫生成多硫化物。如：

$$Na_2S + (x-1)S = Na_2S_x$$

$$(NH_4)_2S + (x-1)S = (NH_4)_2S_x$$

多硫化物的颜色随着 x（一般为 2～6）的增加由浅黄到红棕色变化，实验室中长时间放置的硫化钠溶液颜色为黄色就是由于这一缘故。

多硫化物在酸性溶液中很不稳定，容易生成 H_2S 和 S：

$$S_x^{2-} + 2H^+ = H_2S + (x-1)S\downarrow$$

多硫化物是氧化剂。如$(NH_4)_2S_2$能将硫化锡（SnS）氧化：

$$SnS + (NH_4)_2S_2 = (NH_4)_2SnS_3$$

这里 Sn（Ⅱ）转化为 Sn（Ⅳ）是在（$(NH_4)_2S_2$）分子中的活性 S 作用下实现的[$(NH_4)_2S_2 = (NH_4)_2S + (S)$，(S) 具有氧化性]。

2. 亚硫酸盐

亚硫酸盐（SO_3^{2-}）中硫的氧化数为+4，亚硫酸不易获得，但亚硫酸盐却广泛应用，亚硫酸盐存在于食物和生物体中，常作为食物添加剂。亚硫酸根的结构式中含有三个等价的 S—O 双键共振结构，总体对外显−2 价（如图 4.1 所示）。亚硫酸盐能够快速结合质子生成亚硫酸氢根（HSO_3^-），HSO_3^- 是弱酸性物质，$HSO_3^- \rightleftharpoons SO_3^{2-} + H^+$，$pK_a=6.97$。亚硫酸氢根（$HSO_3^-$）是还原性物质，离子中的 H—S 键合和 H—O 键合共存。

SO_3^{2-} 作为还原剂能够被过氧化氢、高锰酸钾、重铬酸钾、卤素等氧化剂所氧化。SO_3^{2-} 只有当遇到强还原剂如锌粉、硫化氢等时才表现出其氧化性质。

碱金属的亚硫酸盐如亚硫酸钠易溶于水，水解后溶液显碱性，其他金属的正盐均微溶于水，所有酸式亚硫酸盐均易溶于水。亚硫酸盐受热容易分解为硫酸盐和硫化物。

$$4Na_2SO_3 = 3Na_2SO_4 + Na_2S$$

亚硫酸盐或酸式亚硫酸盐遇强酸即分解，放出 SO_2。

$$SO_3^{2-} + 2H^+ \longrightarrow H_2O + SO_2$$

$$HSO_3^- + H^+ \longrightarrow H_2O + SO_2$$

SO_3^{2-} 通常作为 O_2 捕获剂，因为它能与溶液中的溶解氧快速反应生成硫酸根离子（SO_4^{2-}）。

3. 硫酸盐

硫酸根离子（SO_4^{2-}）是由中心 S 原子等价键合周围四个 O 原子组成的空间正四面体结构（如图 4.2 所示），与甲烷的架构一致，中心 S 原子的化合价为 +6，O 原子的化合价为 −2，离子整体对外显 −2 价，其中 S—O 键的键长（1.49Å）小于硫酸 H_2SO_4 中的 S—OH 键长（1.57Å），其共轭酸为 HSO_4^-，而 HSO_4^- 的共轭酸为 H_2SO_4。SO_4^{2-} 与其他金属离子组成硫酸盐，大多数硫酸盐溶于水，但是有些硫酸盐如硫酸钙、硫酸锶、硫酸铅和硫酸钡在水中的溶解度较小，可溶性硫酸盐从溶液中析出的晶体常带有结晶水如 $CuSO_4 \cdot 5H_2O$、$FeSO_4 \cdot 7H_2O$、$Na_2SO_4 \cdot 10H_2O$ 等。除了碱金属和碱土金属外，其他硫酸盐都有不同程度的水解作用。

硫酸盐的热稳定性与相应阳离子的电荷、半径以及最外层的电子构型有关。如 K_2SO_4、Na_2SO_4、$BaSO_4$ 等硫酸盐较稳定，在 1273K 时也不分解。这是由于这些盐的阳离子是低电荷和 8 电子构型，它们即使在高温下对 SO_4^{2-} 的极化作用也很小。而 $CuSO_4$、Ag_2SO_4、$Al_2(SO_4)_3$、$Fe_2(SO_4)_3$、$PbSO_4$ 等硫酸盐，它们的阳离子多是高电荷和 18 电子构型或不规则构型。离子极化作用较强，在高温下，晶格中离子的热振动加强，强化了离子之间的相互极化，阳离子起着向硫酸根离子争夺氧的作用。

4. 硫代硫酸盐

硫代硫酸根（$S_2O_3^{2-}$）是硫酸根（SO_4^{2-}）分子中的一个 O 原子被 S 原子取代得到的，$S_2O_3^{2-}$ 为四面体结构（如图 4.3 所示），由于 S 原子半径大于 O 原子半径且易形成弱 p 键，因此分子中 S—S 键键长（1.99Å±0.03Å）大于 S—O 键的键长（1.48Å±0.06Å）。硫代硫酸盐在生物化学过程中产生，能够快速脱除水中的氯，在造纸工业中常作为止漂剂，同时硫代硫酸盐具有较强的配位能力，能够将贵金属 Au、Ag 等从其矿石中浸选出来，还能够应用于皮草工业和印染工业中。

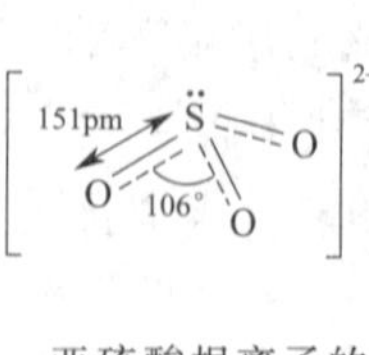

图 4.1 亚硫酸根离子的结构式

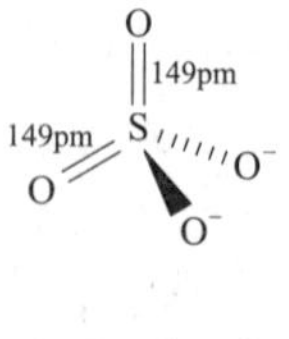

图 4.2 硫酸根离子的结构式

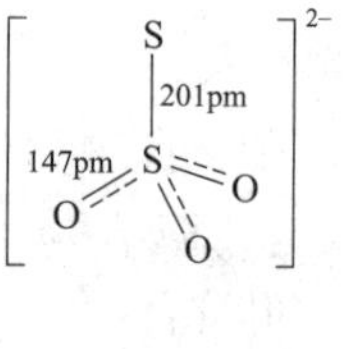

图 4.3 硫代硫酸根离子的结构式

硫代硫酸根的钠盐又叫“海波”，无味晶体，在潮湿环境中易潮解，密度为 $1.667g/cm^3$，熔点为 48℃，不溶于醇，20℃时在水中溶解度为 70.1g/100mL，水溶液近中性（pH 6.5～8.0）。硫代硫酸钠在医学上可用于治疗慢性肾疾病患者血透析时钙过敏症状，作为氰化物的解毒剂，治疗砷、汞、铋、铅等金属中毒等。

硫代硫酸钠是一种中等强度的还原剂，与碘反应时，它被氧化为连四硫酸钠；与氯、溴等反应时被氧化为硫酸盐。因此，硫代硫酸钠可作为脱氯剂。

$$2Na_2S_2O_3+I_2 = Na_2S_4O_6+2NaI$$

$$Na_2S_2O_3+4Cl_2+5H_2O = 2H_2SO_4+2NaCl+6HCl$$

5. 连二亚硫酸盐

连二亚硫酸钠作为常见的连二亚硫酸盐，俗名为“保险粉”，是一种白色砂状结晶或淡黄色粉末化学用品，商品有含结晶水（$Na_2S_2O_4 \cdot 2H_2O$）和不含结晶水（$Na_2S_2O_4$）两种，熔点为300℃（分解），引燃温度为250℃，不溶于乙醇，溶于氢氧化钠溶液，遇水发生强烈反应并燃烧。连二亚硫酸钠的生产最初是由锌粉与二氧化硫溶液（HSO_3^-）反应生成连二亚硫酸锌，进一步与氢氧化钠反应生成连二亚硫酸钠：

$$Zn+2SO_2 = ZnS_2O_4$$

$$ZnS_2O_4+2NaOH = Na_2S_2O_4+Zn(OH)_2\downarrow$$

后来用甲酸钠还原亚硫酸氢根来生成连二亚硫酸钠：

$$HCOONa+2SO_2+NaOH \longrightarrow Na_2S_2O_4+CO_2+H_2O$$

连二亚硫酸钠分子中S—S键键长为2.389Å，在其配位化合物和其他盐分子中S—S键长会略有变化。$S_2O_4^{2-}$在313nm处有最大紫外吸收，摩尔吸光系数$\varepsilon_{313nm}=8043M^{-1}\cdot cm^{-1}$，但其在有机溶剂中没有吸收，是因为$S_2O_4^{2-}$很快分解成二氧化硫自由基。

$$S_2O_4^{2-} \rightleftharpoons 2SO_2\cdot$$

$Na_2S_2O_4$在170℃时开始分解生成$Na_2S_2O_3$、Na_2SO_3和SO_2：

$$2Na_2S_2O_4 \longrightarrow Na_2S_2O_3+Na_2SO_3+SO_2$$

$Na_2S_2O_4$可通过碘量法进行定量，连二亚硫酸钠与甲醛反应生成羟甲基亚磺酸钠（$OHCH_2SO_2Na$）和羟甲基磺酸钠（$OHCH_2SO_3Na$）：

$$Na_2S_2O_4+2CH_2O+H_2O \longrightarrow OHCH_2SO_2Na+OHCH_2SO_3Na$$

$OHCH_2SO_2Na$在酸性环境中可以通过碘量法进行滴定。

连二亚硫酸盐在亚硫酸盐存在时容易发生分解反应生成连三硫酸盐（$S_3O_6^{2-}$），并能够加速分解反应。

$$S_2O_4^{2-}+HSO_3^- \longrightarrow [O_2S(O)_2S\text{-}SO_2OH]^{3-} \quad 决速步$$

$$[O_2S(O)_2S\text{-}SO_2OH]^{3-}+H^+ \longrightarrow S_3O_6^{2-}+H_2O$$

$$S_2O_4^{2-} \rightleftharpoons 2SO_2\cdot$$

$$HSO_3^-+SO_2^-\cdot \rightleftharpoons \cdot S_2O_5H^{2-}$$

$$\cdot S_2O_5H^{2-}+S_3O_6^{2-} \longrightarrow SO_2+HSO_3^-+\cdot S_2O_3^-+SO_3^{2-}$$

$$SO_2\cdot+\cdot S_2O_3^- \longrightarrow S_2O_3^{2-}+SO_2$$

6. 连多硫酸盐

连多硫酸盐（$S_nO_6^{2-}$，$n\geqslant3$）晶体均是斜方型，除连三硫酸盐（连三硫酸盐最大吸收波长约为195nm）外，其他盐的最大紫外吸收波长十分相近，均在215nm左右，并且振动强度（Oscillator strength）主要源于硫链的π轨道，而不取决于两端的亚硫酸根基团。

连三硫酸钾（$K_2S_3O_6$）的相对分子质量为270.39g/mol，计算密度$D_{calc}=2.332g/cm^3$，实验密度$D_{obs}=2.321g/cm^3$，为斜方型晶体结构，晶体的反射系数为1.475dB。每个晶格中包含四个分子，晶格中只存在一个位面，即$S_3O_6^{2-}$中三个硫（S）原子在同一个平（位）面上。两端的 S 原子分别由四个键组成，三个键是与 O 原子形成的（S—O 键的平均键长为 1.44Å），另外一个则是与中心 S 原子形成的（S—S 键的平均键长为 2.08Å），四个键的键角与四面体中的键角一致，而中心 S 原子则分别与两端的硫原子形成单键，硫-硫键的键角为 106°，硫原子不可能与另外一个硫原子以双键的形式成键（如图 4.4 所示）。

连四硫酸钾（$K_2S_4O_6$）的相对分子质量为 302.43g/mol，无色晶体，密度为 2.296 g/cm^3，不溶于乙醇，晶体反射系数为 1.6057dB，每个晶格中包含两个连四硫酸盐，分子中 S(1)－S(2)＝2.12Å，S(2)－S(3)＝2.02Å，S(3)－S(4)＝2.13Å±0.03Å，∠S(1)－S(2)－S(3)＝102°，∠S(2)－S(3)－S(4)＝102°±2°，二面角 S(1)S(2)S(3)/S(2)S(3)S(4)＝90°。连四硫酸盐的硫链中的三个 S—S 键可以看作是沿着立方体的三个边排布的，两个二面角都接近于 90°。因此，连四硫酸盐结构是一个非支链的硫链结构，同时硫链是一个非平面的立体结构（如图 4.5 所示）。

连五硫酸钾 $K_2S_5O_6 \cdot 1.5H_2O$ 的相对分子质量为 361.52g/mol，无色晶体，晶体反射系数为－1.62dB，密度为 2.112g/cm^3，不溶于乙醇。连五硫酸盐在不同的溶剂中结晶时会出现不同的晶体类型，例如连五硫酸钡晶体（$Ba_2S_5O_6 \cdot 2H_2O$）从水溶液中结晶会形成三斜晶系型晶体结构（无对称轴、对称面或对称中心），从甲醇中结晶则会形成正交晶系晶体结构，正交晶系的 $Ba_2S_5O_6 \cdot 2H_2O$ 每个晶包中包含四个分子，硫链中 S(1)－S(2)＝2.14Å，S(2)－S(3)＝2.04Å，∠S(1)－S(2)－S(3)＝103°，∠S(2)－S(3)－S(2)′＝106°，二面角为 110°；而对于三斜晶系结构的 $Ba_2S_5O_6 \cdot 2H_2O$ 每个晶包中包含两个分子，分子结构中 S(1)－S(2)＝2.12Å±0.04Å，S(2)－S(3)＝2.04Å±0.04Å，S(3)－S(4)＝2.04Å±0.04Å，S(4)－S(5)＝2.10Å±0.04Å。连五硫酸钾 $K_2S_5O_6 \cdot 1.5H_2O$ 晶体的每个晶包中包含 8 个分子，晶胞参数也变为 a＝20.316Å，b＝9.229Å，c＝12.248Å，并且硫链中 S—S 键的键角和键长也相应地有所不同。

连六硫酸盐是能分离出纯净的单一的最高硫酸盐，在常温下非常不稳定，为乳白色晶体，$K_2S_6O_6$ 晶体为很小的片状结构，为三斜晶系结构，每个晶包中包含两个连六硫酸盐分子，密度为 2.13g/cm^3。连多硫酸盐结构示意图如图 4.6 所示。

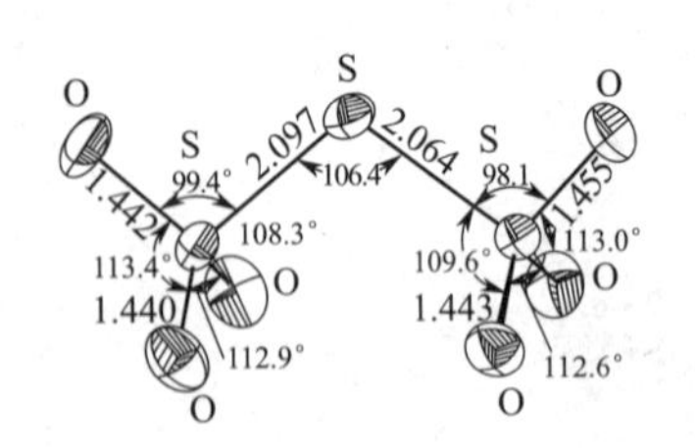

图 4.4　连三硫酸盐结构示意图

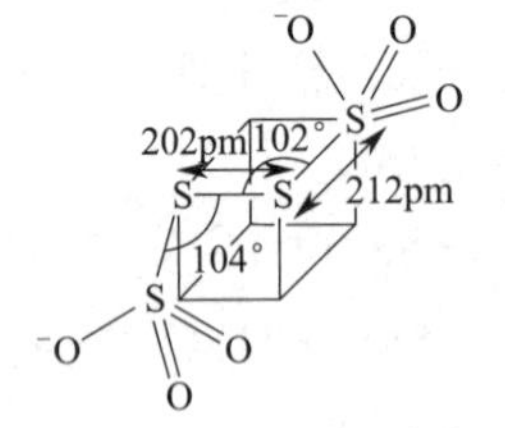

图 4.5　连四硫酸盐结构示意图

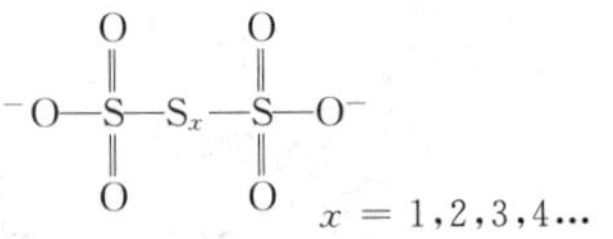

$^-O-\overset{O}{\underset{O}{S}}-S_x-\overset{O}{\underset{O}{S}}-O^-$　x = 1,2,3,4…

图 4.6　连多硫酸盐结构示意图

7. 过硫酸盐（$S_2O_8^{2-}$）、**过一硫酸盐**（SO_5^{2-}）

过硫酸可以看成是过氧化氢中氢原子被 HSO_3^- 取代的产物。HO—OH 中一个 H 被 HSO_3^- 取代后得 HO—OSO_3H，即过一硫酸；另一个 H 也被 HSO_3^- 取代后，得 HSO_3O—OSO_3H，即过二硫酸，两者的结构示意图见图 4.7。

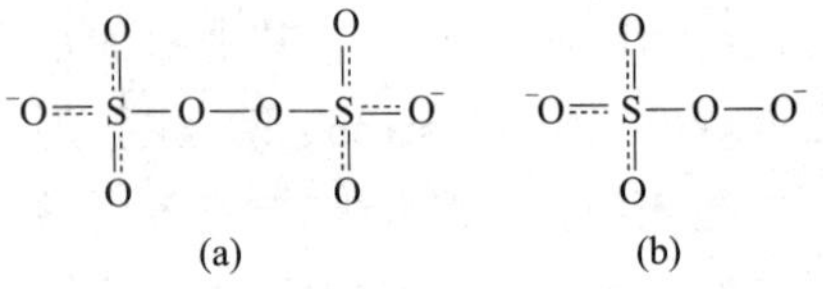

$^-O-\overset{O}{\underset{O}{S}}-O-O-\overset{O}{\underset{O}{S}}-O^-$　(a)

$^-O-\overset{O}{\underset{O}{S}}-O-O^-$　(b)

图 4.7　过硫酸盐（a）和过一硫酸盐（b）的结构示意图

过二硫酸是无色晶体，在 338K 时熔化并分解，具有极强的氧化性，它不仅能使纸炭化，还能烧焦石蜡。所有的过硫酸盐都是强氧化剂。例如，过硫酸钾和铜能按下式反应：

$$Cu+K_2S_2O_8 \longequal CuSO_4+K_2SO_4$$

过硫酸盐在 Ag^+ 的作用下，能将 Mn^{2+} 氧化成 MnO_4^-：

$$2Mn^{2+}+5S_2O_8^{2-}+8H_2O = 2MnO_4^-+10SO_4^{2-}+16H^+$$

在钢铁分析中常用过硫酸铵（或过硫酸钾）氧化法来测定钢中锰的含量。

过二硫酸及其盐作为氧化剂在氧化还原反应过程中过氧链断裂，其中两个氧原子的氧化数从 -1 降到 -2，而硫的氧化数不变仍然是 $+6$。

过硫酸及其盐都是不稳定的，在加热时容易分解，例如，$K_2S_2O_8$ 受热时会放出 SO_3 和 O_2：

$$2K_2S_2O_8 = 2K_2SO_4+2SO_3+O_2$$

过一硫酸钾是常用的过一硫酸盐，英文简写 PMS，产品名称 Oxone，是一种广泛应用的氧化剂，产品分子式为 $2KHSO_5 \cdot KHSO_4 \cdot K_2SO_4$。$KHSO_5$ 生成 HSO_4^- 半反应 $HSO_5^-+2H^++2e^- \longrightarrow HSO_4^-+H_2O$ 的标准电极电位为 $+2.52V$。HSO_5^- 具有比 H_2O_2 更强的氧化活性，比如同样是氧化 Br^-，HSO_5^--Br^- 反应的二级反应速率常数为 1.04 L/(mol·s)，而 H_2O_2-Br^- 反应的二级反应速率常数只有 2.3×10^{-5} L/(mol·s)。HSO_5^- 在水溶液中比 H_2O_2 溶液稳定一些，其分解反应在 $pH=pK_{a2}\approx9.88$ 时最快，与 SO_5^{2-} 反应释放出 O_2，反应方程式为 $HSO_5^-+SO_5^{2-}=2SO_4^{2-}+O_2+H^+$。

8. 硫氰酸根离子

硫氰酸根离子（SCN^-）是硫氰酸的共轭碱，常见的硫氰酸盐包括硫氰酸钠、硫氰酸钾，含有 SCN 官能团的有机物通常称为硫氰酸酯，硫氰酸汞［$Hg(SCN)_2$］常用来做火药。硫氰酸盐通常由 CN^- 与单质硫或硫代硫酸盐反应得到：

$$CN^-+S_2O_3^{2-} \longrightarrow SCN^-+SO_3^{2-}$$

硫氰酸根（SCN^-）作为一种含硫类卤离子，在生理学、非线性化学及矿物定量浮选等领域受到了广泛的重视，成为近年来备受关注的“热点”小分子。研究发现，哺乳动物的血浆、唾液、眼泪、牛奶、胃液等多种体液中存在毫摩尔级的 SCN^-，其含量约为 0.01～3.0mmol/L 不等。人体中的 SCN^- 可通过饮食（如牛奶、蔬菜等）摄入或自身酶催化氰化物的解毒作用所合成，故常年吸烟者体内 SCN^- 含量相对较高。在生理环境中，SCN^- 浓度虽小于卤素离子（Cl^-、Br^-），但其同样可作为酶底物参与到人体的多项防御系统中，产生具有杀菌作用的反应性物种次硫氰酸（HOSCN），从而维持生命功能、抵抗疾病侵害；但与此同时，宿主细胞也会受到攻击而产生损坏。1985 年发现 ClO_2^-/SCN^- 体系具有持续振荡行为后，陆续观察到开放体系和封闭体系中的多种非线性现象，如简单振荡、双节律、Pt 电位振荡、化学波等。SCN^- 很早就被广泛应用于矿物贵金属的浸取过程中，特别是锌、铜等的定量浮选；因此许多工业污水、废水中会存在高浓度 SCN^-，这对环境及人体产生了一定的危害。所以 SCN^- 高效浮选和快速绿色降解也是浮选和环保领域的研究重点之一。

二、有机硫化合物

有机硫化合物通常伴有难闻的气味，它们在生命体中发挥着重要作用，例如 20 种氨基酸中有两种含硫氨基酸（蛋氨酸与半胱氨酸），并且抗体药物盘尼西林和磺胺类药物中也含有硫。除了具有药物功能外，含硫化合物硫芥子气还是一种致命的化学武器。化石燃料（煤、石油和天然气）源于古生物的躯体，因此含有机硫化合物，去除这些有机硫化合物是炼油厂需要做的一个重要的工作，因为硫化合物的燃烧产生二氧化硫给大气环境造成严重污染并导致酸雨现象。有机硫化合物根据含硫官能团可以被分为硫醚、硫脲、硫醇、砜类、二（多）硫化物和磺酸类等。

1. 硫醚（包括硫酯、硫缩醛）

以C—S—C键组成的有机硫化合物（R^1—S—R^2），空间夹角为90°（如图4.8所示），由于S原子半径大于C原子半径，因此C—S键长（180pm）大于C—O键长（170pm），键能也比C—C键弱一些。硫醚通常具有恶臭味道，限制了其应用，其物理性质与乙醚相似但不易挥发，同时熔点更高，亲水性弱一些。硫醚中硫中心原子的氧化数为2，比乙醚中的O的氧化数高。

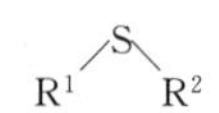

图4.8 硫醚分子结构示意图

2. 硫脲及其氧化物

硫脲是一种有机化合物，分子式为CSN_2H_4或$(NH_2)_2CS$，文献中简写为Tu，相对分子质量为76.12g/mol，常温常压下为白色固状晶体，密度为1.405g/mL。与尿素分子结构相似，可看做S原子取代了尿素分子中的O原子，但是硫脲的物理化学性质与尿素有明显不同，主要归结于S和O原子在电负性上的差异，在分子结构上硫脲是平面分子，C—N和C═S键的键长分别为1.720Å和1.340Å，S—C—N键的键角为120.5°，N—C—N键的键角为119.0°。温度升高时硫脲分子能够进行分子内重排反应：$(NH_2)_2CS \rightleftharpoons NH_4SCN$，这使得硫脲不具有明确的熔点，介于167～182℃之间。硫脲分子具有高温不稳定性，故无法测出其沸点。硫脲为弱极性分子，既可溶于水（137g/L，20℃），又可溶于极性有机溶剂，不溶于非极性有机溶剂。在水中硫脲溶液显弱碱性，pH为7.40，紫外最大吸收波长在238nm左右。

（1）一氧化硫脲（TuO）

又称甲脒次磺酸（FSEA），分子式为$HOSC(NH)NH_2$。它以零价硫形式存在。TuO不稳定，无法合成得到甲脒次磺酸成品，故其性质鲜有了解。在硫脲氧化的机理研究中，甲脒次磺酸为硫脲氧化过程中的重要中间物之一。

（2）二氧化硫脲（TuO_2）

又称甲脒亚磺酸（FSIA），固相中以$(NH_2)_2CSO_2$的形式存在，水溶液中则同时存在同分异构体$(NH_2)NHCSO_2H$。在这两种结构中，负电荷主要集中在氧原子和氮原子上，而正电荷主要集中在硫原子上，并同时分布于氢原子、碳原子和硫原子上，亲核进攻反应主要发生在碳原子和硫原子上。甲脒亚磺酸比较稳定，低毒，储存运输方便，在很多方面有着广泛的应用。它是代替保险粉的一种新型、环保、强力还原剂；在纺织工业上用于纤维的漂白，纤维的改性催化剂，染色等；可用作抗氧化剂，照相感光材料；在造纸工业中用于纸浆漂白、废纸脱墨等；在高分子材料工业中用作合成树脂的催化剂、稳定剂。由于具有较强的氢键形成能力，被广泛认为是合成化学中一种潜在的有机催化剂。近年来在医药、香料、贵重金属的回收分离及分析上的应用也得到不断发展。因此，目前二氧化硫脲的合成技术受到国内外的普遍重视。

（3）三氧化硫脲（TuO_3）

又称甲脒磺酸（FSOA），结构简式为（NH_2）$_2NHCSO_3$。5℃以下三氧化硫脲基本不发生分解，放置年余其含量降低不到0.5%。水合三氧化硫脲在水中有较大溶解度。加热至124℃迅速分解，产生刺激性气味的气体SO_2，在水溶液中会发生分解反应，温度越高水解速率越快，随着pH的升高，水解速率也加快，易发生脒化或胍化反应。甲脒磺酸是一种非常重要的脒化试剂和胍化试剂，它能非常方便地将氨类物质转变为胍的衍生物，磺酸基被其他基团取代变成相应的脒，磺酸基被亚氨基取代就变成了胍基。而胍类物质在有机合成、农药、医药、橡胶、塑料、发泡剂及染料等精细化学品当中有着广泛的应用，同时还与生命重要物质如氨基酸和DNA等密切相关。甲脒磺酸可充当木材、纤维、纸张等的阻燃剂以及防锈剂。此外，在果树病害防治，冷却水防腐等方面也都有广泛的应用。虽有商业化的三氧化硫脲纯品，但价格相对较贵，这限制了其在各方面的应用。

（4）二硫甲脒（FDS）

又称双硫脲、连硫脲（Tu_2），结构简式为（NH_2）NHCSSCNH（NH_2），相对分子质量是150.24g/mol。一般以二硫甲脒盐的固体形式稳定存在，可溶于二甲基亚砜，难溶于乙醇，在水中溶解度较小，但其盐却极易溶于水，高温时易分解。二硫甲脒在水中会发生水解，pH值越高水解越快，所以不能稳定存在于水溶液中。二硫甲脒由两个硫脲分子间的S—S键相互连接形成，其化学反应性质就主要体现在S—S键上。二硫甲脒极易与强氧化剂（如过氧化氢、亚氯酸盐、溴酸盐、溴、碘、碘酸盐等）发生氧化还原反应，逐次生成各种硫化合物。二硫甲脒在医药、农药、金属制板刻蚀、防腐及有机硫增白等方面有着广泛应用，同时也是很好的抗病毒药、防辐射剂和杀菌剂。二硫甲脒盐不但是一种重要的反应中间体，而且也常用作贵重金属的浸出剂。

3. 硫醇

硫醇是硫取代醇中的氧得到的醇类化合物，由于硫原子电负性低于氧原子，因此S—H键的极性不如O—H键极性大，导致硫醇之间不易形成氢键，相反硫醇比醇的酸性更强一些，这是由于S—H键更弱造成的，硫醇的负价主要是来自硫原子的3d轨道。除甲硫醇在室温下为气体外，其他硫醇均为液体或固体。硫醇分子间有偶极吸引力，但小于醇分子间的偶极吸引力。硫醇的沸点比分子量相近的烷烃高，比分子量相近的醇低，与分子量相近的硫醚相似。硫醇与水间不能很好地形成氢键，所以硫醇在水中的溶解度比相应的醇小得多。常温下乙硫醇在水中的溶解度仅为1.5g/100mL。

总体来说硫醇是弱酸，且蛋白质的微生态系统对其pK_a值影响较大。硫醇的反应活性与pK_a值有关。蛋白质中含有正电基团如赖氨酸、精氨酸或者有氢键存在时，S—H的pK_a值会增加3～4个数量级。半胱氨酸中的硫醇支链是非常强的亲核试剂，很容易和氧化剂或亲电试剂发生反应。半胱氨酸中硫醇超强的反应活性使得其在生物催化过程中发挥着关键作用。基于硫醇易于被氧化反应的过程，选择合适的方法和化学工具来检测氧化与还原半胱氨酸残基变得更加清楚。如何有效检测生物功能基团，关键在于化学选择性或者是生物正交性。

4. 磺酸类化合物

次磺酸（RSOH）在生物体中的产生主要是由硫醇与双电子氧化剂如双氧水、ONOOH、烷基过氧化物或者酶生成的SOH中间体产生的。RSOH也可以通过卤代硫烷、硫氰代硫烷和硫代亚磺酸酯的水解生成。硫基自由基RS* 可由次磺酸与羟基自由基反应产生，但这一反应在生物体内并不普遍，而是由亚砜或硫代亚磺酸酯有机合成的。RSOH 中的 S—O 键比亚砜中的长很多，说明互变异构体 RS（O）II 存在。RSOH 是弱酸，但是由于其活性太强无法测量其 pK_a值。类似的一些小分子结构的次硫酸的 pK_a值要比硫醇低 2～3 个数量级。一些高势垒三叠烯次磺酸类化合物的 $pK_a=12.5$，比硫醇高 3 倍多。另外分子间氢键和空间位阻在稳定蛋白质方面也发挥着重要的作用。次磺酸有强亲电性和弱亲核性，在小分子 RSOH 中这种双性行为可以使两个分子发生自聚生成硫代亚磺酸酯，其中一个分子中的 S 作为亲电试剂，另一个则作为亲核试剂；在这一反应中分子间氢键调节 RSOH 的自聚，因此要降低硫代亚磺酸酯的活化自由能，使其可以在酸性中进行此反应。另外 RSOH 的自聚主要是抗击高 pH 值时基于硫醇的次磺酸还原反应。

次磺酸可进一步被氧化为亚磺酸，亚磺酸比次磺酸更稳定，其 pK_a约为 2，在生理 pH 值范围内易发生歧化。亚磺酸也可以通过次磺酸歧化产生，或者取代硫代亚磺酸酯得到：

$$2\text{R-S-OH} \longrightarrow \text{R-SH} + \text{RSO}_2\text{H}$$

$$\text{R-S-S (O)}_2\text{R}^1 + \text{HO}^- \longrightarrow \text{RSO}_2^- + \text{R}^1\text{S-OH}$$

$$\text{R}^0\text{-S-S (O)}_2\text{R}^1 + \text{R}^2\text{-S}^- \longrightarrow \text{R}^0\text{SO}_2^- + \text{R}^1\text{-S-S-R}^2$$

亚磺酸为两性物质，负电子游离在 S 和两个 O 原子之间。RSO_2^- 是软亲核试剂，与亲电试剂如 X^- 和不饱和试剂反应。亚磺酸可以和碘乙酰胺和乙基马来酰亚胺发生烷基化反应，但这一反应与硫醇的反应比会慢很多。反应中易发生 S 进攻生成热力学稳定的砜，在强亲电试剂存在时还可生成不稳定的硫酰酯，进一步转化为砜。亚磺酸可以进一步氧化成磺酸。亚磺酸的生理功能体现在帕金森症蛋白的活化反应上。

磺酸中 S 价态最高。次磺酸可以被强氧化剂如超氧亚硝酸、H_2O_2 氧化为磺酸。磺酸也可以由次磺酸的歧化反应得到。磺酸是最强的有机酸。磺酸具有弱亲核性，其衍生物通常由硫酰氯活化得到。

5. 含硫氨基酸

甲硫氨酸（蛋氨酸）、巯基丁氨酸、半胱氨酸和牛磺酸是 4 种常见的含硫氨基酸（见图 4.9），前两种属于蛋白质，在细胞代谢过程中发挥着重要作用。甲硫氨酸在哺乳动物合成其碳骨架过程中起着关键性的作用，它的活性中间物，S-腺苷甲硫氨酸在生理反应中作为甲基的输出源。甲硫氨酸的侧链为疏水基。甲硫氨酸是最易使活性氧物质损伤的氨基酸，在此过程中甲硫氨酸转化为甲硫氨酸亚砜［Met(O)］，Met(O) 继续被氧化产生甲硫氨酸砜。细胞组织中保护细胞不受氧化损伤的甲硫氨酸亚砜还原酶（Msr）能够将蛋白质中的 Met(O) 还原为甲硫氨酸。

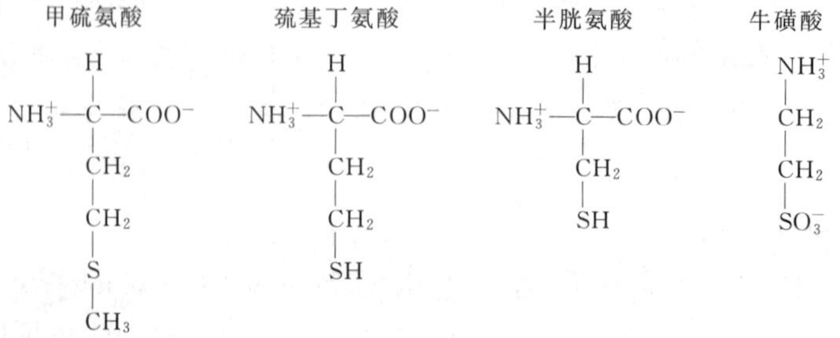

甲硫氨酸：NH_3^+—CH(—COO$^-$)—CH_2—CH_2—S—CH_3

巯基丁氨酸：NH_3^+—CH(—COO$^-$)—CH_2—CH_2—SH

半胱氨酸：NH_3^+—CH(—COO$^-$)—CH_2—SH

牛磺酸：NH_3^+—CH_2—CH_2—SO_3^-

图 4.9　4 种常见的含硫氨基酸

半胱氨酸可以看作是三质子酸，其中硫醇的 $pK_a=8.2$，谷胱甘肽中半胱氨酸的 $pK_a=9.1$，半胱氨酸是一种半必需的氨基酸，因为它可以由身体中的组织通过甲硫氨酸的转甲基作用得到，且需要有足够的甲硫氨酸和丝氨酸作为来源。半胱氨酸是细胞抗氧化氨基酸中重要的组成部分，并且通过甲硫氨酸转硫化作用、蛋白质水解和日常饮食得到的半胱氨酸对细胞氧化还原作用以及氧化应激过程都起着关键性作用。半胱氨酸分子中的 S 原子被 O 原子取代之后就变为丝氨酸，而丝氨酸不易形成二氧化物。两者的区别在于丝氨酸和半胱氨酸的酸性解离分别生成 OH^- 和 SH^-，虽然 O 和 S 具有相同的外层电子数，但是 O 原子的原子半径更小，因此 O 的电负性（3.44）比 S 的电负性（2.58）要大，因此半胱氨酸比丝氨酸更易电离出 H^+，而半胱氨酸形成二硫化物首先就是要发生电离，然后两个硫醇基相互作用形成二硫键。

三、硫化合物之间的转化

1. 分解与复分解反应

（1）硫代硫酸盐的酸分解反应

硫代硫酸盐在酸性环境中不稳定，容易分解生成 SO_2、胶体硫、连多硫酸（$H_2S_xO_6$）和硫化氢等复杂混合物，其中主要生成硫和亚硫酸氢根离子，当往溶液里加入三氧化二砷时，连多硫酸的量会增加。硫代硫酸盐稀溶液的反应速率方程为 $v=k[S_2O_3^{2-}]^{1.5}[H^+]^{0.5}$，反应经历一个硫代硫酸根和硫代硫酸氢根发生双分子反应的硫链增长过程：

$$S_2O_3^{2-}+H^- \rightleftharpoons HS_2O_3^-$$

$$HS_2O_3^-+S_2O_3^{2-} \rightleftharpoons HS_3O_3^-+SO_3^{2-}$$

$$HS_3O_3^-+S_2O_3^{2-} \rightleftharpoons HS_4O_3^-+SO_3^{2-}$$

$$HS_8O_3^-+S_2O_3^{2-} \rightleftharpoons HS_9O_3^-+SO_3^{2-}$$

$$HS_9O_3^- \rightleftharpoons S_8+HSO_3^-$$

上面是硫代硫酸盐在稀酸溶液中的分解反应，另外一种情况，在冷的浓盐酸环境中，硫代硫酸盐溶液会立即产生氯化钠沉淀，同时溶液保持 8 个小时的澄清状态。

（2）连多硫酸盐的分解与复分解反应

连多硫酸盐作为硫中间物本身就是不稳定的，它们在碱性溶液中容易发生硫链断裂，分解为硫代硫酸盐、单质硫或者亚硫酸盐等相对稳定的含硫化合物。随着连多硫酸盐分子中硫链的增长，在碱性条件下的稳定性也随之减弱，因此可以推知连三硫酸盐在碱性溶液中的稳定性最强，并且文献中报道连三硫酸盐与氢氧根离子的反应在温度大于 40℃ 时反应速率常数在 $10^{-5}\sim10^{-6}$ L/(mol·s) 之间，室温条件下连三硫酸盐在碱性溶液中相当稳定。连四硫酸盐碱性分解的初始反应步骤的速率常数为 0.0051～0.38L/(mol·s)，根据不同的实验条件变化。连五硫酸盐的碱性分解速率常数在 0.51～1.0L/(mol·s)。连六硫酸盐的碱性分解速控步骤的速率常数在 1.28L/(mol·s) 左右［实验值为 1.0L/(mol·s)］。

① 连三硫酸盐的碱性分解。连三硫酸盐在水溶液中的分解分为两种方式，一种是在 pH≤12 的弱碱性水溶液中的分解，反应对于连三硫酸盐来说为一级反应；在 pH>13 的强碱性溶液中连三硫酸盐则会受到 OH^- 的进攻，分解为硫代硫酸盐、亚硫酸盐和水，如方程所示。

$$S_3O_6^{2-}+H_2O \longrightarrow S_2O_3^{2-}+SO_4^{2-}+2H^+$$

$$2S_3O_6^{2-}+6OH^- \longrightarrow S_2O_3^{2-}+4SO_3^{2-}+3H_2O$$

连三硫酸盐的水解不受OH^-和溶解氧（O_2）的影响，但是硫代硫酸盐的存在会加速连三硫酸盐的分解，加速分解的原因是$S_2O_3^{2-}$-$S_3O_6^{2-}$反应与$S_3O_6^{2-}$的溶剂分解反应竞争存在，或是连三硫酸盐的增链反应所致。

$$S_3O_6^{2-}+S_2O_3^{2-} \longrightarrow S_4O_6^{2-}+SO_3^{2-}$$

② 连四硫酸盐的碱性分解。连四硫酸盐分解早期认为生成硫代硫酸盐和亚硫酸盐，后来的研究表明分解过程中首先生成连三硫酸盐和连五硫酸盐，这两种物质在弱碱性条件下（$pH \leqslant 9$）比较稳定，随着pH值的升高，连五硫酸盐开始分解产生连三硫酸盐和硫代硫酸盐，因此在连四硫酸盐反应过程中会产生硫代硫酸盐和连三硫酸盐，继续升高反应溶液的pH值（$pH>12$），连三硫酸盐不稳定开始分解，且其分解方式在$pH=13$时发生变化。因此连四硫酸盐的总体分解化学计量学分为两种情况：

$$2S_4O_6^{2-}+6OH^- \longrightarrow 3S_2O_3^{2-}+2SO_3^{2-}+3H_2O$$

$$4S_4O_6^{2-}+10OH^- \longrightarrow 7S_2O_3^{2-}+2SO_4^{2-}+5H_2O$$

连四硫酸盐分解的化学计量学比想象的要复杂，连四硫酸盐分解反应过程中产物的分布与pH值、连四硫酸盐初始浓度以及硫代硫酸盐催化作用有密切关系，同时连四硫酸盐分解速率与所用的缓冲盐体系无关。同样硫代硫酸盐的初始浓度对连四硫酸盐的分解也有影响。

③ 连五硫酸盐的碱性分解。连五硫酸盐的分解速率与连五硫酸盐$S_5O_6^{2-}$和氢氧根离子OH^-的浓度有关，并且具有较强的盐效应。连五硫酸盐的分解速率不受初始硫代硫酸盐浓度的影响，与溶液的离子强度有关。连五硫酸盐可以分解出单质硫，然后慢慢消失，他们认为硫代硫酸盐和单质硫为连五硫酸盐分解过程中的唯一中间产物，分解的速率控制步骤为OH^-进攻连五硫酸盐硫链中的γ-S原子。利用高效液相色谱（HPLC）和毛细管电泳（CE）对连五硫酸盐的碱性分解研究较为便利，除了硫代硫酸盐，连四硫酸盐和连六硫酸盐在反应过程中也会出现，在反应过程中硫代硫酸盐催化连五硫酸盐的歧化反应影响较小。

④ 连六硫酸盐的碱性分解。与连三硫酸盐、连四硫酸盐和连五硫酸盐的碱性分解相比，连六硫酸盐碱性分解的文献报道较少。连六硫酸盐和亲核试剂（SO_3^{2-}、OH^-、CN^-和S^{2-}）反应，硫链会发生异裂。在连六硫酸盐的分解过程中，会出现硫代硫酸盐、连四硫酸盐、连五硫酸盐和少量的连七硫酸盐，反应的化学计量学是：

$$2S_6O_6^{2-}+6OH^- \longrightarrow 5S_2O_3^{2-}+2S+3H_2O$$

连六硫酸盐的速控步骤的反应速率常数约为0.8L/(mol·s)，首先氢氧根离子进攻连六硫酸盐硫链中的γ-S原子，从而使其异裂为硫代硫酸盐$S_2O_3^{2-}$和$S_4O_3OH^-$。连六硫酸盐与连五硫酸盐结构上的差异导致反应路径也有所不同，连多硫酸盐的增链反应：

$$S_xO_6^{2-}+S_2O_3^{2-} \longrightarrow S_{x+1}O_6^{2-}+SO_3^{2-} \ (x \geqslant 3)$$

在此路径中有所影响，因此产生短暂中间产物连七硫酸盐。另外硫代硫酸盐、亚硫酸盐的初始浓度对连六硫酸盐的分解反应也有一定的影响。

2. 过硫酸盐的分解反应

过硫酸盐（$S_2O_8^{2-}$）通常作为丙烯酸纤维、苯乙烯等物质聚合反应的引发剂，因其分解过程中能够使得—O—O—键断裂，分裂成两个SO_4^-·自由基，从而引发单体聚合。$S_2O_8^{2-}$的分解反应在不同的pH和温度环境中会经历不同的反应过程。在$pH<2$时，分解反应受酸催化，经历非自由基路径产生SO_4和HSO_4^-，SO_4在稀酸溶液中不稳定分解为硫酸和O_2；

在 pH>4 时 $S_2O_8^{2-}$ 均裂分解为两个 SO_4^- · 自由基，整个反应机理为：

$$S_2O_8^{2-} \longrightarrow 2SO_4^- \cdot$$

$$SO_4^- \cdot + H_2O \longrightarrow HSO_4^- + OH \cdot$$

$$2OH \cdot \longrightarrow H_2O + 1/2O_2$$

3. 硫化合物的化学氧化

（1）硫离子的氧化

硫离子中硫为−2 价，具有较强的还原性，因此很容易被氧化，且氧化过程一般比较复杂，包含多种产物如胶体硫、亚硫酸盐、硫代硫酸盐和硫酸盐，根据溶液的 pH、温度和反应的进展程度不同而异。硫离子先被氧化成 0 价的硫，然后进一步被氧化成硫代硫酸盐、亚硫酸盐和硫酸盐。硫离子被氧气氧化的反应为自催化反应，反应过程中产生的中间物 S 和硫离子反应生成多硫离子（S_x^{2-}），反应的主要产物为硫代硫酸盐和硫酸盐（见图 4.10）。

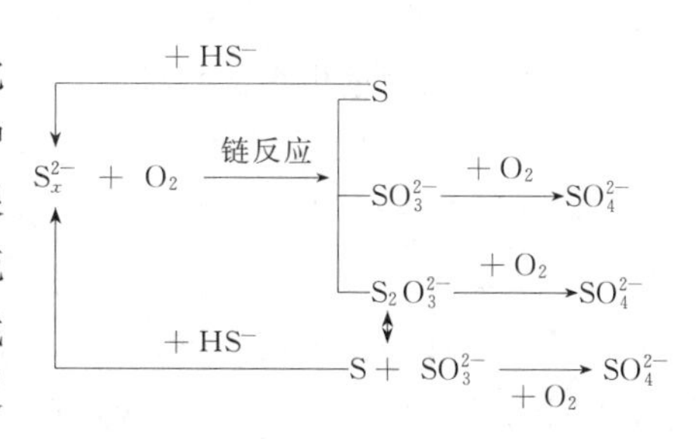

图 4.10 硫化物增氧反应路径

污水管道中产生的硫化物伴有一股毒性恶臭味，同时管道中的 H_2S 在需氧细菌硫杆菌等作用下能氧化为硫酸从而腐蚀整个污水管道（$H_2S + 2O_2 \longrightarrow H_2SO_4$）。在中性、弱酸性和碱性环境中硫化物的氧化会经历下面路径过程：

$$HS^- + O_2 \longrightarrow HS \cdot + O_2^-$$

$$HS \cdot + O_2 \longrightarrow HO_2 + S$$

$$HS \cdot + O_2^- \longrightarrow S + HO_2^-$$

$$HS^- + (x-1)S \longrightarrow H^+ + S_x^{2-} \quad x = 2 \sim 5$$

（2）亚硫酸盐的氧化

亚硫酸和亚硫酸盐中硫的氧化数为+4，因此它们既有氧化性，又有还原性，但还原性占主导，亚硫酸盐的还原性强于亚硫酸。亚硫酸盐甚至可以和金属离子如 $Fe(CN)_6^{3-}$、$Fe(phen)_3^{3+}$、Cr（Ⅵ）和 $IrCl_6^{2-}$ 等反应，通过单电子转移生成 S（Ⅴ）自由基，进一步氧化生成硫酸盐或者二聚生成连二硫酸盐。亚硫酸盐的氧化过程中存在多种暂态中间物，这些暂态中间物中硫的价态介于+4 价到+6 价之间，并且亚硫酸盐可以通过单个双电子转移或者单电子与双电子转移共存方式来被氧化。在亚硫酸盐氧化过程中存在亚硫酸盐的自氧化的链反应机理如下式所示：

$$SO_3^- + O_2 \longrightarrow SO_5^-$$

$$SO_5^- + SO_3^{2-} \longrightarrow SO_4^- + SO_4^{2-}$$

$$SO_4^- + SO_3^{2-} \longrightarrow SO_3^- + SO_4^{2-}$$

（3）硫氰酸盐的氧化

硫氰酸盐中硫的氧化数为−2，处于硫的最低价态−2 价，因此具有较强的还原性，可以被很多种物质氧化，比如过氧化氢、卡罗酸、硝酸、铬酸、高铁离子以及 OH · 自由基等。双氧水氧化硫氰酸盐研究较多，反应首先产生中间产物次硫氰酸根离子（$OSCN^-$），然后经历一系列快速反应得到产物，产物依赖于反应溶液的 pH 值，pH＝4～12 时，$OSCN^-$ 被氧化为 SO_4^{2-}、氨和 HCO_3^-。

$$SCN^- + H_2O_2 \longrightarrow OSCN^- + H_2O$$
$$OSCN^- + H_2O_2 \longrightarrow OS(O)CN^- + H_2O$$
$$OS(O)CN^- + H_2O_2 \longrightarrow H_2SO_3 + OCN^-$$
$$SO_3^{2-} + H_2O_2 \longrightarrow SO_4^{2-} + H_2O$$

在低 pH 值时，反应中产生的 $OSCN^-$ 快速反应生成终产物 CN^- 和 SO_4^{2-}，CN^- 继续与 $OSCN^-$ 反应生成硫二氰［$S(CN)_2$］。

硫氰酸盐氧化过程中会伴随着丰富的非线性动力学现象，如化学振荡、混沌等，封闭体系中 ClO_2^-/SCN^- 反应呈现出 ClO_2^- 的持续振荡行为，弱酸性条件下（pH3.5），ClO_2^-/SCN^- 氧化体系电位能够呈现持续振荡和混沌现象，且振荡周期较长。在酸性条件下 ClO_2^- 氧化 SCN^- 反应过程中会产生 ClO_2，而 ClO_2 氧化 SCN^- 反应能够呈现自催化现象，在这两种反应过程中自催化剂均为 HOCl。在强酸性（pH＝2）条件下 ClO_2 与过量的 SCN^- 反应，生成中间物硫氰 $(SCN)_2$，$(SCN)_2$ 水解产生具有自催化作用的 $OSCN^-$。H_2O_2 氧化 SCN^- 的反应通常被用来分析氰化物（CN^-）与 SCN^- 的混合物，非催化条件下 H_2O_2 氧化硫氰酸盐的反应过程中能够出现中间产物 $OSCN^-$，在不同 pH 环境中 $OSCN^-$ 进一步反应的路径不同：在低 pH 的条件下，生成 CN^-、SO_4^{2-} 等，然后 CN^- 进一步和 $OSCN^-$ 反应，最终生成 $S(CN)_2$；在 pH＝4～12 时，中间产物 $OSCN^-$ 进一步反应，生成 SO_4^{2-}、NH_4^+、HCO_3^- 等。

（4）硫代硫酸盐的氧化

硫代硫酸盐中的两个硫原子分别为－2 价和＋6 价，使得硫代硫酸盐在氧化过程中会产生一系列中间价态的中间物。硫代硫酸盐的氧化过程中可呈现出多种丰富的动力学现象：化学波、多稳态、振荡、混沌和时空斑图等，这些是非线性化学研究的重要体系，其中氧化剂包括双氧水、亚氯酸盐、溴酸盐和碘酸盐等。H_2O_2-$S_2O_3^{2-}$ 反应能够在 Cu^{2+} 催化下，产生振荡、双稳态等复杂动力学现象，反应中间体为 $HOS_2O_3^{2-}$。ClO_2^--$S_2O_3^{2-}$ 反应体系一直以来都是研究的热点，能出现准周期和周期振荡、化学波和自催化效应等丰富的非线性动力学现象。

① H_2O_2-$S_2O_3^{2-}$ 反应。H_2O_2-$S_2O_3^{2-}$ 反应的动力学机理研究远远落后于其动力学现象的研究，主要原因在于硫代硫酸盐的氧化过程产生多种复杂的硫氧化合物氧化中间体，如 $S_3O_6^{2-}$、$S_4O_6^{2-}$、$S_5O_6^{2-}$、SO_3^{2-} 以及 $HOS_2O_3^-$ 等。在液氨溶液中 Cu（Ⅱ）催化氧化 $S_2O_3^{2-}$ 反应时，Cu（Ⅱ）先催化氧化 $S_2O_3^{2-}$ 生成 $S_4O_6^{2-}$，然后再通过不对称反应产生 $S_3O_6^{2-}$ 和 $S_2O_3^{2-}$。反应过程中 $S_2O_3^{2-}$ 先取代铜（Ⅱ）氨络合离子中的一个氨（速率控制步骤）形成 Cu（Ⅱ）$(NH_3)_3S_2O_3$ 复合离子，然后将等价电子从 $S_2O_3^{2-}$ 转移给 Cu（Ⅱ）生成一价铜离子和 $S_2O_3^-$，$S_2O_3^-$ 再二聚成 $S_4O_6^{2-}$。pH＝7～9 时，H_2O_2-$S_2O_3^{2-}$ 反应对于每个反应物均为一级反应，在速率控制步骤中对 $S_2O_3^{2-}$、OH^-、H_2O_2 都是一级反应，反应中间物为 $S_4O_6^{2-}$、$S_3O_6^{2-}$ 和 SO_3^{2-}。利用毛细管电泳和高效液相色谱可以对 H_2O_2-$S_2O_3^{2-}$ 反应体系中的物种进行监测和动力学分析，在氧化过程中除了 $S_2O_3^{2-}$、$S_2O_6^{2-}$、$S_3O_6^{2-}$ 和 $S_4O_6^{2-}$ 外，还检测到其他连多硫酸盐如 $S_5O_6^{2-}$ 和 $S_6O_6^{2-}$。随着 pH 值的升高，硫键链会不断变短，因此连多硫酸盐对 pH 值非常敏感，通过改变体系的 pH 值和反应物的初始浓度发现，体系反应动力学对于每个反应物均为一级反应，关键中间体 $HOS_2O_3^-$、HSO_3^{2-}/

SO_3^{2-}、$S_3O_6^{2-}$、$S_4O_6^{2-}$和$S_5O_6^{2-}$最终被氧化为SO_4^{2-}。

② ClO_2^--$S_2O_3^{2-}$反应。碱性条件下ClO_2^--$S_2O_3^{2-}$反应通过化学滴定法可以确定反应过程产生质子、氯离子和硫酸根产物，通过对各物质定量分析表明该反应对ClO_2^-、$S_2O_3^{2-}$和H^+都是一级反应，并且推测ClO_2^-的消耗可能经历了质子自催化的反应，反应过程中可能是$S_2O_3^{2-}$与$HClO_2$发生亲核反应形成含氯中间体$S_2O_3ClO^-$。在反应体系pH＝6～9范围内，25℃时研究该反应的反应计量比和动力学机理，发现在$S_2O_3^{2-}$过量时反应生成$S_4O_6^{2-}$和OH^-，如反应方程所示：

$$4S_2O_3^{2-}+ClO_2^-+2H_2O \longrightarrow 2S_4O_6^{2-}+Cl^-+4OH^-$$

当ClO_2^-过量时，除了发生上述反应方程，还发生下面的方程：

$$S_2O_3^{2-}+2ClO_2^-+H_2O \longrightarrow 2SO_4^{2-}+2Cl^-+2H^+$$

在反应机理中引入两个含氯中间体$S_2O_3ClO^-$和$S_2O_3Cl^-$，两个关键反应——简单中间体SO_3^{2-}与ClO^-的反应，和ClO_2^-与$S_4O_6^{2-}$的超自催化反应。该体系的两种特殊的化学性质，酸碱竞争生成反应和SO_3^{2-}与ClO^-的初始步骤反应，会引起其对涨落和搅拌速度的敏感性，加之ClO_2^-与$S_4O_6^{2-}$的超自催化反应会对任何涨落无限放大以推动反应继续进行，从而使得ClO_2^--$S_2O_3^{2-}$反应对涨落和搅拌速度的影响极其敏感。氯元素价态的变化被认为是体系复杂动力学行为的主要来源，基于ClO_2^-驱动反应能够模拟出亚氯酸盐-含硫化合物反应体系中的振荡、混沌及双稳态现象。但该模型对实际实验中pH效应的解释存在很大的局限性，不能解释封闭体系的pH准振荡、开放体系的pH持续振荡及pH前沿波现象。在反应过程中考虑氯氧化合物自身反应、氯氧化物与硫化合物反应以及硫-硫化合物之间的反应，同时以硫价态变化驱动的动力学模型进行模拟，能够为反应-扩散体系中的pH前沿波的形成提供合理解释，体系pH的上升和下降来源于硫元素从－2价到0价再到＋6价的复杂价态变化过程。

③ BrO_2^-与$S_2O_3^{2-}$反应。BrO_2^-与$S_2O_3^{2-}$在碱性溶液中的反应，是通过使用断流法检测在BrO_2^-的特征吸收波长296nm下的吸光度变化来进行研究的。他们的结论为，反应中至少存在两个化学计量方程：当$S_2O_3^{2-}$大大过量和低pH时，主要发生的反应方程式如下：

$$BrO_2^-+4S_2O_3^{2-}+4H^+ \longrightarrow Br^-+2S_4O_6^{2-}+2H_2O$$

发现化学反应速率常数与pH有轻度的关系，表观速率常数：$k_{obs}=k_1+k_2[OH^-]^{-1}$，其中，$k_1=2.39L/(mol \cdot s)$，$k_2=0.013s^{-1}$。反应在几秒内就能完成。在高pH时，上述反应生成的$S_4O_6^{2-}$发生水解，方程如下：

$$2S_4O_6^{2-}+6OH^- \longrightarrow 3S_2O_3^{2-}+2SO_3+3H_2O$$

当$c(S_2O_3^{2-})/c(BrO_2^-)<2.5$，且在高pH时，就有$H^+$和$SO_4^{2-}$通过反应生成，反应方程式如下：

$$2BrO_2^-+S_2O_3^{2-}+H_2O \longrightarrow 2Br^-+2SO_4^{2-}+2H^+$$

④ BrO_3^--$S_2O_3^{2-}$反应。在BrO_3^--$S_2O_3^{2-}$反应体系中，25℃时，pH＝4.25～5.5，$S_2O_3^{2-}$氧化反应中间物和产物包括$S_4O_6^{2-}$、$S_5O_6^{2-}$、HSO_3^-和SO_4^{2-}，其中$S_4O_6^{2-}$为主要产物。色谱法对该体系的初步研究发现，在弱酸性缓冲介质中反应物$S_2O_3^{2-}$和反应中间物$S_4O_6^{2-}$这两种物质浓度随时间变化的动力学曲线均为s型，呈自催化反应特征。反应初始时向反应液中加入微量的反应中间物HSO_3^-后，反应诱导期明显缩短，同时$S_2O_3^{2-}$的消耗速

率和 $S_4O_6^{2-}$ 的生成速率也明显加快，所以 HSO_3^- 为该体系的自催化剂，同时反应对 BrO_3^-、$S_2O_3^{2-}$ 和 H^+ 均为 1 级。

（5）连多硫酸盐的氧化

连多硫酸盐中硫原子的化合价处于两种极端价态，－2 价的硫离子（S^{2-}）和＋6 价的硫酸盐（SO_4^{2-}）之间，具有较强的还原性，可以被氯胺、二氧化氯、高铁酸盐以及单质碘氧化成硫酸盐。连三硫酸盐和连四硫酸盐的氧化反应比连五硫酸盐和连六硫酸盐研究得多，应用也较广，尤其是连四硫酸盐的氧化作为硫代硫酸盐氧化反应的子反应，能够表现出较为复杂的动力学过程和丰富的非线性时空动力学现象。连六硫酸盐的氧化还没有文献报道，主要原因是连六硫酸盐的不稳定性和合成纯度难度较大。

① 连三硫酸盐的氧化反应。连三硫酸盐可以在弱酸性环境中被碘氧化生成硫酸盐，并且在产物中除 SO_4^{2-} 没有发现其他含硫化合物存在，反应也不依赖于 pH 值的变化，同时加入 I^- 会减缓反应的速率。连三硫酸盐被二氧化氯 ClO_2 氧化反应在弱酸性条件下（$4.35\leqslant pH\leqslant 5.7$）存在两个极限化学计量比：

$$5S_3O_6^{2-}+8ClO_2+14H_2O \longrightarrow 15SO_4^{2-}+8Cl^-+28H^+$$

$$S_3O_6^{2-}+4ClO_2+4H_2O \longrightarrow 3SO_4^{2-}+2Cl^-+2ClO_3^-+8H^+$$

在弱碱性溶液中（$7.6\leqslant pH\leqslant 10.5$）连三硫酸盐可以被高铁酸盐（$FeO_4^{2-}$）氧化成连二硫酸盐（$S_2O_6^{2-}$），在准一级反应中连三硫酸盐和高铁酸盐的化学计量比 $[FeO_4^{2-}]/[S_3O_6^{2-}]=5:3$，反应速控步为质子化的 FeO_4^{2-} 与 $S_3O_6^{2-}$ 的反应，反应速率常数为 2.9L/(mol・s)。

② 连四硫酸盐的氧化反应。连四硫酸盐是在硫代硫酸盐被氧化过程中出现的一个主要产物，可以被氧化剂例如二氧化氯、亚氯酸盐、双氧水、碘单质、高碘酸盐、次氯酸盐以及单质溴进一步氧化生成最终产物硫酸盐。连四硫酸盐可以被亚氯酸盐氧化且反应中直接反应和 HOCl 催化反应同时进行，这就使得反应相当复杂，可以出现 H^+ 的超催化反应，从而会在反应扩散过程中出现扩散驱动的前沿失稳、胞状前沿波以及横向前沿失稳等系列时空动力学现象。二氧化氯在氧化连四硫酸盐过程中可以出现 H^+ 和 Cl^- 的自催化反应。在弱酸性溶液中连四硫酸盐还可以被单质碘氧化成硫酸根离子，反应中 I^- 和 I_2 单质对反应起双重催化作用。

连四硫酸盐-双氧水反应作为硫代硫酸盐的 pH 振荡反应中的一个重要的子反应，在弱碱性溶液中（$8.0\leqslant pH\leqslant 10.5$）反应较快，而在酸性溶液中反应相当缓慢，在碱性溶液反应中相对于连四硫酸盐、双氧水以及氢氧根离子均为一级反应。高铁酸盐也可以在弱碱性条件下将连四硫酸盐氧化成连二硫酸盐，在准一级反应研究中对于高铁酸盐为一级反应，并且在 $pH<8.6$ 时反应与连四硫酸盐的初始浓度无关，对 H^+ 来说是一级反应；在 $pH>8.6$ 时反应对于连四硫酸盐是一级反应，同时在这一 pH 值范围内，反应速率随着 H^+ 浓度的降低而降低。另外，光照可以诱导高碘酸盐氧化连四硫酸盐，表现出自催化反应，并且在诱导期间 I^- 和单质 I_2 会积聚，I^- 的消耗和生成使得反应有一个较长的诱导期。

③ 连五硫酸盐的氧化反应。连五硫酸盐在弱碱性溶液中（$7.7\leqslant pH\leqslant 9.0$）可以被高铁酸盐（$FeO_4^{2-}$）氧化为连二硫酸盐（$S_2O_6^{2-}$）和 Fe（Ⅲ）离子，反应中 FeO_4^{2-} 和连五硫酸盐的化学计量比为 $[FeO_4^{2-}]/[S_5O_6^{2-}]=5:1$。在 $pH>8.4$ 时反应的速率控制步骤为非质子化的高铁酸盐的反应，反应速率常数为 3.3L/(mol・s)，此时 FeO_4^{2-} 和 $S_5O_6^{2-}$ 的反应不

依赖于 H^+，而在 $pH<8.4$ 时反应是依赖于 H^+ 的，即 H^+ 也参与了反应。$S_5O_6^{2-}$ 和 I_2 反应同样不依赖于 H^+ 的浓度，I^- 能够作为自抑制剂减缓反应速率。

四、硫化合物的电化学氧化

1. 硫离子电化学氧化

硫化物的电化学氧化过程主要着重于贵金属阳极上（Au，Pt）。在不同的环境条件下可以通过循环伏安法、X 射线电子能谱法、线性极化、微分脉冲等实验技术手段对硫化物的水溶液在金、铂电极上的电化学氧化过程进行研究。

S^{2-} 的电化学氧化极化曲线存在两个氧化反应峰Ⅰ和Ⅱ，峰Ⅰ是硫离子氧化为单质硫和多硫化物的过程，具有较强的可逆性，同时硫离子的扩散是反应的速控步；峰Ⅱ是单质硫和多硫化物继续氧化形成硫酸根离子的过程，此过程为不可逆过程。在硫离子电化学氧化过程中能够出现丰富的非线性化学动力学现象如振荡、电化学硫沉积（传递波、稳态结构、迷宫斑图和协同化斑图）。

2. 硫代硫酸盐的电化学氧化

硫代硫酸盐分子中一个 S 带很强的负电，而 S—O 键则兼有双键的性质，因此质子化过程首先发生在 S 原子上，$S_2O_3^{2-}$ 具有还原性很容易被氧化为 $S_4O_6^{2-}$：

$$2S_2O_3^{2-} \longrightarrow S_4O_6^{2-} + 2e^-$$

硫代硫酸盐的电化学氧化行为非常复杂，氧化机制与体系的 pH 值和扫描速度密切相关，能够表现出丰富的非线性动力学现象，包括倍周期、混合模式、准周期和混沌等。随着电压逐渐增加，溶液中的 $S_2O_3^{2-}$ 逐渐被氧化为不同价态的硫氧化合物，包括 $S_3O_6^{2-}$、$S_4O_6^{2-}$、$S_5O_6^{2-}$、$S_6O_6^{2-}$、SO_4^{2-} 和 S 单质等，且连多硫酸盐 $S_3O_6^{2-}$、$S_4O_6^{2-}$、$S_5O_6^{2-}$ 的浓度随电位升高先增加后减小。$S_3O_6^{2-}$ 和 $S_4O_6^{2-}$ 是在 Au-S 和 Au-O 间的吸附竞争和 Au-O 的还原构成的 HN-NDR 振荡过程中产生的。

3. 硫脲的电化学氧化

硫脲的电化学氧化是一个极为复杂的过程，反应强烈依赖于电极电势，反应过程中硫脲分子在电极上发生电子转移、扩散-传质过程、电极表面的吸附、质子转移以及均相化学反应等一系列反应。硫脲在 Pt 电极的电化学氧化分两步进行，第一步为 $E<0.90V$ 时硫脲分子的缓慢单分子转移生成硫脲自由基，然后硫脲自由基二聚形成二硫甲脒离子；进一步增加电势 $E>0.90V$ 范围，硫脲继续被氧化产生甲脒亚磺酸、氨腈、脲、甲脒磺酸、硫酸根等。

4. 硫氰酸盐的电化学氧化

SCN^- 阳极氧化是完全不可逆过程，涉及 SCN^- 的吸附。根据电位的高低，SCN^- 可通过 S 或者 N 元素吸附于 Pt 电极表面，两种吸附方式可相互转换，从 N 吸附转变到 S 吸附的速率常数（$10^3 s^{-1}$）是其逆过程的两倍。S 吸附的同时发生了氧化形成 SO_4^{2-}，并伴随着 CN^- 的释放。SCN^- 电化学过程中的决速步有两种可能性，一种是两电子同时从 SCN^- 转移，反应中 SCN· 的二聚反应为决速步；另一种为 SCN^- 失去单电子过程为决速步。

SCN^- 电化学氧化中也会出现复杂的非线性现象。在银、铂电极的 SCN^- 电化学氧化中，能够出现双稳态、简单振荡、混合模式振荡、准周期振荡和双稳态。外部电压或者电流会对振荡的频率产生影响，温度会对振荡的模式产生影响，具有强吸附性的惰性离子可以引

发 SCN^- 体系中从振荡到双稳态的转变。在0～2℃的硫酸介质中，SCN^- 电化学氧化过程中产生2个氧化波，第一个为电氧化产生的 $(SCN)_3^-$，其形成的电势范围会随着 SCN^- 浓度的增加而升高，当 NH_4SCN 为1.0mol/L时，$(SCN)_3$ 仅在电位范围为0.55～1.4V之间产生。第二个氧化过程不产生任何稳定的物种，并且第二个氧化过程的产物会使电极表面钝化。

第二节　硫与洁净能源

一、能源洁净脱硫

目前世界能源使用结构以化石能源石油、天然气和煤炭为主。我国煤炭消耗占75%，而煤中含有含硫化合物，包括有机硫和无机硫，有机硫多以硫醇、硫醚、硫醌、噻吩等形式存在；无机硫主要以硫化物（黄铁矿等含硫矿石）、单质硫、硫酸盐形式存在，其中无机硫占60%～70%，有机硫占30%～40%。我国煤炭的利用主要还是燃烧为主，煤炭燃烧过程中会释放 SO_2、SO_3 和 H_2S 等有毒有害气体，严重污染大气生态环境。同时含硫矿石（特别是含硫较多的有色金属矿石）的冶炼，化工、炼油和硫酸厂等的生产过程中也会排放出大量 SO_2。二氧化硫在大气中扩散迁移时，可被氧化成为三氧化硫，遇氨或金属氧化物形成硫酸盐颗粒物。它随降水落到地面，受径流冲刷进入水体，成为沉积物。硫酸盐处于水底缺氧条件下，作为受氢体经硫酸盐还原菌作用，可以还原为硫化氢，再次进入大气。另外二氧化硫在日光照射下可氧化成三氧化硫，二氧化氮和臭氧能够加速转化速度。三氧化硫在空气中遇水滴就形成硫酸雾、二氧化硫还可溶于水滴形成亚硫酸，然后再氧化成硫酸。酸雾遇到其他物质（金属飘尘、氨等）形成硫酸盐，再由降水冲刷形成酸雨降落地面，造成环境污染。因此需要提高煤炭的利用效率，实现煤炭的洁净利用。

我国煤的含硫量一般在0.38%～5.32%，平均为1.72%。并且高硫煤约占煤炭储量的1/3，占生产原煤的1/6，而随着煤层开采深度的增加，我国主要矿区的含硫量都有增加的趋势。脱硫已成为我国洁净煤技术的主要目标之一。因此，开发经济有效的脱硫技术已成为煤化工领域最紧迫的任务之一，对大幅度地减少 SO_2 等大气污染物的排放，在环境允许的条件下扩大煤炭的利用，减少煤炭的外部成本及大幅度地提高煤炭的利用效率和经济效益，从根本上改善许多煤矿效益不佳的状况，促使能源生产和消费实现由粗放型向集约型的转变等有重要的现实意义。

目前煤炭脱硫主要集中在燃前脱硫、燃中固硫和燃后脱硫三种形式，每种脱硫技术形式又可细分为多种脱硫方法。燃前脱硫技术主要分为物理脱硫（跳汰法、旋流器法、摇床法、离心力法、电选法和磁选法等）、化学脱硫（浮选脱硫和纯化学脱硫）、温和净化脱硫及微生物脱硫等；燃中固硫技术包括炉内直接喷钙法、流化床燃烧法、型煤固硫法和水煤浆燃烧法；燃后脱硫技术可分为干法、湿法和半干法烟气脱硫。其中国内目前应用最广的为燃前脱硫，燃中固硫和燃后脱硫作为补充辅助。

原油脱硫一直是油田化学领域的难题，虽然原油中硫含量并不是特别高，但是其对于开采、储运及后期炼化设备会造成严重的腐蚀，无形中增加了运营成本，加重开发商负担，还会对环境造成污染。此外，硫化氢气体更是一种能够致命的有毒气体，所有的油田现场工作都对硫化氢泄漏严防死守。硫的存在会对石油的冶炼造成危害，如腐蚀生产设备；阳极电阻率升高；在阳极钢棒上生成硫化铁薄膜；进而增加阳极电压降；增加铝电解的电耗并使得阳极消耗增加，在石油焦煅烧、阳极焙烧及铝电解过程中，石油焦中的硫会以 SO_2 的形式排出，从而污染大气。阳极硫的含量每提高 1%，将会使 SO_2 的排放量增加 8kg/t，电解烟气中 SO_2 排放浓度将增加 133mg/m^3，SO_2 形成酸雨及雾霾对环境及大气造成危害。石油焦中的硫分为无机硫和有机硫，无机硫以硫酸盐和磺铁矿硫为主，少量游离硫也存在于石油焦中，无机硫的含量很少，大部分为与焦中碳键结合的有机硫。石油焦中的有机硫以 C—S 键结合在石油焦炭骨架中，其硫化物结构复杂，以五环（噻吩）或者六环硫结构为主，同时存在少量的无机硫（S_2^{2-}）和硫酸盐，有的焦中还发现少量的亚砜结构；而以这些石油焦原料制备成阳极后，其硫化合物的形态改变不大，还是基本以噻吩硫为主，存在少量亚砜、无机硫和游离硫。石油脱硫的主要技术包括碱洗脱硫、萃取脱硫、络合法脱硫、加氢脱硫、吸附脱硫、催化脱硫、生物脱硫和氧化脱硫等。

二、硫与新能源

能源和环境问题逐渐受到重视，电池、风能和太阳能等清洁能源逐渐成为现代能源产业的主要形式。储能系统如锂硫电池、钠硫电池和燃料电池是新能源动力电池未来的主力军。随着电子设备、电动汽车等领域的蓬勃发展，电池能量密度的瓶颈效应正在显现。单质硫具有相对原子质量小，与锂反应转移电子数多的特点，是容量最高的正极材料。锂硫电池具有理论能量密度高、成本低和环境友好等优点，其理论比容量和能量密度分别为 1670mA·h/g和 2600W·h/kg，远高于锂离子电池，成为科学与工业研究的热点。钠硫电池用于储能具有独到的优势，主要体现在原材料和制备成本低、能量和功率密度大、效率高、不受场地限制、维护方便等。钠与硫通过化学反应，将电能储存起来，当电网需要更多电能时，它又会将化学能转化成电能，释放出去，钠硫电池的“蓄洪”性能非常优异，即使输入的电流突然超过额定功率 5～10 倍也能够承受，再以稳定的功率释放到电网中，这对于大型城市电网的平稳运行尤为重要。

参考文献

[1] Beatty R. Sulfur（The elements）[M]. London：Cavendish Square Publishing，2001.

[2] Jakob U，Reichmann D. Oxidative stress and redox regulation [M]. Netherlands：Springer，2013.

[3] Leslie M. Nothing rotten about hydrogen sulfide's medical promise [J]. Science，2008，320：1155-1157.

[4] Housecroft C E，Sharpe A G. Inorganic chemistry [M]. 3rd Edition. Pearson，2008.

[5] 大连理工大学无机化学教研室. 无机化学 [M]. 北京：高等教育出版社，2002.

[6] Brady J E，Senese F A. Chemistry：The study of matter and its changes [M]. Wiley & Sons，Incorporated，John，2004.

[7] 北京师范大学，华中师范大学，南京师范大学无机化学教研室. 无机化学 [M]. 北京：高等教育出版社，2002.

[8] Zachariasen W H. Note on the structure of the trithionate group，$(S_3O_6)^{2-}$ [J]. J Chem Phys，1934，2：109-111.

[9] Zachariasen W H. The atomic arrangement in potassium trithionate crystals $K_2S_3O_6$ and the structure of the trithionate radical $(S_3O_6)^{2-}$ [J]. Z Kristallogr，1934，89：529-537.

[10] Mackenzie J E，Marshall H. CLXVIII. The trithionates and tetrathionates of the alkali metals. Part Ⅰ [J]. J Chem Soc Trans，1908，93：1726-1739.

[11] Stewart J M，Szymanski J T. A redetermination of the crystal structure of potassium trithionate，$K_2S_3O_6$ [J]. Acta

Cryst, 1979, 35: 1967-1970.

[12] Foss O, Hordvik A. The crystal structure of sodium tetrathionate dihydrate [J]. Acta Chem Scand, 1964, 18: 662-670.

[13] Foss O, Furberg S, Zachariasen H. The crystal structure of barium tetrathionate dihydrate [J]. Acta Chem Scand, 1954, 8: 459-468.

[14] Tunell G, Merwin H E, Ksanda C J. The crystallography of potassium tetrathionate [J]. Am J Sci, 1938, A35: 361-372.

[15] Stewart J M, Szymanski J T. The crystal structure of potassium tetrathionate, $K_2S_4O_6$ [J]. Acta Cryst, 1979, B35: 1971-1974.

[16] Christidis P C, Rentzeperis P J, Kirfel A, et al. Experimental charge density in polythionate anions: Ⅱ. X-ray study of the electron density distribution in potassium tetrathionate, $K_2S_4O_6$ [J]. Zeitschrift für Kristallographie-Cryst Mater, 1989, 188: 31-42.

[17] Foss O. Space group data on barium pentathionate [J]. Acta Chem Scand, 1953, 7: 697.

[18] Foss O, Zachariasen H. The crystal structure of barium pentathionate dehydrate [J]. Acta Chem Scand, 1954, 8: 473-484.

[19] Foss O, Tjomsland O. The structure of triclinic barium pentathionate dihydrate [J]. Acta Chem Scand, 1955, 9: 1016-1017.

[20] Foss O, Tjomsland O. The structure of triclinic barium pentathionate dihydrate [J]. Acta Chem Scand, 1956, 10: 288-297.

[21] Marøy K. The crystal structures of potassium pentathionate, ammonium seleno pentathionate, and rubidium telluro-penta thionate hemitrihydrates [J]. Acta Chem Scand, 1969, 23: 338-339.

[22] Marøy K. The crystal structures of potassium pentathionate hemitrihydrates [J]. Acta Chem Scand, 1971, 25: 2580-2590.

[23] Foss O, Palmork K H. Crystal data on salts of hexathionic acid [J]. Acta Chem Scand, 1958, 12: 1337-1338.

[24] Foss O, Hordvik A, Palmork K H. Structure of the hexathionate ion in a potassium barium salt [J]. Acta Chem Scand, 1958, 12: 1339-1341.

[25] Foss O, Marøy O K. Structure of the hexathionate ion in trans- dichloro-dien-cobalt (Ⅲ) salt [J]. Acta Chem Scand, 1959, 13: 201-202.

[26] Foss O, Johnsen K. The crystal structure of potassium barium hexathionate [J]. Acta Chem Scand, 1965, 19: 2207-2208.

[27] Foss O, Marøy K. The crystal structure of trans-dichlorobis (ethylenediamine) cobalt (Ⅲ) hexathionate monohydrate [J]. Acta Chem Scand, 1965, 19: 2219-2228.

[28] Marøy K. Refinement of the crystal structure of potassium barium hexathionate [J]. Acta Chem Scand, 1973, 27: 1684-1694.

[29] Marøy K. Refinement of the crystal structure of trans-dichlorobis (ethylene- ediamine) cobalt (Ⅲ) hexathionate monohydrate [J]. Acta Chem Scand, 1973, 27: 1705-1716.

[30] 武汉大学等. 无机化学 [M]. 北京: 高等教育出版社, 2013.

[31] Betterton E A, Hoffmann M R. Kinetics and mechanism of the oxidation of aqueous hydrogen sulfide by peroxymono-sulfate [J]. Environ Sci Technol, 1990, 24: 1819-1824.

[32] Alamgir M, Epstein I R. Systematic design of chemical oscillators. Part 31. New chlorite oscillators: chlorite-bromide and chlorite-thiocyanate in a CSTR [J]. The Journal of Physical Chemistry, 1985, 89 (17): 3611-3614.

[33] Cremlyn R J. An introduction to organosulfur chemistry [M]. Chichester: John Wiley and Sons, 1996.

[34] Truter M R. Comparison of photographic and counter observations for the X-ray crystal structure analysis of thiourea [J]. Acta Cryst, 1967, 22: 556-559.

[35] Czajkowski W, Misztal J. The use of thiourea dioxide as reducing agent in the application of sulphur dyes [J]. Dyes and pigments, 1994, 26 (2): 77-81.

[36] Gacen J, Cegarra J, Caro M. Wool bleaching with reducing agent in the presence of sodium lauryl sulphate. Part 3-

bleaching with thiourea dioxide [J] . Journal of the Society of Dyers and Colourists, 1991, 107 (4): 138-141.

[37] Ferreira J T, De Oliveira A R, Comasseto J V. A Convenient method of synthesis of dialkyltellurides and dialkylditellurides [J] . Synthetic Communications, 1989, 19 (1-2): 239-244.

[38] Robertson J G, Sparvero L J, Villafranca J J. Inactivation and covalent modification of CTP synthetase by thiourea dioxide [J] . Protein Science, 1992, 1 (10): 1298-1307.

[39] Blackinton J, Lakshminarasimhan M, Thomas K J, et al. Formation of a stabilized cysteine sulfinic acid is critical for the mitochondrial function of the parkinsonism protein DJ-1. J Biol Chem, 2009, 284: 6476-6485.

[40] Davis R E. Displacement reactions at the sulfur atom. Ⅰ. An interpretation of the decomposition of acidified thiosulfate [J] . J Am Chem Soc, 1958, 80: 3565-3569.

[41] Naito K, Hayata H, Mochizuki M. The reactions of polythionates: Kinetic of the cleavage of trithionate ion in aqueous solutions [J] . J Inorg Nucl Chem, 1975, 37: 1453-1457.

[42] Rolia E, Chakrabartl C L. Kinetics of decomposition of tetrathionate, trithionate, and thiosulfate in alkaline media [J] . Environ Sci Technol, 1982, 16: 852-857.

[43] Zhang H, Dreisinger D B. The kinetics for the decomposition of tetrathionate in alkaline solutions [J]. Hydrometallurgy, 2002, 66: 59-65.

[44] Varga D, Horvath A K. Kinetics and mechanism of the decomposition of tetrathionate ion in alkaline medium [J]. Inorg Chem, 2007, 46: 7654-7661.

[45] Christiansen J A, Drost-Hansen W, Nielsen A. The kinetics of decomposition of potassium pentathionate in alkaline solution [J] . Acta Chem Scand, 1952, 6: 333-340.

[46] Wagner H, Schreier H. Investigations on the sulfite degradation of the pentathionate [J] . Phosphorous Sulfur, 1978, 4: 285-286.

[47] Wagner H, Schreier H. Investigations on the alkaline degradation of the pentathionate [J] . Phosphorus Sulfur Relat Elem, 1978, 4: 281-284.

[48] Pan C, Wang W, Horvath A K, et al. Kinetics and mechanism of alkaline decomposition of the pentathionate ion by the simultaneous tracking of different sulfur species by high-performance liquid chromatography [J] . Inorg Chem, 2011, 50: 9670-9677.

[49] Pan C, Liu Y, Horvath A K, et al. Kinetics and mechanism of the alkaline decomposition of hexathionate ion [J]. J Phys Chem A, 2013, 117: 2924-2931.

[50] Kolthoff I M, Miller I K. The chemistry of persulfate. Ⅰ. The kinetics and mechanism of the decomposition of the persulfate ion in aqueous medium [J] . J Am Chem Soc, 1951, 73: 3055-3059.

[51] Chen K Y, Morris J C. Kinetics of oxidation of aqueous sulfide by oxygen [J] . Environ Sci Technol, 1972, 6: 529-537.

[52] Wang L, Ma Y, Hao J, et al. Discussion on the kinetics of sulfite oxidation inhibited by ethanol: A reply to "comments on 'mechanism and kinetics of sulfite oxidation in the presence of ethanol' " [J] . Ind Eng Chem Res, 2012, 51: 11588-11589.

[53] Dinegar R H, Smellie R H, La Mer V K. Kinetics of the acid decomposition of sodium thiosulfate in dilute solutions [J] . J Am Chem Soc, 1951, 73: 2050-2054.

[54] Liu A, Xu L, Li T, et al. Electrocatalytic oxidation and ion chromatographic detection of Br^-, I^-, SO_3^{2-}, $S_2O_3^{2-}$ and SCN^- at a platimum particle-based glassy carbon modified electrode [J] . J Chromatogr A, 1995, 699: 39-47.

[55] Du Z, Gao Q, Feng J, et al. Dynamic instabilities and mechanism of the electrochemical oxidation of thiosulfate [J]. J Phys Chem B, 2006, 110 (51): 26098-26104.

[56] Rabái G, Orbán M. General model for the chlorite ion based chemical oscillators [J] . J Phys Chem, 1993, 97 (22): 5935-5939.

[57] Leagyel I, Györgyi L, Epstein I R. Analysis of a model of chlorite-based chaotic chemical oscillators [J] . J Phys Chem, 1995, 99 (34): 12804-12808.

[58] 高庆宇，孙康，赵跃民，等 . pH 探针在亚氯酸盐-硫代硫酸钠非线性反应体系研究中的应用 [J] . 化学学报，2001，59 (6)：890-894.

［59］ Rushing C W，Thompson R C，Gao Q. General model for the nonlinear pH dynamics in the oxidation of sulfur（-Ⅱ）species. J Phys Chem A，2000，104：11561-11565.

［60］ Rábai G，Hanazaki I. Chaotic pH oscillations in the hydrogen peroxide- thiosulfate-sulfite flow system［J］. J Phys Chem A，1999，103（36）：7268-7273.

［61］ 王舜，高庆宇，王新红，等. 亚氯酸盐-硫代硫酸盐非缓冲体系的动力学［J］. 物理化学学报，2003，19（8）：762-765.

［62］ Xu L，Horvath A K，Hu Y，et al. High performance liquid chromatography study on the kinetics and mechanism of chlorite-thiosulfate reaction in slightly alkaline medium［J］. J Phys Chem A，2011，115：1853-1860.

［63］ Obán M，Epstein I R. A new bromit oscillator. Lage-amplitude pH oscillations in the bromite-thiosulfate-phenol flow system［J］. J Phys Chem，1995，99（8）：2358-2362.

［64］ Lee C，Lister L，Can M W. pH oscillations in the bromite-thiosulfate-phenol flow system［J］. J Chem，1979，57：1524-1530.

［65］ Wang Z，Gao Q，Pan C，et al. Bisulfite-driven autocatalysis in the bromate-thiosulfate reaction in a slightly acidic medium［J］. Inorg Chem，2012，51：12062-12064.

［66］ Kerek A，Horvath A K. Kinetics and mechanism of the oxidation of tetrathionate by iodine in a slightly acidic medium［J］. J Phys Chem A，2007，111：4235-4241.

［67］ Bi W，He Y，Cabral M F，et al. Oscillatory electro-oxidation of thiosulfate on gold. Electrochim Acta，2014，133：308-315.

［68］ Yan M，Liu K，Jiang Z. Electrochemical oxidation of thiourea studied by use of in situ FTIR spectroscopy［J］. J Electroanal Chem，1996，408：225-229.

［69］ 环境保护部. 国家污染物环境健康风险名录——化学第一分册［M］. 北京：中国环境科学出版社，2009.

第三篇 典型单元创新性实验

第五章 煤组分分离和化学转化实验

实验一　煤族组分制备陶瓷-炭复合膜及性能评价

一、实验目的

膜分离技术作为一种高新技术，因其能耗低、分离效率高、污染低、易放大等优点，已在冶金、石油、化工、生物、医药、食品、水处理等众多领域得到广泛应用，被认为是目前解决资源、能源及环境等问题的关键技术之一。炭膜通常是由含碳量较高的材料高温热解制备而成，由于其耐高温、耐腐蚀和机械强度大以及孔结构可调等优异性能，具有更为广阔的发展前景和应用潜力。

本实验的主要目的为：

① 以煤密中质组为前驱体开发平板状和管状陶瓷-炭复合膜，并系统研究了成膜条件和炭化条件对复合膜分离层性能的影响。

② 对复合膜的孔隙率、纯水渗透率、$Fe(OH)_3$胶体和BSA（牛血清蛋白）溶液截留率进行表征。

③ 通过聚乙二醇和氯化锌对分离层进行了改性，获得性能优良的超滤复合膜。

二、实验原理

炭膜是一种无机膜，由含碳量较高的物质在无氧环境中，经过不同条件下的炭化热解制备而成。比较常见的平板状炭膜，是把浓度一定的制膜液在某些特定温度和湿度条件下，浇铸在干净且干燥的玻璃平板上，通过制膜液在玻璃板上面流涎的方式成膜，在自然条件下干燥，再经过炭化制成具有一定孔隙结构的炭膜；或者将已经加工成粉末状的制膜原料在一定的压力下压制成某种形状，而后热解炭化制备成平板状炭膜。这种炭膜质地脆、易碎，机械强度欠佳。

通过采用不同的成膜方法将炭膜前躯体溶液涂覆于具有高强度的多孔支撑体上，再干燥和炭化制备出复合炭膜，此时支撑体刚好满足了炭膜的机械强度，而薄膜起分离作用。这种支撑体炭膜要求支撑体具有发达孔隙结构、优良成膜性、较高的机械强度、耐腐蚀、表面没有大孔或针眼。陶瓷就是一种良好的复合炭膜支撑体材料，不仅具有上述特点，还耐高温，形状易于加工，经过烧蚀处理后可以多次重复利用。

制备过程中，选择成膜性能优良的前驱体溶液、不同的成膜方法、合理的炭化条件都是至关重要的，其中不同的成膜方法和操作条件下形成的膜在分离性能方面也会存在很大差异。只有在寻找到合适的成膜方法（如刷涂法、旋转喷涂法、浸渍法和化学气相沉积法等）时，才可以使前躯体溶液充分浸润到支撑体的孔隙中去，将二者有效地复合起来，促使前躯体溶液在支撑体表面形成的薄膜层均一、致密，这样炭化后得到的炭膜才会形成较为理想的孔结构。炭膜层的孔的形成主要发生在炭化过程中，不同的炭化条件（包括炭化温度、炭化中间停留温度和时间、炭化终温、升温速率等）直接决定了生成的膜层孔结构。这些条件的变化决定着热解炭化的反应速度、胶质层的生成和演化状态以及气体生成和释出行为，从而也就决定了复合膜的最终质量。

复合膜应用于膜分离是以预分离物质在膜两侧的浓度差或压力差为驱动力来实现的，液体分离过程的主要形式是超滤分离与微滤分离。对超滤分离，分离过程主要发生在膜表面，是与膜孔大小有关的筛分过程。超滤分离相应孔径的近似值约为 2～100nm，截留分子量在500～500000，可以截留溶液中胶体、蛋白质和微生物等物质。

复合炭膜的前驱体材料研究受到各国学者的广泛关注，前躯体材料对支撑体修饰形成的炭层是复合炭膜的功能部分，是复合炭膜起分离作用的主要场所，称为分离层。可见前躯体的选择非常重要。目前制备复合炭膜的前驱体材料通常包括聚糠醇和酚醛树脂等聚合物材料，它们普遍成本较高，合成工艺较复杂，有的溶解性差，与支撑体复合效果不理想，难以实现大范围的推广应用。因此开发一种价廉且性能优良的前驱体材料是复合炭膜实现商业化应用的前提条件。

我们开发出一种萃取反萃取分离煤族组分的新方法，利用 CS_2/NMP 混合溶剂及反萃取剂，在温和条件下将煤分离成了性质和形态均具有很大差异的四大族组分，包括重质组、密中质组、疏中质组和轻质组。其中，密中质组在某些烟煤中的产率达到 15%以上，且以100nm 左右的颗粒均匀分散于少量 1-甲基-2 吡咯烷酮（NMP）溶剂中形成黑色黏稠的密中质组溶胶，可直接用作复合炭膜前驱体，通过浸渍涂膜能够与玻璃和陶瓷等支撑体较好地复合，从而弥补了高分子有机物作为前驱体的缺憾。密中质组来源于煤炭，不仅资源丰富，而且价格低廉，降低了以聚合物为前驱体的成本，对促进炭膜工业化有重要意义；此外，也为煤炭非燃料利用提供了新思路。

通过本实验，可以提高学生对膜分离技术在工业生产中的重要性的认识，使学生了解开发膜产品的基本思路，并且能够培养学生的创造性思维和创新性研究能力。

三、仪器与试剂

实验仪器：DTA/DSC-TG 同步综合热分析仪、原子吸收分光光度计、紫外可见分光光度计、KSS-1600℃高温节能管式炉、DZF-6030A 型真空干燥仪、电热鼓风干燥箱、电子天平、渗透率测定装置、电炉万用炉（220V）。

实验试剂：二硫化碳（CS_2）、*N*-甲基-2-吡咯烷酮、氯化锌（$ZnCl_2$）、聚乙二醇（PEG-400）、三氯化铁（$FeCl_3$）、牛血清白蛋白（BSA）、盐酸（HCl）。

四、实验技术与操作

1. 支撑体预处理

对圆柱形陶瓷进行切割并打磨成 ϕ15mm×3mm 的平板状圆片作为支撑体。由于其表面不平整，存在一些毛刺和明显的凸起等，直接在其表面进行涂膜效果不好，故使用1000#水砂纸对陶瓷片表面进行打磨，形成较为光滑的平面，再用去离子水进行清洗之后放在烘箱中烘干备用。

2. 复合炭膜的制备

以煤全组分分离得到的密中质组作为浸渍涂膜液，将陶瓷片匀速浸入密中质组溶胶中，浸渍一段时间后，缓慢取出并在一定温度下干燥（多次涂膜操作相同）。之后将膜片进行炭化，以氮气为保护气，流速可选择0.2L/min，从室温开始以拟定的升温速率加热升温，升至炭化中间温度恒温一段时间，再以同样的升温速率继续升温至炭化终温，维持一定时间，切断炉子电源并在氮气保护下降温，待温度降至室温后将其从炉中取出，即得复合炭膜，复合在陶瓷上的密中质组经炭化后形成的炭层即为复合炭膜的分离层。复合炭膜的制备流程和炭化装置图见图5.1和图5.2。

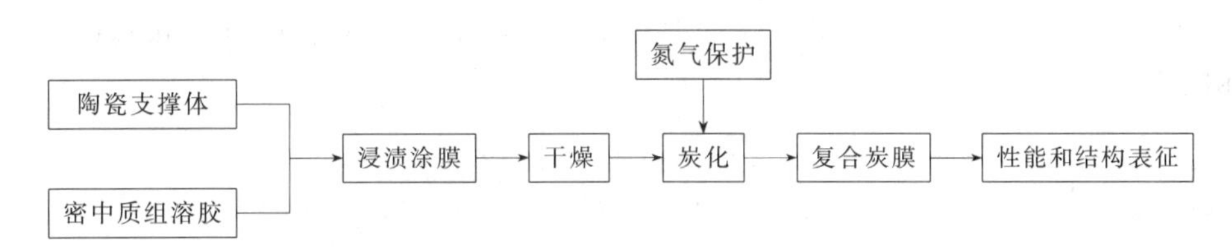

图5.1 复合炭膜制备流程

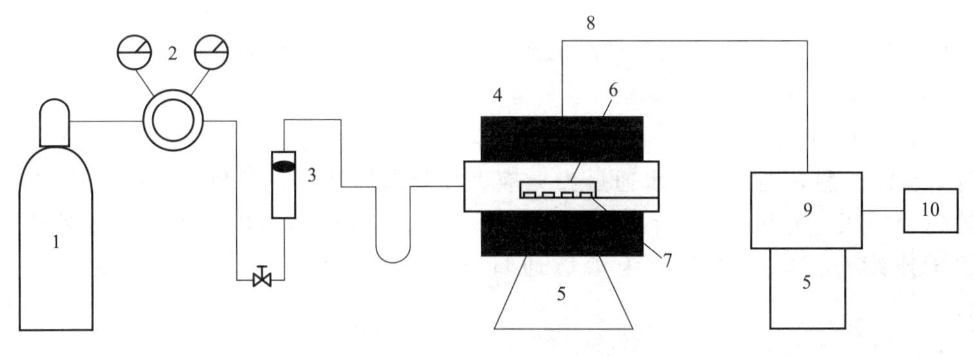

图5.2 炭化装置图

1—氮气瓶；2—减压阀及压力表；

3—转子流量计；4—高温管式电炉；5—支座；6—瓷舟；

7—炭膜；8—热电偶；9—数显调节仪；10—电源

3. 实验方案的确定

在制备复合炭膜时，成膜过程对炭膜分离层的形成有直接影响，成膜效果的好坏会影响炭膜性能的高低；炭化是炭膜分离层制备的关键，密中质组热解逸出气体小分子能使炭膜具有发达的孔隙结构，各基团及芳核等发生交联和缩聚形成稳定的炭结构，炭膜分离层会由于炭化条件的不同形成较大差异的孔结构，从而影响复合膜的分离性能。实验可从单因素角度考察不同工艺条件对复合炭膜分离层的影响。

成膜过程：考察涂膜次数（1次、2次、3次、4次）、浸渍时间（6min、15min、25min、35min、60min）、密中质组溶胶浓度（200g/L、350g/L、400g/L、450g/L、500g/

L）及干燥温度（14℃、40℃、60℃、80℃）和干燥时间（1h、2h、3h、4h）对炭膜分离层性能的影响。

炭化过程：考察升温速率（2℃/min、4℃/min、6℃/min、8℃/min）、炭化中间恒温温度（400℃、430℃、460℃、490℃）、炭化中间恒温时间（0min、10min、20min、30min）和炭化终温（600℃、700℃、800℃、900℃）对炭膜分离层性能的影响。

4. 表征方法

（1）孔隙率的测定

采用吸水率法。首先将炭膜放入盛有蒸馏水的容器中加热，煮至沸腾后继续加热，保证在蒸馏水中沸腾 2h，然后待水冷却至室温，取出已吸满水的炭膜，用饱含水的纱布轻轻拭去表面多余的水，之后快速称出样品质量记为 M_1（精确至 0.0001g），再将其放入烘箱中在（114±2）℃下干燥 2h 后取出，快速称出质量记为 M_2（精确至 0.0001g）。用游标卡尺准确测得炭膜的厚度 h，直径 D，根据式(5-1）和式(5-2）计算得到孔隙率：

$$V=\frac{\pi}{4}hD^2 \tag{5-1}$$

$$P=\frac{M_1-M_2}{\rho V}\times 100\% \tag{5-2}$$

式中，P 为孔隙率，%；M_1 为饱和样品的质量，g；M_2 为干燥样品的质量，g；ρ 为水的密度，g/m^3；V 为炭膜的体积，m^3。

（2）水渗透性测定

对于新制炭膜，通常以纯水通量为标准表征其渗透性能，反映液体或气体在膜孔内的传输速率。压力差为渗透过程的推动力。本实验制备得到的炭膜主要用于液体分离，采用恒压连续过滤，主要参数为渗透通量（J）和渗透率（Q），其定义为式(5-3）和式(5-4）：

$$J=\frac{V}{At} \tag{5-3}$$

$$Q=\frac{V}{At\Delta p} \tag{5-4}$$

式中，V 为液体透过总量，L；A 为膜的有效面积，m^2；t 为过滤时间，h；Δp 为膜两侧压力差，bar。测定时，一般待压力稳定在 0.2MPa 左右时过滤 5～10min，收集透过炭膜的纯水，记录纯水体积，根据公式计算得到渗透率。

（3）孔隙率和渗透率下降百分比

考虑到各个支撑体陶瓷片本身孔隙率和渗透率的差异，在探讨各因素对复合炭膜的影响时，直接以复合炭膜的孔隙率和渗透率来表达是不科学的。复合炭膜相较于支撑体的孔隙率下降百分比和渗透率下降百分比，能够更真实地反映炭膜分离层的实际孔隙率和水渗透率变化情况。计算公式如式(5-5）和式(5-6）所示：

$$P_d=\frac{P_0-P_1}{P_0}\times 100\% \tag{5-5}$$

$$Q_d=\frac{Q_0-Q_1}{Q_0}\times 100\% \tag{5-6}$$

式中，P_d为孔隙率下降百分比，%；P_0为支撑体的孔隙率，%；P_1为复合炭膜的孔隙率，%；Q_d为渗透率下降百分比，%；Q_0为支撑体的渗透率，$L/(m^2 \cdot h \cdot bar)$；$Q_1$为复合炭膜的渗透率，$L/(m^2 \cdot h \cdot bar)$。

（4）截留率的测定

截留的原理实质就是小于膜孔径的小分子可以通过膜，大于膜孔径的物质被截留下来，通过测定目标物质在渗透液和原液中的浓度含量，可以表明其截留效果。对于液相的分离过程，一般采用截留率来表征炭膜的渗透选择性，截留率的定义见式(5-7)：

$$R=\left(\frac{1-c_p}{c_b}\right)\times 100\% \tag{5-7}$$

式中，R为截留率，%；c_p为渗透液中溶质浓度，mol/L；c_b为截留液主体浓度，mol/L。

本实验主要考察不同制备条件下的复合炭膜对$Fe(OH)_3$胶体和牛血清白蛋白（BSA）的截留效果。

（5）$Fe(OH)_3$胶体的截留测定

$Fe(OH)_3$胶体的制备过程为：将1L蒸馏水加热至沸腾，缓慢加入2mL配制好的质量分数约为30%的新鲜$FeCl_3$溶液，继续煮沸2min，制得红棕色的$Fe(OH)_3$胶体溶液，自然冷却至室温。利用膜分离评定装置，在压力恒定后对$Fe(OH)_3$胶体进行截留实验。取一定体积的原胶体液和透过液，用新配制的稀盐酸溶液稀释，即用盐酸将其中的$Fe(OH)_3$回溶为Fe^{3+}。通过原子吸收分光光度计测定原胶体液和透过液中的Fe^{3+}浓度。测定之前先配标准溶液，将含高纯度Fe^{3+}的溶液，用蒸馏水稀释成浓度分别为2mg/L、4mg/L、6mg/L、8mg/L、10mg/L的标准溶液，测定标准溶液的吸光度，并绘制出标准曲线；测定待测液的吸光度，并根据标准曲线查出待测液的浓度，由截留率定义公式计算得到截留率R。

（6）牛血清白蛋白（BSA）的截留测定

将0.1000g牛血清白蛋白（BSA）慢慢溶于蒸馏水中，再倒入100mL的容量瓶中定容，配成浓度为1mg/mL的溶液。用移液管分别量取0.2mL、0.4mL、0.6mL、0.8mL、1.0mL置于10mL的容量瓶中并加蒸馏水稀释至刻度，配制成浓度为0.02mg/mL、0.04mg/mL、0.06mg/mL、0.08mg/mL、0.1mg/mL的牛血清白蛋白（BSA）标准溶液。采用紫外可见分光光度计测定280nm波长处的吸光度，并绘制吸光度与BSA溶液浓度的标准曲线。然后配制1L浓度为3g/L的BSA溶液作为进料液，利用膜分离评定装置，在压力恒定后进行复合炭膜对BSA溶液的截留实验。稳定后收集透过液，用紫外分光光度计测定透过液的吸光度，根据标准曲线查出待测液的BSA浓度，按截留率公式计算其截留率R。

五、数据处理与实验报告

1. 数据记录与整理

参照上述实验方案，以小组为单位制定本组同学的实验具体计划、方法和步骤，记录相应的原始数据。参考表5.1，对不同涂膜条件和不同炭化条件得到的数据进行计算和归类，并作出各单因素与复合膜性能的关系曲线，得出相应的优化条件。

条件允许的情况下，对密中质组原料进行热重分析。

2. 撰写实验报告

按照创新实验的统一要求，撰写实验报告，解析实验数据，分析过程原理，得出实验结论，提出实验建议。

表5.1 单因素实验结果

炭化温度/℃	涂膜次数	支撑体孔隙率/%	复合膜孔隙率/%	支撑体渗透率$\times10^{-5}$/[L/(m^2·h·MPa)]	复合膜渗透率$\times10^{-4}$/[L/(m^2·h·MPa)]	$Fe(OH)_3$截留率/%	BSA截留率/%

六、思考题

1. 制备陶瓷-炭复合膜的原料有哪些？各有什么特点？
2. 本实验制备过程中哪些因素会对复合膜的性能产生影响？
3. 根据本实验的结果，你认为还有哪些需要改进的地方？

七、参考文献

[1] 朱桂茹，王同华，李家刚，等．炭膜研究的新进展［J］．炭素技术，2002，4：22-27.
[2] 刘作华，杜军，李晓红，等．炭膜的制备及应用［J］．重庆大学学报，2007，27（2）：63-67.
[3] 宋成文，邱英华，王同华，等．成膜条件对聚丙烯腈炭膜性能的影响［J］．化工新型材料，2007，35（11）：45-46.
[4] 刘颖．管式复合炭膜的制备及气体分离性能［D］．大连：大连理工大学，2009.
[5] 郑青春．平板复合炭膜的制备及其气体分离性能［D］．大连：大连理工大学，2008.
[6] Koros W J，Mahajan R. Pushing the limits on possibilities for large scale gas separation：which strategies［J］. Membr Sci，2000，175（2）：181-196.
[7] 秦志宏．煤有机质溶出行为与煤嵌布结构模型［M］．徐州：中国矿业大学出版社，2008，165-166.
[8] 秦志宏，张迪，侯翠利，等．煤全组分的族分离及应用展望［J］．煤质技术，2007，13（4）：61-65.
[9] 巩涛．不同变质煤全组分族分离及族组分分析［D］．徐州：中国矿业大学，2010.
[10] 秦志宏，巩涛，李兴顺，等．煤萃取过程的TEM分析与煤嵌布结构模型［J］．中国矿业大学学报，2008，37（4）：443-449.
[11] Zhang L，Qin Z，Li X，et al. Preparation and characterization of a composite membrane based on asphaltene component of coal［J］. Mining Science and Technology，2011，21（3）：407-411.
[12] 秦志宏，宋兆兰，陈冬梅，等．热处理条件对煤基陶瓷-炭复合膜性能的影响［J］．膜科学与技术，2017，37（2）：78-87.

实验二 煤焦油富集稠环芳烃的定向转化

一、实验目的

高温煤焦油和煤液化重油富集稠环芳烃萘、蒽、菲、芘、芴（见图 5.3）等在精细化工材料、功能高分子材料和先进分子功能材料开发等方面具有重要价值。稠环芳烃的研究已经成为涉及煤化工、有机化工、有机化学、材料化学和理论化学等多学科的交叉领域，如在分子和离子探针技术、有机电致发光材料（OLED）、有机太阳能电池材料的制备和性能优良的高分子材料、有机无机杂化功能材料的开发等方面已经取得了一些重要成果。传统的基于煤基重质碳资源的分离工艺和技术还存在一些不足，富集的芳烃组分高附加值定向转化种类还较少，并且非常昂贵，严重限制了在功能材料中的应用。

本实验的主要目的为：

① 学习煤焦油富集稠环芳烃的硝化、溴化、傅克酰基化等典型亲电取代反应，掌握稠环芳烃亲电取代反应活性位点和定位效应。

② 掌握通过 Ullmann 偶联、Suzuki 偶联和 Scholl 偶联等反应合成具有优良光电功能的稠环芳烃基分子功能材料。

③ 学习和掌握薄层层析、液相和气相跟踪反应进程的手段。

④ 掌握重结晶、层析板和层析柱等分析方法；学习气象色谱、质谱、核磁和红外等结构鉴定手段方法。

⑤ 学习稠环芳烃定向转化衍生物的紫外和荧光等性质表征方法，了解稠环芳烃光致发光现象，了解稠环芳烃作为基础原料在现代分子光电子工业中的应用。

⑥ 掌握和认识有机化学、有机合成、现代分析仪器在光电分子功能材料中的作用，了解该前沿研究的一般思路和方法。

二、实验原理

稠环芳烃萘、蒽、菲、芘、芴是富电子体系，容易发生亲电取代反应，萘的亲电取代反应机理如图 5.4 所示。

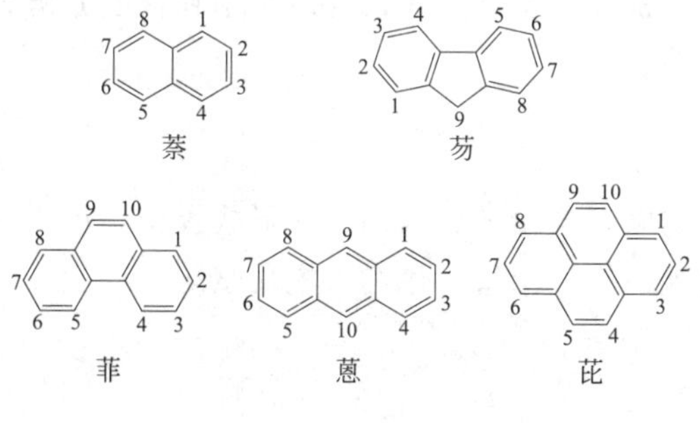

萘 芴 菲 蒽 芘

图 5.3 结构示意图

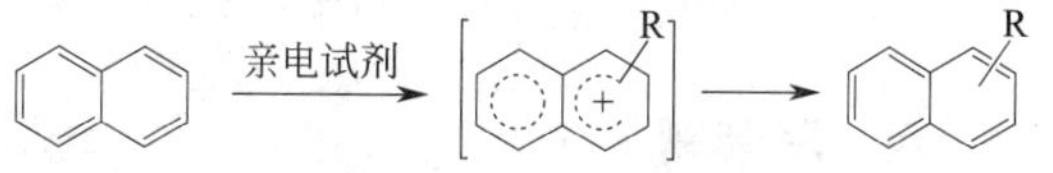

亲电试剂

图 5.4 萘的亲电取代反应机理

稠环芳烃亲电取代反应及其衍生物合成偶联过程是合成光电功能材料的关键步骤。涉及的偶联反应主要有 Ullmann 偶联、Suzuki 偶联和 Scholl 偶联等，构建 C—C、C—N、C—S 和 C—O 键，构建芳-芳偶联产物的 Suzuki 反应机理如图 5.5 所示。

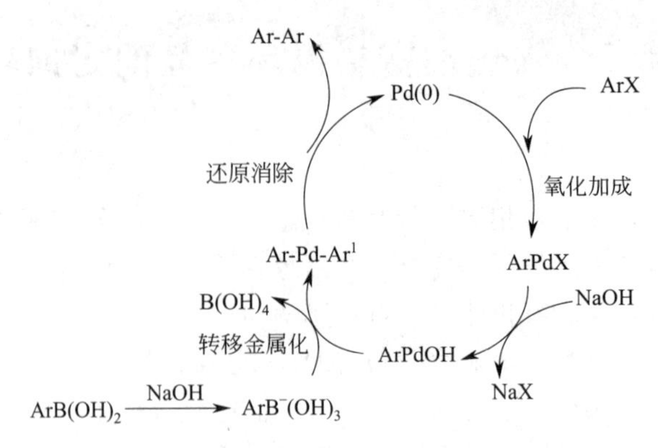

图 5.5 稠环芳烃的 Suzuki 偶联反应历程

三、仪器与试剂

实验仪器：玻璃反应釜、不锈钢反应釜、真空手套箱、机械搅拌器、水泵、低温循环冷却浴、气相色谱/质谱联用仪、基质辅助激光解析飞行时间质谱仪、红外、熔点仪、紫外可见分光光度计、荧光分光光度计、核磁。

实验试剂：萘、蒽、芴、菲、芘等稠环芳烃（每组 10g），硝酸铜、硝酸、液溴、乙醚、甲醇、醋酸酐、苯甲酰氯、浓盐酸、无水三氯化铝、10% Pd/C、80%水合肼等。耗材包括：滤纸、烧瓶及塞子、磁子、冷凝器、抽滤瓶、烧杯、恒压漏斗等。

四、实验技术与操作

由于是创新性实验，实验步骤和操作是根据实验任务变化的。基本分为以下几个环节：

① 稠环芳烃亲电取代反应。

② 稠环芳烃亲电取代反应产物的分离与提纯，结构表征与分析。

③ 稠环芳烃衍生物的偶联反应。

④ 偶联产物的分离与提纯，结构表征与分析。

⑤ 最终产物的光电性质表征和谱图分析。

基本而言，有几个操作是本科常规实验没有或很少涉及的，需要学习和进一步练习，包括：简便的无水无氧操作，薄层层析跟踪，薄层层析和层析柱分离，气质联用和核磁分析表征，光致发光现象的表征，不锈钢反应釜的操作等。

五、数据处理与实验报告

本实验属于有机合成单元操作型集成创新性实验。实验报告采用论文形式提交，包括题目、作者、摘要、关键词、前沿、实验步骤、实验内容、结果讨论和参考文献等。

六、思考题

1. 稠环芳烃亲电取代反应活性与结构的关系？
2. 不同稠环芳烃活性位有何不同？
3. 稠环芳烃结构与光电性质的关系？
4. 稠环芳烃溶液和固体发光规律？
5. 为什么稠环芳烃能够应用于现代有机光电功能材料？

6. 通过该实验，有什么收获和体会？

七、参考文献

[1] 魏贤勇，宗志敏，孙林兵，等. 重质碳资源高效利用的科学基础 [J]. 化工进展，2006，25 (10)：110-118.
[2] 陈清如，刘炯天. 中国洁净煤 [D]. 徐州：中国矿业大学，2009.
[3] 水恒福，张德祥，张超群. 煤焦油分离与精制 [M]. 北京：化学工业出版社，2006.
[4] Dan Lehnherr D，Murray A H，McDonald R，et al. Pentacene-based polycyclic aromatic hydrocarbon dyads with cofacial solid-state-stacking [J]. Chem Eur J，2009，15 (46)：12580-12584.
[5] 黄勇. 煤液化重质油中有机质组成结构研究 [D]. 徐州：中国矿业大学，2010.
[6] 王伯昌，張金泉，左希軍，等. 芘及其衍生物電子性質之理論探討 [J]. Chemistry，2001，59 (4)：545-556.
[7] Wan S，Guo J，Kim J，et al. A photoconductive covalent organic framework：Self-condensed arene cubes composed of eclipsed 2D polypyrene sheets for photocurrent generation [J]. Angew Chem Int Ed，2008，48 (30)：5439-5442.
[8] Suzuki S，Takeda T，Kuratsu M，et al. Pyrene-dihydrophenazine bis (radical cation) in a singlet ground state [J]. Org Lett，2009，11 (13)：2816-2818.
[9] Sonar P，Soh M S，Cheng Y H，et al. 1，3，6，8-Tetrasubstituted pyrenes：Solution- processable materials for application in organic electronics [J]. Org Lett，2010，12 (15)：3292-3295.
[10] Zhao Z，Chen S，Lam J W，et al. Creation of highly efficient solid emitter by decorating pyrene core with AIE-active tetraphenylethene peripheries [J]. Chem Commun，2010，46 (13)：2221-2223.
[11] Liu F，Xie L，Tang C，et al. Facile synthesis of spirocyclic aromatic hydrocarbon derivatives based on o-halobiaryl route and domino reaction for deep-blue organic semiconductors [J]. Org Lett，2009，11 (17)：3850-3853.
[12] Stylianou K C，Heck R，Jones J T A，et al. A guest-responsive fluorescent 3D microporous metal-organic framework derived from a long-lifetime pyrene Core [J]. J Am Chem Soc，2010，132 (12)：4119-4130.
[13] Figueira-Duarte T M，MuLLen K. Pyrene-based materials for organic electronics [J]. Chemical Reviews，2011，111 (11)：7260-7314.
[14] Mei J，Hong Y，Lam J，et al. Aggregation-induced emission：the whole is more brilliant than the parts [J]. Adv Mater，2014，26 (31)：5429-5479.
[15] 邢其毅，裴伟伟，徐瑞秋，等. 基础有机化学 [M]. 北京：高等教育出版社，2005.
[16] 尹文宣，王兴涌，祝木伟. 有机化学实验 [M]. 徐州：中国矿业大学出版社，2009.
[17] 宁永成. 有机化合物结构鉴定与有机波谱学 [M]. 北京：科学出版社，1998.
[18] 张然. 新型芘基含氮化合物的设计合成及光电性能研究 [D]. 徐州：中国矿业大学，2017.

实验三 煤催化加氢裂解液化

一、实验目的

煤是重要的重质碳资源，合理和有效利用这一资源对于我国国民经济的可持续发展非常重要。了解煤的组成结构是有效利用煤的重要前提。煤的催化加氢裂解是研究煤的组成结构和从以煤为原料获取高附加值产品的重要手段。通过催化加氢裂解深入了解煤的组成结构的关键是在温和条件下选择性地断裂煤中有机质桥键和侧链。

本实验以三氟甲磺酸为活性组分、以二氧化硅为载体制备负载型超强酸催化煤及其模型化合物的加氢裂解，继而用气相色谱-质谱联用仪（GC/MS）分析反应混合物的组成，推断煤中有机质桥键和侧链的断裂方式，了解煤的组成。本实验的主要目的为：

① 了解三氟甲磺酸的物理化学性质，掌握溶胶-凝胶法的基本原理并利用该法制备负载型固体酸催化剂。

② 通过煤及其模型化合物的加氢裂解反应和反应混合物的分析，掌握高压反应釜和

GC/MS的使用方法。

二、实验原理

煤的组成结构非常复杂，含有大量的芳环。煤中的芳环部分以缩合芳环的形式存在，部分以芳环或缩合芳环与侧链相连的形式存在，部分（包括芳环和缩合芳环）通过桥键相连接构成大分子体系。不同的桥键和侧链的反应性能差别很大，从而影响煤的定向解聚。固体超强酸在温和条件下通过加氢裂解可以使煤中桥键和侧链有效断裂，这不仅有助于了解煤的大分子结构，而且有望实现煤的定向解聚和后续的高附加值利用。

煤的催化加氢裂解指在一定的温度和压力下，通过氢和催化剂的作用，煤大分子断裂为中小分子的过程。

根据路易斯酸碱理论，能够接受电子的单质或者化合物称为路易斯酸（Lewis acid），而根据布朗斯特酸碱理论，能够释放质子的化合物称为布朗斯特酸（Bronsted acid）。与其他类型的催化剂相比，酸性催化剂可以在较温和的条件下催化煤及模型化合物的反应，因此引起了众多研究者的关注。

三氟甲磺酸作为有机最强酸，具有强酸性和优异的热稳定性，被广泛地应用于合成精细化学品中，且可以在温和条件下催化煤模型化合物中桥键的断裂。但是，三氟甲磺酸作为液体催化剂，难以回收利用，从而造成严重的环境污染和资源浪费。将其负载至固体载体上制成负载型催化剂，用来催化煤有机质中桥键和侧链的断裂，可以避免腐蚀设备。氧化硅是一种多羟基化合物，可以作为三氟甲磺酸的载体。

溶胶-凝胶法是用含高化学活性组分的化合物作前驱体，在液相下将这些原料均匀混合，并进行水解、缩合化学反应，在溶液中形成稳定的透明溶胶体系，溶胶经陈化胶粒间缓慢聚合，形成三维网络结构的凝胶，凝胶网络间充满了失去流动性的溶剂，形成凝胶。凝胶经过干燥、烧结固化制备出分子乃至纳米亚结构的材料。

本实验首先以正硅酸四乙酯为前驱体、采用溶胶-凝胶法制备氧化硅，再以氧化硅为载体，采用回流法在甲苯中将三氟甲磺酸负载至载体上。最后，以所制备出的负载型三氟甲磺酸为催化剂，催化煤及其模型化合物的加氢裂解反应。本实验解决了液体酸催化剂使用后不易回收的问题，同时避免了对设备的腐蚀。所制备出的催化剂可以用红外光谱（FTIR）分析，反应后的体系固液分离后，液体用GC/MS检测。

三、仪器和试剂

实验仪器：高压反应釜1台、真空干燥箱1台、氮气钢瓶1只、水浴锅1台、油浴锅1台、磁力搅拌器1台、马弗炉1台、三口烧瓶（50mL）1只、量筒（100mL）1只、一次性注射器（1mL）3支、烧杯（1000mL）1只、烧杯（500mL）2只。

实验试剂：三氟甲磺酸AR、正硅酸四乙酯（TEOS）AR、无水乙醇、甲苯AR、环己烷AR、氨水AR、二苄醚（BE）AR、2-甲氧基萘AR、2-萘乙醚AR、原煤。

四、实验技术与操作

1. 催化剂载体的制备

配制160mL无水乙醇、40mL水和1.2mL正硅酸四乙酯的混合溶液，滴加4mL的氨水溶液，边滴加边搅拌，滴加完成后，搅拌8h，再经过静置、分离和水洗得到产品。在65℃下的真空干燥箱中烘干，得到二氧化硅。

2. 催化剂的制备

首先称取 0.5g 载体至三口烧瓶中，加入 15mL 甲苯。将三口烧瓶浸在油浴锅中，中间口接磁力搅拌器，左边口接 Y 型管，右边口用玻璃塞堵死。Y 型管的一口接球形冷凝管，另一口用玻璃塞堵死。搭好装置后，打开油浴锅开始加热，加热至 90℃时，将 Y 型管一口的玻璃塞取下，接氮气瓶，打开氮气，同时将三口瓶右边口的玻璃塞取下，用注射器取一定量的三氟甲磺酸滴入三口瓶。滴入后，停止通氮气，并升温至 110℃，维持 2h。然后把三口瓶转移至冰水浴中，静置 1h。

最后，将反应混合物从三口烧瓶转移至烧杯中，用吸管吸去甲苯后放进真空干燥箱中，80℃下烘 12h 得到催化剂，用 FTIR 表征制备的催化剂。

3. 煤及其模型化合物的催化加氢裂解

实验前先进行煤的工业分析。

在小型高压釜中加入 1mmol 的二苄醚、2-萘乙醚或者 2-甲氧基萘。0.3g 催化剂和 40mL 环己烷，置换釜内空气并封闭后充入氢气至 5MPa，在磁力搅拌下快速升温至 140～220℃，恒温反应 1～11h，迅速冷却至室温后取样，用 GC/MS 分析。

在小型高压釜中加入 0.3g 煤、0.3g 催化剂和 40mL 环己烷，置换釜内空气并封闭后充入氢气至 5MPa，在磁力搅拌下快速升温至 200～300℃，恒温反应 1～11h，迅速冷却至室温后将液体混合物取出，用 GC/MS 分析，固体残渣烘干后称量。

五、数据处理与实验报告

① 煤催化加氢裂解反应的收率 X 为：

$$X=\left[1-\frac{M_{渣}\times 100}{(100-A_{ad}-M_{ad})M_{煤}+M_{催}}\right]\times 100\% \tag{5-8}$$

式中，$M_{催}$为所加入催化剂的质量；$M_{煤}$为所加入煤的质量；$M_{渣}$为反应后残渣质量；A_{ad}和 M_{ad}分别为原煤的分析基灰分和水分。

② 谱图解析，了解催化剂和产物的组成结构。

六、思考题

1. 在制备催化剂过程中通氮气起何作用?
2. 请思考三氟甲磺酸为什么能够负载至氧化锆、氧化硅或者活性炭上?

七、参考文献

[1] 魏贤勇，宗志敏，孙林兵，等．重质碳资源高效利用的科学基础［J］．化工进展，2006，25（10）：1134-1142.
[2] Collin P J，Gilbert T D，Philp R P，et al. Structures of the distillates obtained from hydrogenation and pyrolysis of Liddell coal［J］. Fuel，1983，62（4）：450-458.
[3] Matuhashi H，Hattori H，Tanabe K. Catalytic activities of binary metal oxides containing iron for hydrocracking of benzyl phenyl ehter and diphenyl ehter［J］. Fuel，1985，64（9）：1224-1228.
[4] Taylor N，Bell A T. Effects of lewis acid catalysts on the cleavage of aliphatic and aryl-aryl linkages in coal-related structures［J］. Fuel，1980，59（7）：499-506.
[5] Song C，Schobert H H. Opportunities for developing specialty chemicals and advanced materials from coals［J］. Fuel Processing Technology，1993，34（2）：157-196.
[6] 濮洪九．树立科学发展观推进煤炭工业持续健康发展［J］．中国煤炭，2004，30（6）：5-8.
[7] 王德海，常丽萍．煤制芳香化合物的探讨［J］．煤化工，2011，155（4）：16-18.

[8] Olah G A, Bruce M R, Edelson E H, et al. Superacid coal chemistry. 1. HF: BF_3 catalysed depolymerization-ionic hydroliquefaction of coals under mild conditions [J]. Fuel, 1984, 63 (8): 1130-1137.

[9] Shimizu K, Kawashima H. Comparison of superacid-catalyzed depolymerization and thermal depolymerization of bituminous coal-catalysis by superacid HF/BF_3 and synthetic pyrite [J] . Energy Fuels, 1999, 13 (6): 1223-1229.

[10] Olah G A, Husain A. Superacid coal chemistry. 2. model compound studies under conditions of HF: BF_3: H_2 catalysed mild coal liquefaction [J] . Fuel, 1984, 63 (10): 1427-1431.

[11] Shimizu K, Saito I. Depolymerization of subbituminous coal under mild conditions in the presence of aromatic hydrocarbon with recycable superacid HF/BF_3 [J]. Energy Fuels, 1998, 12 (1): 115-119.

[12] Olah G A, Bruce M R, Edelson E H, et al. Superacid coal chemistry. 3. electrophilic substitution of coals under 'stable ion' conditions and the conversion of functionalized coals with the HF: BF_3: H_2 liquefaction system [J]. Fuel, 1984, 63 (10): 1432-1435.

[13] Jafari A A, Amini S, Tamaddon F. TfOH/C-catalyzed one-pot three-component synthesis of α-amino phosphonates under solvent-free conditions [J] . Journal of the Iranian Chemical Society, 2013, 10 (4): 677-684.

[14] Despras G, Urban D, Vauzeilles B, et al. One-pot synthesis of D-glucosamine and chitobiosyl building blocks catalyzed by triflic acid on molecular sieves [J] . Chemical Communications, 2014, 50 (9): 1067-1069.

[15] Ek S, Root A, Peussa M, et al. Determination of the hydroxyl group content in silica by thermogravimetry and a comparison with 1H MAS NMR results [J]. Thermochimica Acta, 2001, 379 (1): 201-212.

[16] Pârvulescu A N, Gagea B C, Pârvulescu V I, et al. Acylation of 2-methoxynaphthalene with acetic anhydride over silica-embedded triflate catalysts [J] . Applied Catalysis A: General, 2006, 306 (6): 159-164.

[17] Parvulescu A N, Gagea B C, Poncelet G, et al. Acylation of alcohols and activated aromatic compounds on silica embedded-triflate catalysts [J] . Applied Catalysis A: General, 2006, 301 (1): 133-137.

[18] Gagea B C, Parvulescu A N, Parvulescu V I, et al. Alkylation of phenols and naphthols on silica-immobilized triflate derivatives [J] . Catalysis Letters, 2003, 91 (1-2): 141-144.

[19] Gorsd M, Pizzio L, Blanco M. Trifluoromethanesulfonic acid immobilized on zirconium oxide obtained by the sol-gel method as catalyst in paraben synthesis [J]. Applied Catalysis A: General, 2011, 400 (1): 91-98.

[20] Bennardi D O, Romanelli G P, Autino J C, et al. Trifluoromethanesulfonic acid supported on carbon used as catalysts in the synthesis of flavones and chromones [J]. Catalysis Communications, 2009, 10 (5): 576-581.

[21] Pizzio L R. Synthesis and characterization of trifluoromethanesulfonic acid supported on mesoporous titania [J]. Materials Letters, 2006, 60 (29-30): 3931-3935.

第六章 煤的气化及煤气洁净实验

实验四 小型煤气化装置优化与气化动力学研究

一、实验目的

煤炭气化是在适宜的条件下将煤炭转化为气体燃（原）料的技术，旨在生产民用、工业用燃料气和合成气，并使煤中的疏、灰分等在气化过程中或之后得到脱除，使污染物排放得到控制，生产的大宗化工产品主要是合成氨、甲醇、氢气、CO 及未来可能发展的替代能源，如 F-T 合成油、二甲醚等。煤炭气化近年来在国外得到较大发展，目的是为煤的液化、煤气化联合循环及多联产提供理想的气源，扩大气化煤种，提高处理能力和转换效率，减少污染物排放。

最早研究煤炭气化可以追溯到比利时科学家扬·巴普蒂斯塔·范·海尔蒙特（Jan Baptista van Helmont，1577—1644），他发现了从受热的木材或者煤中释放出来的“狂野精灵”，在他的《药物起源》书中命名为“气体”。威廉·默多克（William Murdoch，1754—1839）因在其母亲的茶壶中对煤进行气化而文明，他发明了煤气制备、净化和存储的新方法，并用之取代油来进行照明，该装备被称为“气灯”。而后“气灯”被广泛商业化应用，这也是煤气的第一次商业化应用。煤气成本的降低使煤气应用拓宽到生火做饭和取暖。

19 世纪中叶，德国 Siemens 兄弟开始开发气化炉。气化技术发展到今天，形成了固定床（移动床）、流化床、气流床三种技术体系。表 6.1 为各类气化技术商业煤气化装置的规模及特点。

表 6.1 商业煤气化装置的规模及特点

炉型	代表性专利商	规模/(t/d)	特 点
固定床	Lurgi	500	煤种要求高、气化温度低、气体处理困难
流化床	HTW	840	煤种要求高、气化温度和压力不够高、碳转化率低
	灰熔聚	500	
气流床	GE(原 Texaco)	2000	高温、高压、碳转化率比较高
	Shell	2000	
	Prenflo	2600	
	多喷嘴对置式	3000	
	HTL 气体技术	1500	
	SE 粉煤	1000	

现代过程工业（化工、发电、多联产、制氢等）发展的一个显著标志就是大型化、单系列，这就对作为龙头的煤气化技术提出了更高的要求：必须向大规模高效的方向发展。由于受制造、运输、安装等客观因素的限制，大规模不能简单地与设备尺寸的大型化画等号，必须在有限的设备尺寸上实现大规模高效，其途径只能是：提高单位时间单位体积的处理能力

和处理效率。气流床具备这样的优势是由该技术的特点——高温、高压、强烈混合所决定的，高温提高了反应速率，缩短了反应时间，高压提高了单位体积的处理负荷，强烈混合提高了转化效率。已工业化的煤气化技术主要有固定床、流化床和气流床，而目前规模1000t/d以上的煤气化装置均采用高压气流床技术（见表6.1），可见其优势所在。

本实验的主要目的为：

① 掌握煤炭气化的原理。

② 掌握煤炭气化装置的基本操作和过程。

③ 认识温度对煤气化速率的重要影响。

二、实验原理

煤气化是煤炭清洁高效转化的核心，是发展煤基大宗化学品（化肥、甲醇、烯烃、芳烃、乙二醇等）、煤基清洁燃料合成（油品、天然气等）、先进的煤气化联合循环发电（IGCC）、多联产系统、制氢、燃料电池、直接还原炼铁等过程工业的基础（见图6.1）。煤气化不仅是现代煤化工的基础，在炼油、电力和冶金行业也有广泛应用，是这些行业的共性关键技术。

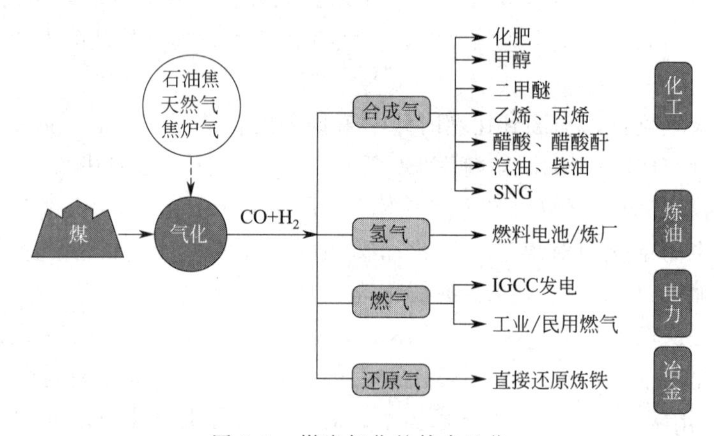

图6.1 煤炭气化的技术地位

从更宽的视野来看，煤炭不仅是能源，也是化工行业的主要原料之一。以煤炭为原料的化学工业称为煤化工，早期的煤化工以炼焦为主，伴以煤焦油等副产品的加工，而现代煤化工是指以大型气化为基础，以生产高品质油品、高附加值化学品和大宗化学品为主要目标。从我国煤炭利用的方式来看，目前主要是直接燃烧（燃煤电站、工业锅炉、民用锅炉等）、炼焦和气化。这三种煤的利用方式中，以煤炭的气化最为清洁，过程也最为复杂。但是，煤炭气化的比例在我国煤炭消费总量中只占5%左右（见图6.2），也就是1.8亿吨煤左右。从长远看，其发展潜力是非常巨大的。正因为如此，煤炭气化技术的研究与开发是煤科学领域最为热门的研究方向之一。

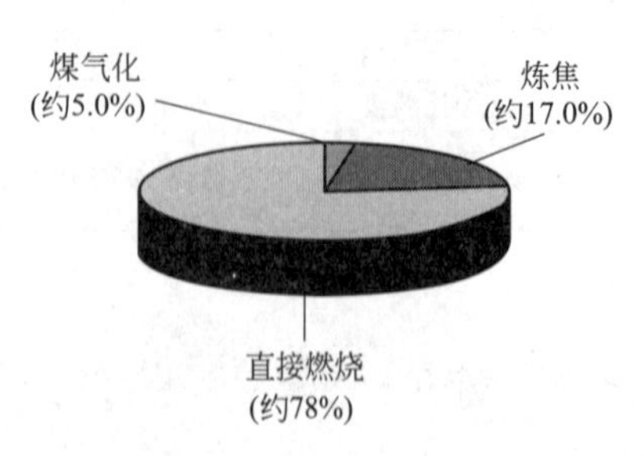

图6.2 煤炭气化在煤炭消费中的比例

1. 煤气化的化学反应

煤气化的实质是将煤由高分子固态物质转化为低分子气态物质，也是改变燃料中碳氢比的过程。

气化过程煤质分子的变化可简要表述如下：

① 煤质大分子周围的功能团，以挥发分的形式脱去，某些交联键断裂，氢化芳香裂解并挥发析出，或转化成附加的芳香部分，芳香部分转化成小的碳微晶，碳微晶聚集形成煤焦。

② 在脱挥发分过程中，生成活性的、不稳定的 C^*，他们可以与周围的气体直接作用而气化，也可以失活而形成煤焦。

③ 析出的挥发分很活泼，可与气相的 O_2、蒸汽、H_2 等作用生成 CO、H_2 和 CH_4。

④ 碳微晶形成的煤焦，可以气化成煤气，也可进一步缩聚形成焦炭。煤焦的气化活性主要取决于原始煤料和反应条件，如加热速度、最高温度、煤灰的催化性质等。

纵观整个气化过程，它既不同于焦化，也不同于燃烧。不同于焦化之处在于脱挥发分过程中生成的挥发分和煤焦，均可进一步转化为气态产物，直至最终剩下灰烬；不同于燃烧之处在于气化是一个不完全燃烧过程，它的目标产物是 CO 和 H_2，而完全燃烧的产物是 CO_2 和 H_2O，但气化中的基本反应与燃烧有类似之处。

目前能够用于气化的煤种很广，各煤种的元素组成与工业性质各不相同，但是气化的基本反应都相同。在讨论基本反应时，虽然煤具有复杂的分子结构，元素组成除了碳还有氢、氧和其他元素，可是因为气化反应发生在煤裂解之后，所以只考虑主要元素碳。参加反应的成分还有 CO、CO_2、水蒸气、H_2 和 CH_4。主要反应如图 6.3 所示。

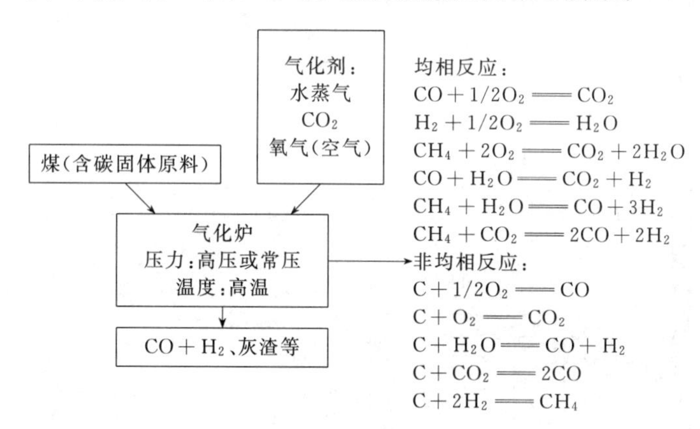

图 6.3　煤气化主要反应

根据以上反应，无论何煤种，总的气化反应均可以表示为：

$$\text{煤} \xrightarrow{\text{高温、加压、气化剂}} C+CH_4+CO+CO_2+H_2+H_2O$$

如果煤中有硫等杂质，还会发生其他反应。

总的来看，煤炭气化化学反应是复杂的复合反应，无论用何种反应器。为了便于实验的定量分析，可以先将煤干馏制备成煤焦，然后再放入反应器中。对于实际的工业固定床反应器，煤在进入气化反应段时也往往都被热煤气干馏成煤焦了。对于煤焦气化，上述反应可以简化成如下一个简单的化学反应：

$$C+H_2O = CO+H_2$$

2. 煤气化的动力学原理

反应速率指单位时间、单位体积反应物系中某一反应组分的反应量。对于气化反应，以 CO 为关键组分，则 CO 的反应速率可以表示为：

$$r_{CO}=-\frac{dn_{CO}}{Vdt}=-\frac{dc_{CO}}{dt} \tag{6-1}$$

式中，n_{CO}表示 CO 物质的量；V 指反应器的体积；t 为反应时间；c_{CO}为 CO 的即时浓度。

可以用气相色谱测定集气罐内 CO 的即时浓度，测定 5 个时间点以上，就能描绘出 CO 浓度随时间的变化关系曲线。此曲线上任意一点的切线就是$\frac{dc_{CO}}{dt}$，即该时间点的反应速率。

三、仪器与药品

实验仪器：整体固定床气化炉。

实验药品：纯净水、煤或焦炭（粒度 1～10cm）。

四、实验技术与操作

首先对煤焦进行工业分析和元素分析，了解该煤焦的性质；打开加料斗，装煤到规定高度；对装置进行加热，开泵。当固定床的炉温达到 600℃以上时，通入蒸汽并继续加热到 850～1000℃。在 850～1000℃区间内任意取两个温度点，在各温度点恒温，每隔 3min 分析一次气体储罐的浓度，分析 5 次，作该温度下浓度-时间变化曲线；再改变一次蒸汽流量，作浓度-时间变化曲线。图 6.4 为整体固定床气化炉示意图。

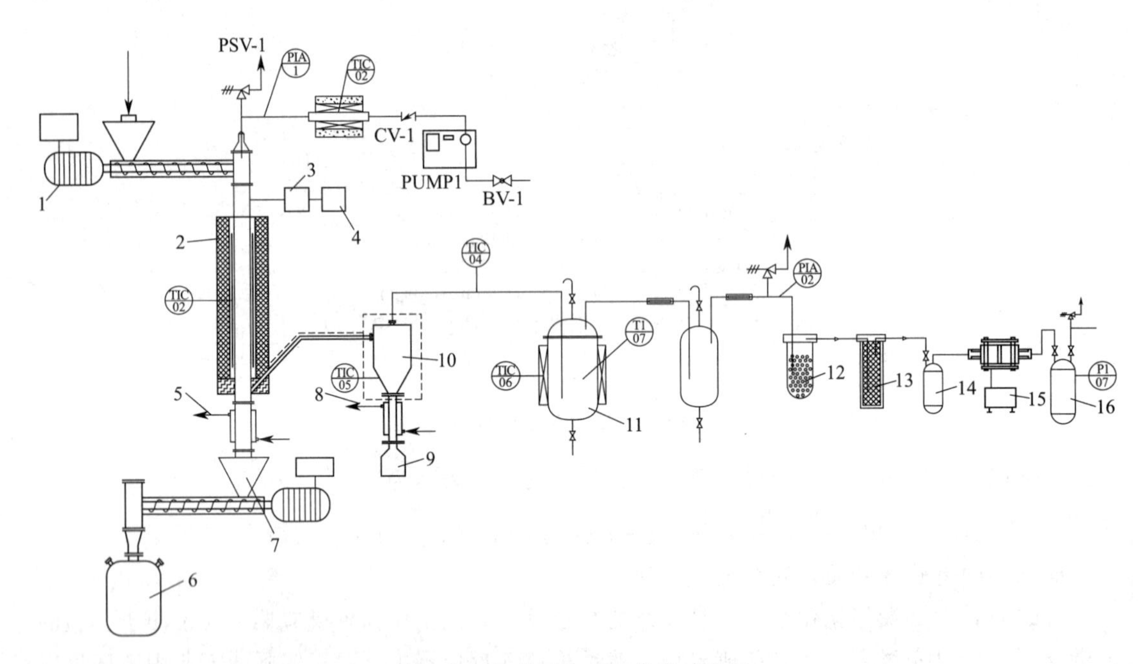

图 6.4 整体固定床气化炉示意图

1—螺旋给料机；2—加热炉；3—报警装置；4—可燃气取样口；5，8—冷水；6—固体收集器；7—出料机；9—粉尘收集器；10—旋风分离器；11—气液分离器；12—脱硫罐；13—干燥罐；14—低压缓冲罐；15—氢气增压泵；16—高压储罐

如图 6.4 所示，螺旋给料机将煤送入气化管内，水蒸气的压力推动煤从上往下移动，在气化区反应完后，灰渣从底部螺旋排灰机排出，生成的煤气和未反应的水蒸气从底部管口进入旋风分离器除尘，再到两级气液分离器降温分离未反应的水蒸气，煤气经脱硫、干燥后进

入低压缓冲罐，然后再经过氢气增压泵增压进入高压储罐。

五、数据处理与实验报告

表 6.2 ____度下实验数据表

蒸汽流量										
CO 浓度										
H_2 浓度										
CO 生成速率										
H_2 生成速率										

实验数据表见表 6.2。实验报告采用论文形式提交，包括题目、作者、摘要、关键词、前沿、实验步骤、实验内容、结果讨论和参考文献等。根据实验效果（40%）、操作规范（20%）和论文撰写质量（40%）进行考核。实验结果讨论中需包含以下几项：

① 相同情况下 CO 表示的反应速率与 H_2 表示的反应速率的异同。

② 蒸汽流量对反应速率的影响。

③ 温度对反应速率的影响。

六、思考题

1. 气化炉管径大小对传热过程有什么影响？

2. 水蒸气流量过大，对实验结果有什么影响？

七、参考文献

[1] 王辅臣，代正华．煤气化-煤炭高效洁净利用的技术核心［J］．化学世界，2015，56（1）：51-55.

[2] 王辅臣．大规模高效气流床煤气化技术基础研究进展［J］．中国基础科学，2008，10（3）：4-13.

实验五　变压吸附法分离气体

一、实验目的

变压吸附（Pressure swing adsorption，PSA）已经成为许多化工生产过程中分离气体的首选工艺技术，如制氢、CO_2 精制、空气分离等。1958 年变压吸附分离空气的技术首次申请了专利，1960 年建立了大型空气分离的工业化装置。1961 年用变压吸附工艺从石脑油中回收高浓度正构烷烃溶剂，1964 年完善了从煤油馏分回收正构烷烃的工艺，1966 年建立了变压吸附回收氢的工业装置，1976 年开发了用碳分子筛变压吸附制氮的工艺并工业化，1977 年建立了大型变压吸附制氢的体系。目前由于变压吸附技术具有工艺简单、自动化程度高、运行成本低、操作维护简便等特点，目前已成为现代工业中非常重要的气体分离及净化方法。变压吸附工艺的关键技术有两项，一是变压吸附工艺的设计，二是变压吸附剂。其中吸附剂技术最为关键。提高目标组分的吸附容量和分离系数是吸附剂研究的核心。

本实验的主要目的为：

① 进行变压吸附剂的研究，加深对变压吸附分离过程的认识。

② 以空气分离为主要内容，学习评价分离效果和变压吸附运行过程。

二、实验原理

目前变压吸附空气分离采用的工艺有两床 PSA、三床 PSA 和四床 PSA。根据吸附床层再生条件不同又可以分为常压再生和真空再生。1960 年 Skarstorm 最早提出两床 PSA 循环装置，主要用于干燥空气。为了克服两床 PSA 不能连续产生氧气的缺点，采用三床 PSA，这样就可以连续产生氧气。采用四床 PSA 工艺，可以进一步提高氧气的回收率，但缺点是工艺流程复杂，操作麻烦。朱学军等通过研究变压吸附制取医用氧，分别对两床、三床、四床 PSA 性能进行了对比，指出采用四床 PSA 工艺，氧气的回收率最高，达到了 40%，其次是三床 PSA 工艺，回收率达 35%，而两床 PSA 工艺仅有 30%。

高效吸附剂是气体分离技术的基础，其性能直接影响最终分离效果和工艺步骤的复杂性。变压吸附装置中常用的氧气吸附剂为碳分子筛（CMS），常用的氮气吸附剂为沸石分子筛。目前传统吸附剂的改性及新型高效吸附剂的研发仍是研究重点。研究发现通过控制 CMS 孔的结构，使氧气的吸附速率比氮气快 30 倍以上，才能通过动力学过程得到氮气。也有研究者依据氧气的磁化率远高于其他空气组分，在 CMS 中加入一定量的磁性微粒促进氧气的吸附。国产的碳分子筛主要以无烟煤为原料，用煤焦油或纸浆废液作黏结剂制备而成。目前国内外对沸石分子筛的改性研究也比较多，特别是对 NaX、CaA、LiX、AgX、LiAgX 等几种沸石分子筛。相对而言，LiAgX 沸石分子筛比较容易得到，在工业化制氮方面有更广的应用前景。

由于固体表面分子与内部分子的差异，使固体表面存在过剩能，因此，当气体分子与其接触时，可通过范德华力或化学键力的作用附着于固体表面，这两种作用力下的吸附分别称为物理吸附和化学吸附。变压吸附属于物理吸附，其基本原理是利用吸附量与分压的关系，在较高压力下进行吸附，吸附饱和后，再通过减压使吸附的组分解吸出来。本实验即利用碳分子筛作为多孔吸附剂，通过变压吸附的方法分离空气中的氮气和氧气。N_2 和 O_2 在碳分子筛微孔内的扩散速率存在明显差异（如 35℃时，O_2 的扩散速率比 N_2 快 30 倍），因此当空气与碳分子筛接触时，O_2 将优先扩散到分子筛微孔中并被吸附，而 N_2 则穿过吸附剂床层排出，得到提纯。由于该过程是一个速率控制的过程，因此，吸附时间的控制（即吸附-解吸循环速率的控制）非常重要。当吸附剂用量、吸附压力、气体流速一定时，适宜的吸附时间可通过测定吸附柱的穿透曲线（出口流体中被吸附物质的浓度随时间的变化曲线）来确定。

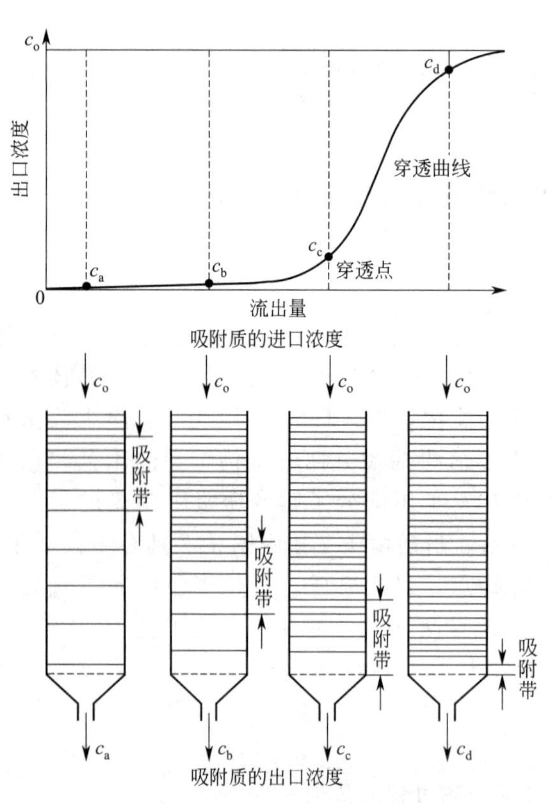

图 6.5 典型的吸附穿透曲线

典型的穿透曲线如图 6.5 所示，在穿透点（c 点）之前，被吸附物质（吸附质）

的浓度基本不变，此时出口产品是合格的，但吸附带会随着时间的推移向出口方向移动。越过穿透点之后，吸附质的浓度随时间增加，到达饱和点（d 点）后趋于进口浓度，此时，床层已趋于饱和。通常将出口浓度达到进口浓度的 95%的点确定为饱和点，而穿透点的浓度应根据产品质量要求来定，一般略高于目标值。本实验要求 N_2 的浓度≥97%，即出口 O_2 应≤3%，因此，将穿透点定为 O_2 浓度在 2.5%～3.0%。测出穿透曲线后，即可根据实验结果确定连续吸附分离的吸附时间。穿透曲线一般采用单塔吸附进行测定。

工业上一般采用多个吸附塔联用装置，通过控制管路阀门的开闭，实现循环吸附-解吸的连续吸附分离。本实验装置采用 4 个吸附塔，其流程如图 6.6 所示。一个完整的循环周期经历 16 个步骤（见表 6.3），每 4 步为一个小节，每小节的 4 个步骤时间设置完全相同，即 $T1=T5=T9=T13$，$T2=T6=T10=T14$，……。四个塔的操作间隔递推一个小节。现以吸附塔 A 为例，说明吸附分离的过程。

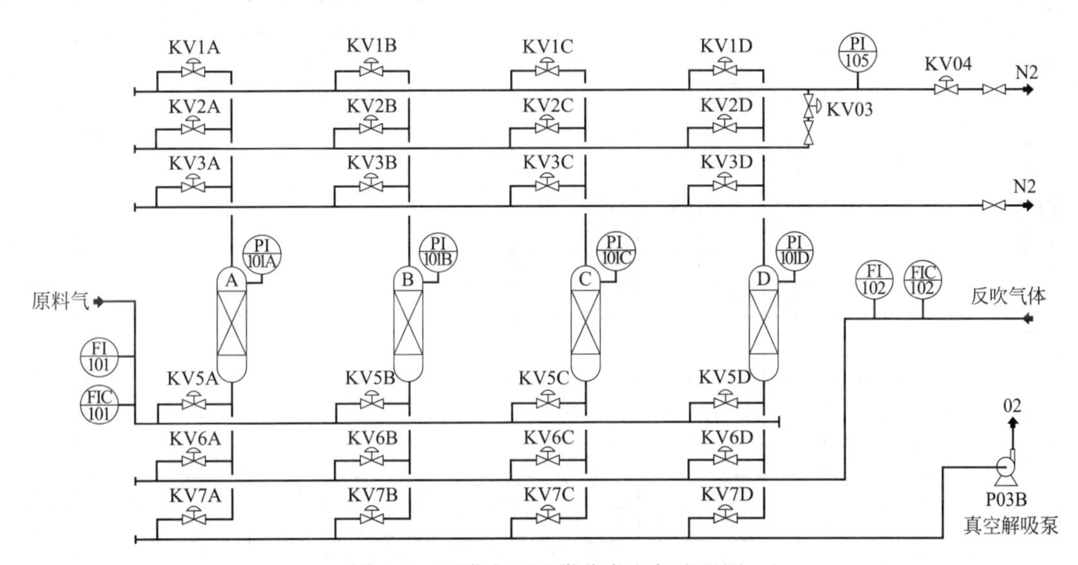

图 6.6 四塔变压吸附分离空气流程图

（1）1～4：吸附（A）

原料气通过气动程控阀 KV5A 进入 A 塔，A 塔在工作压力下吸附流入原料气中的杂质组分，未被吸附的产品组分 N_2 通过 KV1A 后，经 KV04 和其后的微调阀作为产品气排出。在吸附后期，KV03 和 KV2B 开启，利用部分产品气对 B 塔进行升压。维持吸附过程直至输出产品杂质浓度超过规定值时结束，吸附时间可由穿透曲线确定。

（2）5：顺向放压（DP），简称顺放

关闭 KV1A 和 KV2A，切断进、出 A 塔原料气，同时开启 KV3A，A 塔内压力沿着进入原料气输出产品的方向降低。在此过程中，随床内压力不断下降，吸附剂上的杂质被不断解吸，解吸的杂质又继续被吸附床上部未充分吸附杂质的吸附剂吸附，因此杂质并未离开吸附床，流出的气体仍然是产品组分。

（3）6：一次降压平衡（1D），简称一均降

关闭 KV3A，开启 KV2A 和 KV2C，使 A 塔与已结束一次升压步骤的 C 塔出口端相连，实行压力平衡，直至 A、C 两塔压力基本相等，A 塔未完全排出的产品气及部分吸附质进入 C 塔，既回收了产品气，又提纯了吸附质。

表 6.3 VPSA412 真空反冲洗流程切塔时序表

步序	1	2	3	4	5	6	7	8	9	10	11	12	13	14	15	16
时长	$T1$	$T2$	$T3$	$T4$	$T1$	$T2$	$T3$	$T4$	$T1$	$T2$	$T3$	$T4$	$T1$	$T2$	$T3$	$T4$
吸附塔 A	A	A	A	A	DP	1D	PP (2D)	V	V	V	2R			1R		FR
吸附塔 B		1R		FR	A	A	A	A	DP	1D	PP (2D)	V	V	V	2R	
吸附塔 C	V	V	2R			1R		FR	A	A	A	A	DP	1D	PP (2D)	V
吸附塔 D	DP	1D	PP (2D)	V	V	V	2R			1R		FR	A	A	A	A
阀门开闭状态																
KV03				K				K				K				K
KV04	K	K	K	K	K	K	K	K	K	K	K	K	K	K	K	K
KV1A	K	K	K	K												
KV2A						K	K				K			K		K
KV3A					K											
KV5A	K	K	K	K												
KV6A							K									
KV7A								K	K	K						
KV1B					K	K	K	K								
KV2B		K		K						K	K				K	
KV3B									K							
KV5B					K	K	K	K								
KV6B											K					
KV7B												K	K	K		
KV1C									K	K	K	K				
KV2C			K			K		K						K	K	
KV3C													K			
KV5C									K	K	K	K				
KV6C															K	
KV7C	K	K														K
KV1D													K	K	K	K
KV2D		K	K				K			K		K				
KV3D	K															
KV5D													K	K	K	K
KV6D			K													
KV7D				K	K	K										

（4）7：吸附质反吹/二次降压平衡（PP/2D），简称反吹/二均降

关闭 KV2C，开启 KV2D 和 KV6A，使 A 塔和刚结束真空解吸的 D 塔出口端相连。同时使吸附质气体由 KV6A 进入，对 A 塔进行吹扫，使 A 塔内的产品气完全排尽，气体由 A 塔出口进入 D 塔，A 塔压力进一步降低、D 塔压力升高，直到二塔压力平衡。如果没有吹扫，该操作即为二次降压平衡。

（5）8～10：真空解吸（V）

关闭 KV6A 和 KV2A，开启 KV7A，在真空泵作用下，A 塔吸附剂内的吸附质被解吸出来，由塔入口经 KV7A 排出，吸附剂得到再生。

（6）11～13：一次升压平衡（2R），简称一均升

真空解吸后，关闭 KV7A，开启 KV2A，使 A 塔与刚结束一次降压平衡的 B 塔相连，

A塔进行一次升压，B塔进行二次降压，B塔中的吹扫气和部分解吸气进入A塔。

(7) 14～15：二次升压平衡（1R），简称二均升

一均升结束后，暂时关闭A塔所有阀门，待C塔开始一次降压平衡时，开启KV2A和KV2C，进行压力平衡，直到二塔压力基本相等。

(8) 16：最终升压（FR），简称终升

二均升结束后，暂时关闭A塔所有阀门，待D塔进入吸附末期时，开启KV03和KV2A，利用正在吸附的D塔中的部分产品气对A塔进行最终升压，使之接近吸附压力。

结束终升后，A塔已达到吸附压力条件，可进行下一次的吸附循环，如此往复，四塔交替，完成连续吸附分离。

三、仪器与试剂

实验仪器：变压吸附装置（四个吸附塔、两台空气压缩机、一台真空泵、一台恒温水浴锅和控制系统）、氧/氮分析仪（以常规气相色谱仪测定氮气中微量氧含量）。

操作条件：色谱柱（内径2mm，长1.8m不锈钢柱）、固定相（5A分子筛：60～80目）、检测器（TCD，温度40℃）、桥电流80mA、柱温70℃、进样口温度90℃、载气Ar、流速30mL/min、进样量2mL。注：根据实际需要，可适当调整分析参数，以达到合适的分辨率。

四、实验技术与操作

实验流程如图6.6所示，其中A塔带有水浴夹套，吸附温度由恒温水浴锅的水温调控。原料气由一台无油静音空气压缩机提供，吸附压力通过调节空压机出口的减压阀来实现，流量通过流量阀和质量流量计调节控制。另一台空压机作为控制系统气动阀门的气源。真空泵用于真空解吸。工艺气的切换通过气动阀由计算机在线自动控制。计算机控制界面可设定$T1$～$T4$。

① 实验准备：检查压缩机、真空泵、吸附设备和计算机控制系统之间的连接是否到位，氧分析仪是否校正，取样针筒是否备齐。如需水浴控温，打开恒温水浴槽，设置好温度，检查管路连接。

② 开启空气压缩机，开启变压吸附系统电源，检查各塔状态。

③ 启动计算机，运行组态王软件，如步序不在第一步，按“紧停”键回到第一步。

④ 设定好吸附时间变量$T1$～$T4$。

⑤ 调节压缩机出口稳压阀，使输出压力稳定在吸附工作压力（按需要设定）。

⑥ 手动调整各塔压力，使A塔处于工作压力，其他各塔都处于微正压或常压。

⑦ 开启吸附放空阀门（KV04后的手动微调阀）、顺放放空阀门（KS3A后的手动微调阀）。

⑧ 以原料气向系统进料，压力为操作压力，启动原料气质量流量计。

⑨ 开启反吹气体质量流量计，以微正压（0.02MPa）向系统供反吹气体，供气量为原料气的1/20～1/10左右，如不进行反吹，可省去此步骤。

⑩ 观察系统抽真空前的压力（初始为C塔），要求压力低于0.05MPa。

⑪ 开启真空泵，开启真空泵前的手动阀门。

⑫ 控制软件开启运行，运行两周期后检测出口N_2和（或）真空泵出口O_2浓度。

⑬ 调整工艺参数，重复实验。

⑭ 实验结束，控制系统停止，关闭气源。

⑮ 停止所有设备，切断电源。

五、数据处理与实验报告

表 6.4 实验数据

实验序号	吸附压力/MPa	流量/(L/min)	$T1$/s	$T2$/s	$T3$/s	$T4$/s	N_2浓度/%	O_2浓度/%
1								
2								
3								
……								

实验数据表见表 6.4。

色谱校正：将待分析的标样注入气相色谱中，根据色谱图得到氧气峰、氮气峰的峰面积，按下列公式计算氧气、氮气的响应因子。

$$F_1=C_1/A_1 \qquad F_2=C_2/A_2 \tag{6-2}$$

式中 F_1——氧气的响应因子；

C_1——标样中氧气的含量，μL/L；

A_1——氧气的峰面积；

F_2——氮气的响应因子；

C_2——标样中氮气的含量，μL/L；

A_2——氮气的峰面积。

样品分析：在同样的色谱条件下，用球胆采样，对样品进行色谱分析，得到样品中氧气、氮气的峰面积，按下列公式计算。

$$氧气含量(\mu L/L)=F_1M_1$$

$$氮气含量(\mu L/L)=F_2M_2$$

式中 F_1——氧气响应因子；

M_1——氧气的峰面积；

F_2——氮气响应因子；

M_2——氮气的峰面积。

实验报告采用论文形式提交，包括题目、作者、摘要、关键词、前沿、实验步骤、实验内容、结果讨论和参考文献等。根据实验效果（40%）、操作规范（20%）和论文撰写质量（40%）进行考核。

六、思考题

1. 压力大小对实验结果有何影响？
2. 物料堆积方式对实验结果有何影响？

七、参考文献

[1] 陈健，古共伟，部豫川．我国变压吸附技术的工业应用现状及展望［J］．化工进展，1998，17（1）：14-17.

[2] 杨座国，乐清华，徐菊美，等．变压吸附的实质［J］．化工高等教育，2012，126（4）：77-80.
[3] 张志刚，姜锐，张月胜，等．浅谈我国变压吸附技术的进展［J］．气体分离，2011，2：14-20.
[4] 祝显强，刘应书，杨雄，等．我国变压吸附制氧吸附剂及工艺研究进展［J］．化工进展，2015，34（1）：19-25.
[5] Skarstrom C W. Method and apparatus for fractionating gaseous mixtures by adsorption［P］. US 2944627A. 1960-07-12.
[6] 朱学军，郭彤．变压吸附制取医用氧技术的研究［J］．中国医疗器械杂志，1999，23（5）：272-273.
[7] Coe C G. Structural effects on the adsorptive properties of molecular sieves for air separation［J］. Access in Nanoporous Materials，2002，213-229.
[8] Toyotomi H. Magnetic adsorbents for nitrogen production［P］. JP 88274452. 1988.
[9] Santos J C，Cruz P，Regala T，et al. High-purity oxygen production by pressure swing adsorption［J］. Industrial and Engineering Chemistry Research，2007，46（2）：591-599.
[10] Meng S，Jihong K，James A S，et al. Production of argon free oxygen by adsorptive air separation［J］. AIChE Journal，2013，59（3）：982-987.
[11] 李忠铭．化学工程与工艺专业实验［M］．武汉：华中科技大学出版社，2013.

实验六 煤气高温脱硫的催化剂制备与性能研究

随着经济的发展，世界对能源的消耗大幅度增加。煤炭作为地球上蕴藏量最丰富、分布最广泛的化石燃料能源，在国际能源中有重要地位。尽管由于产业结构的变化，石油和天然气使用量的增加使得煤炭在能源中所占的比例有所下降，但是到 2020 年，预计煤炭比例仍将大于 60%。特别是我国煤炭占一次能源储量的 70%左右，这就决定了我国发电行业近几十年的主要能源是煤炭，同时也决定我国燃煤发电这一结构在短期内很难改变。目前，许多国家都面临着电力需求的持续高涨、能源资源的短缺、全世界人们对环保法规要求的严峻挑战，因此这就需要寻求一种能够综合、高效、洁净地利用煤炭资源的发电方式，以解决当前对能源、环境和经济发展相互协调并可持续发展的矛盾。

固体氧化物燃料电池（Solid oxide fuel cell，SOFC）是一种将燃料中的化学能直接转化为电能的技术，在各种燃料电池技术中 SOFC 发电效率最高，热电联供时能量利用效率高达 80%，是非常适合于解决上述能源环境问题的技术，它能很好地解决煤炭等化石燃料的洁净和高效利用问题，同时又可以克服煤炭燃料带来的环境污染和温室效应等问题，被认为是将来最洁净的煤炭发电技术，SOFC 主要有以下特点：①全固态结构，不会出现类似碳酸盐燃料电池等材料腐蚀或电解液泄漏等问题；②燃料利用广泛，不仅能利用 H_2，还可利用 CO、CH_4 等碳氢燃料；③工作温度高（600～1000℃），有利于与煤气化直接对接；④能源综合利用率可高达 80%以上。

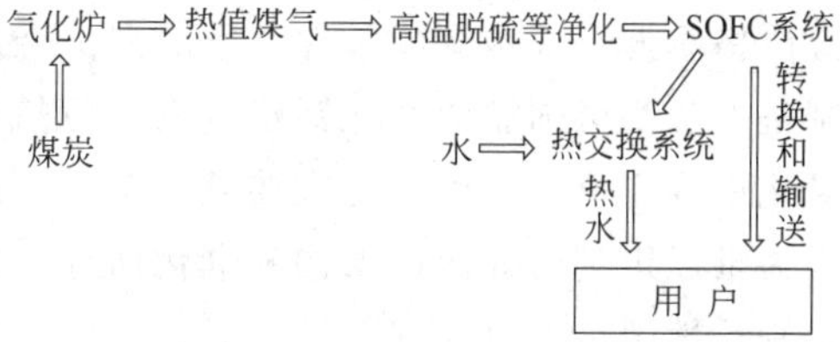

因此研究者认为煤气化-SOFC 联合发电技术是一种洁净、高效、环保的全新发电技术，它能很好地解决能源、环境与经济发展相互协调并可持续发展的矛盾。

气化炉 ⟹ 热值煤气 ⟹ 高温脱硫等净化 ⟹ SOFC系统
煤炭
水 ⟹ 热交换系统
热水
转换和输送
用户

图 6.7 煤气化-SOFC 联合发电系统基本工艺图

煤气化-SOFC 联合发电系统基本工艺如图 6.7 所示，煤炭在气化炉中气化，产生富含 CO、H_2 等的热值煤气，然后直接在高温下对热值煤气进行高温除尘、脱硫脱硝等净化工艺，得到洁净的合成气，直接供给 SOFC 系统发电，交流电通过转换然后输送给用户使用。

但是由于目前 SOFC 还不能直接利用煤炭，只能利用洁净燃料，所以将煤气化作为连接煤与 SOFC 的桥梁。由于煤炭经高温气化后，其中的硫分会直接转变为气体硫化物，这些硫化物若不除去会造成下游的管道设备腐蚀，降低系统使用寿命，同时还会使 SOFC 的阳极发生中毒而失活，导致电池性能大大下降。Dayton 等指出，一般的 SOFC 中阳极能容忍气体中硫的最大含量为 1ppm。随着阳极材料的不断发展，Aravind 等对以 Ni/GDC（Gadolinia-doped ceria）为阳极的 SOFC 进行研究，得出能容忍气体中硫的最大含量为 9ppm。因此，找出一种能够在 SOFC 工作温度范围内（800～1000℃）工作，且能将气体中硫含量脱除到 5ppm 以下的性能良好的脱硫剂，是煤气化-SOFC 联合发电技术的关键之一。

本单元主要目的就是找出一种能将合成气中硫脱除到 50ppm 以下，工作温度在 600～800℃的高温脱硫剂。

本单元分为如下两个子实验。

Ⅰ 活性氧化铝载体的制备

Ⅱ 脱硫剂的高温脱硫性能研究

Ⅰ 活性氧化铝载体的制备

活性氧化铝（Al_2O_3）是一种具有优异性能的无机物质，不仅能作脱水吸附剂、色谱吸附剂，更重要的是可以作催化剂载体，广泛用于石油化工领域。它是一种多孔性、高分散度的固体材料，有很大的表面积，其微孔表面具备催化作用所要求的特性，如吸附性能、除氟性能、干燥性能、表面活性、优良的热稳定性等，所以广泛地被用作化学反应的催化剂和催化剂载体。学习有关 Al_2O_3 的制备方法，对掌握催化剂制备有重要意义。

一、实验目的

本实验的主要实验目的为：

① 通过铝盐与碱性沉淀剂的沉淀反应，掌握氧化铝催化剂和催化剂载体的制备过程。

② 了解制备氧化铝水合物的技术和原理。

③ 掌握活性氧化铝的成型方法。

二、实验原理

制备催化剂或催化剂载体的氧化铝在物性和结构方面都有一定要求。最基本的要求有比表面积、孔结构、晶体结构等。

制备活性氧化铝的方法不同，得到的产品结构亦不相同，其活性的差异颇大，因此制备中应严格掌握每一步骤的条件，不应混入杂质。尽管制备活性氧化铝的方法很多，但无论哪种制备方法都必须制成氧化铝水合物（氢氧化铝），再经高温脱水生成氧化铝。自然界存在的氧化铝或氢氧化铝脱水生成的氧化铝，不能作载体或催化剂使用，这不仅因为杂质多，更是因为难以得到所要求的结构和催化活性。为此，必须经过重新处理，可见制备氧化铝水合物是制活性 Al_2O_3 的基础。

活性氧化铝一般由氢氧化铝加热脱水制得。氢氧化铝也称为水合氧化铝，其化学组成为 $Al_2O_3 \cdot nH_2O$，通常按所含结晶水数目不同，可分为三水氧化铝和一水氧化铝。氢氧化铝加热脱水后，可以得到 γ-Al_2O_3，即活性氧化铝。

由于所使用的原料不同，氢氧化铝有多种制备方法。本实验以 $AlCl_3$ 和 NH_4OH 为原料，发生沉淀反应生成以 γ-AlOOH 为主的氧化铝水合物，再经过滤、干燥、焙烧，得活性氧化铝，其化学反应方程式为：

$$AlCl_3 + 3NH_4OH \longrightarrow AlOOH\downarrow + 3NH_4Cl + H_2O$$

$$2AlOOH \longrightarrow Al_2O_3 + H_2O$$

值得注意的是，在上述反应过程中，不同的加料速度、温度及 pH 值，会产生不同性质的产物。所以要获得 γ-Al_2O_3，必须严格控制反应条件。

三、仪器与试剂

实验仪器：马弗炉、电热恒温干燥箱、水浴锅、电动搅拌器、布氏漏斗、水泵。

实验试剂：三氯化铝、氨水、碳酸氢铵。

四、实验技术与操作

1. γ-AlOOH 的制备

将四口烧瓶固定在水浴锅中，安装好电动搅拌器。将两个分液漏斗作为加料器，分别固定在铁架台上。在烧瓶的两个边口上，塞上带有玻璃短管的橡皮塞，再用乳胶管将两个分液漏斗的出口分别与烧瓶的这两个边口相连。在烧瓶的另一边口插上温度计。

称取 6.5g $AlCl_3$ 放至烧杯中，用 150mL 蒸馏水溶解，倒入烧杯中，作为稳定 pH 值的缓冲溶液。

接通电源加热到 85℃，开动搅拌器，缓慢滴加氨水和 $AlCl_3$ 溶液，两者的滴加速度均控制在约 3mL/min，约 50min 滴加完毕。在滴加过程中，每隔 5min 用精密试纸测量溶液的 pH 值，使溶液的 pH 值保持在 8.5～9.2 的范围内。在此过程中，观察到有沉淀生成。加料结束后，继续在 85℃保温搅拌 10min。

2. Al_2O_3 的制备

从水浴锅中取出烧瓶，将悬浮液用布氏漏斗趁热过滤。将滤饼转移至烧杯中，加入 80℃蒸馏水 200mL，不断用玻璃棒慢速搅拌，在 80℃下老化 1h。老化结束后，用布氏漏斗抽滤，并用 80℃蒸馏水洗涤滤饼几次。将滤饼放入干燥箱内，在 105℃下干燥 5h，干燥出非结合水分。

取出干燥后的滤饼，用研钵粉碎成能通过 100 目筛的粉末，放入马弗炉中，在 800℃焙烧 4h，氧化铝水合物即转化成 Al_2O_3。取出，冷却，称重。

五、数据处理与实验报告

活性氧化铝收率计算公式为：

$$收率=\frac{实际产量}{理论产量}\times 100\% \tag{6-3}$$

活性氧化铝的理论产量计算公式为：

$$活性氧化铝理论产量=\frac{M_1 \omega m}{2M_2} \tag{6-4}$$

式中 M_1——氧化铝的相对分子质量，g/mol，可取 102.0；

ω——三氯化铝的有效含量，分析纯可取 0.990～0.995；

M_2——三氯化铝的相对分子质量，g/mol，可取 133.5；

m——原料三氯化铝的质量，g。

六、思考题

1. 除了制备的活性氧化铝外，还有哪些材料可以用于高温脱硫？

2. 实验制备过程中需要注意哪些事项？

Ⅱ 脱硫剂的高温脱硫性能研究

一、实验目的

本实验的主要目的为：

① 掌握高温脱硫剂的脱硫操作方法。

② 了解脱硫评价平台气相色谱仪的工作原理。

二、实验原理

脱硫剂的脱硫性能测试采用固定床反应器，该设备主要由配气系统、脱硫评价装置、气体分析系统即气相色谱仪等三部分组成，脱硫评价装置示意图如图 6.8 所示。配气系统主要用来提供实验所需气体，如 H_2、N_2、O_2、H_2S 等，通过管路连接到脱硫评价装置上。

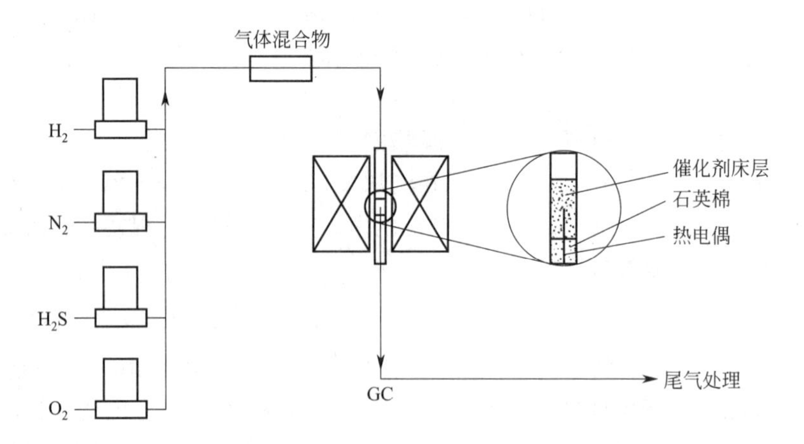

图 6.8 脱硫评价装置示意图

三、仪器与试剂

实验仪器：高温脱硫催化平台，气相色谱仪（或微量硫分析仪）。

实验试剂：制备好的高温脱硫剂。

四、实验技术与操作

脱硫评价装置主要由质量流量计、加热反应炉和反应器组成，质量流量计的精确度为 1%，最大量程分别为：H_2（100mL/min）、N_2（200mL/min）、O_2（100mL/min）、H_2S（30mL/min）。加热反应炉由上中下三段组成，能分别进行程序升温和控温，反应炉恒温区为 11cm 左右。反应器是石英玻璃材质反应器，具有较强的耐高温耐腐蚀性能，长约 80cm，外径约 ϕ21mm，内径约 ϕ11mm，反应器端头用石墨垫和不锈钢套头进行密封连接，其他脱硫实验设备接口全部采用不锈钢卡套接头连接。气相色谱仪主要用来检测出口处硫化氢气体的浓度。

实验开始时首先开机预热气相色谱仪。

1. 装样并检漏

脱硫剂的装填和安装：首先测量出反应器在反应炉恒温区的位置，然后称量一定质量或体积脱硫剂，装填到反应管恒温区位置，脱硫剂上端填充少许高温棉，以分散气流，脱硫剂下端同样填充少许高温棉以防止脱硫剂颗粒被气流带出，然后把热电偶插到脱硫剂床层中间，最后拧紧不锈钢套头，放进加热反应炉中，关上炉门连接上下卡头。

脱硫仪器检漏：关闭脱硫评价装置气体出口开关，设定流量计数据，打开 N_2 和流量计开关，通入 N_2 至压力达到 0.1MPa，关闭 N_2 和气体进口开关，保持 1h，若气压不变，则说明仪器不漏，若气压下降，需查找原因并解决。

2. 脱硫实验

以 10℃/min 的程序将加热反应炉升温至所需温度，在升温过程中以 20mL/min 的 N_2 吹扫管路，至到达设定温度 800℃，然后通入所需气体进行实验。当气流达到质量流量计设定数值后（N_2 流量：20mL/min，H_2 流量：25mL/min，H_2S 混合气流量：5mL/min），稳定 1min，然后开始检测出口处气体浓度，每 10 min 检测一个样，当出口处 H_2S 浓度高于 50ppm 时停止实验测试，认为脱硫剂穿透。尾气采用稀释 NaOH 溶液吸收后排放。

五、数据处理与实验报告

表 6.5 脱硫剂的高温脱硫性能研究数据记录

反应时间/min	出口处硫化氢浓度/ppm	反应时间/min	出口处硫化氢浓度/ppm
0		30	
10		40	
20		…	

实验数据记录表见表 6.5。以时间为横坐标，出口处硫化氢浓度为纵坐标作图，即可得到脱硫剂的脱硫曲线。

六、思考题

1. 在脱硫操作中，如果发现管路漏气应该如何应对？
2. 除 N_2 外，可否用其他气体代替 N_2 吹扫管路？

七、参考文献

[1] （日）滨川圭弘，等．能源环境学 [M]．郭成言译．北京：科学出版社，2003.

[2] Suther T，Fung A S，Koksa M，et al. Effects of operating and design parameters on the performance of a solid oxide fuel cell gas turbine system [J]. International Journal of Energy Research，2011，35（7）：616-632.

[3] Hassmann K. SOFC power plants the siemens-westinghouse approach [J]. Fuel Cells，2011，1（1）：78-84.

[4] Blum L，Wilhelm A M，Nabielek H. Worldwide SOFC technology overview and benchmark [J]. Inter-Nation Journal Applied Ceramic Technology，2005，2（6）：482-492.

[5] 赵玺灵，张兴梅，段常贵，等．SOFC 分布式热电联供系统的性能研究 [J]．华北电力大学学报，2007，34（5）：76-80.

[6] 倪维斗，李政．基于煤气化的多联产能源系统 [M]．北京：清华大学出版社，2011.

[7] Schilling H D，Bonn B，Krauss U. Coal gasification [M]. Essen：Verlag gluckauf gmbH，1979：71.

[8] Miles J. Proceedings of the 8th synthetic pipeline gas symposium [R]. Chicago. American Gas Associates，1976：77.

[9] Shappert C. Proceedings of a workshop on environmental control technology for coal gasification [C]. EPRI Palo Alto CA，1983：21.

[10] Pineda M，Palacios J M，Alonso L. Performance of zinc oxide based sorbents for hot coal gas desulfurization in multi-

cycle tests in a fixed bed reactor [J] . Fuel, 2000, 79 (8): 885-895.

[11] Liu K, Song C S, Subramani V. Hydrogen and syngas production and purification technologies [M] . John Wiley & Sons, Incorpo, 2009.

[12] Ben-Slimane R, Hepworth M T. Desulfurization of hot coal-derived fuel gases with manganese-based regenerable sorbents: 1. Loading (sulfidation) tests [J] . Energy Fuel, 1994, 8 (6): 1175-1183.

[13] Dayton D C, Ratcliff M, Bain R. Fuel cell integration-a study of the impacts of gas quality and impurities [R]. Colorado: 2001: NREL/MP-510-30298.

[14] HM Associates Inc. Princeton Energy Resources International, LLC and TFB Consulting. Assessment of the commercial potential for small gasification combined cycle and fuel cell systems phase Ⅱ final draft report [R] . 2003.

[15] Aravind P V, Ouweltjes J P, Woudstra N, et al. Impact of biomass-derived contaminants on SOFCs with Ni/gadolinia-doped ceria anodes [J] . Electrochemical and Solid-State Letters, 2008, 11 (2): B24-B28.

[16] Meng X, Jong W, Pal R, et al. In bed and downstream hot gas desulphurization during solid fuel gasifiction: A review [J] . Fuel Processing Technology, 2010, 91 (8): 964-9.

第七章 碳一催化化学实验

实验七 纳米级SAPO-34分子筛与甲醇制烯烃（MTO）

一、实验目的

采用水热法合成纳米级SAPO-34分子筛，并将其作为甲醇制烯烃（MTO）反应的催化剂，观察其反应性能，探索纳米级SAPO-34分子筛在MTO反应中的催化机理、失活行为和失活机理对于高选择性获得低碳烯烃具有重要的意义。

本实验的主要目的为：

① 通过掌握SAPO分子筛的合成原理，了解水热法制备纳米催化剂的过程。

② 学习甲醇制烯烃反应的原理及其气固相管式催化反应器的使用方法。

③ 掌握催化剂评价的一般方法和获得适宜工艺条件的研究步骤和方法。

二、实验原理

乙烯、丙烯等低碳烯烃作为基本的化工原料，其来源在传统路径上主要依赖于石油的蒸汽裂解和催化裂化。鉴于我国多煤、贫油、少气的能源结构，开发出不依赖于石油的生产低碳烯烃路线将成为今后研究的重点。煤经合成气可制得甲醇，甲醇在固体酸催化剂上可生产乙烯、丙烯等低碳烯烃，因此煤可以作为石油的替代能源，并被认为是最有希望替代石油路径生产低碳烯烃的工艺。其中，煤经合成气制甲醇已经工业化，但MTO过程仍需要更深一步的探索。SAPO-34分子筛作为典型的MTO反应催化剂，具有8元环构成的椭圆球形笼和三维孔道结构，孔口直径为0.38nm。在MTO反应过程中，SAPO-34分子筛具有较高的低碳烯烃选择性，但极易积炭失活，因此减缓SAPO-34分子筛的结焦速率、延长其催化寿命将是今后SAPO-34分子筛改性的主要方向。

1. MTO反应机理

MTO反应大致可分为五个阶段：平衡混合物的生成、反应诱导期、反应稳定期、二次反应和积炭失活。这里主要介绍反应诱导期、反应稳定期和积炭失活这三个阶段。

（1）反应诱导期

在MTO反应条件下，甲醇首先在SAPO-34分子筛上脱水形成甲醇、二甲醚和水的平衡混合物，但平衡混合物之后是如何形成第一个C—C键却存在着争议。Haw等认为原料甲醇中的有机杂质形成了最初的少量“烃池”物质，甲醇或二甲醚通过与这些“烃池”物质发生反应生成最初的烯烃产物；然而Hunger等通过研究发现C—C键可以直接从表面甲氧基中产生。MTO反应初始活性很低，存在一个活性逐渐增加的诱导期。“烃池”机理认为甲醇通过“烃池”物质产生烯烃，而“烃池”物质主要是通过烯烃产物转化而来，产物的增加促进更多“烃池”物质的产生，进一步提高了反应活性，导致诱导期的存在。

（2）反应稳定期

待生成的“烃池”物质的量达到一定值时，MTO 反应进入稳定期。经研究，“烃池”物质主要是由吸附于 SAPO-34 分子筛笼内的多甲基苯组成，并被认为是与 SAPO-34 分子筛共同组成的一种有机-无机超分子共催化剂。关于低碳烯烃的产生，两种主要的“烃池”机理被提出：①侧链甲基化机理，简言之，多甲基苯首先偕甲基化以形成环外双键，环外双键再甲基化以延长侧烷基链，之后裂化形成乙烯和丙烯。②消去机理，简言之，与侧链甲基化机理一样，第一步都是多甲基苯的偕甲基化，随后环收缩，烷基链随即得到增长，并裂化形成低碳烯烃。以六甲基苯为例，具体的催化循环如图 7.1 所示。

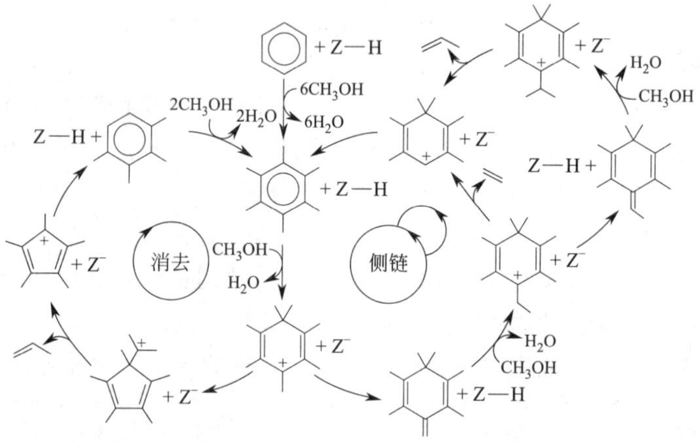

图 7.1 侧链甲基化机理和消去机理

（3）积炭失活

当 SAPO-34 分子筛用作 MTO 反应的催化剂时，其失活主要源于笼内大量焦炭物种的生成，这些焦炭物种的存在阻碍了反应物和产物的扩散，造成传质困难，导致催化剂失活。作为主要的焦炭物种，多环芳烃被认为是多甲基苯和多甲基萘通过氢转移等反应转化而来。然而 Olsbye 等认为一些不能通过孔口扩散出去的大分子阻碍了反应物和产物的扩散，导致催化剂失活，而多环芳烃主要是在催化剂失活开始后才形成的。

Dai 等利用各种光谱研究了不同晶粒尺寸的 SAPO-34 分子筛用作 MTO 反应催化剂时的失活机理，发现低碳烯烃在大晶粒 SAPO-34 分子筛内的停留时间要比在小晶粒 SAPO-34 分子筛内长，由于低碳烯烃的高活泼性，较易形成导致催化剂失活的焦炭物种，造成 SAPO-34 分子筛失活较快。此外，不同研究者对于 SAPO-34 分子筛的晶粒尺寸对其 MTO 催化性能的影响持不同的观点。Jang 等研究了晶粒尺寸为 150nm 的 SAPO-34 分子筛的 MTO 催化性能，发现其外表面有严重的焦炭沉积，认为晶粒过小对催化剂的稳定性有负面影响；然而 Yang 等发现晶粒尺寸为 250nm×250nm×20nm 的片状 SAPO-34 分子筛却呈现出更长的催化寿命。

2. MTO 反应影响因素

晶粒尺寸对催化剂的 MTO 反应性能有极其重要的影响，但问题在于：晶粒尺寸小到什么程度时，SAPO-34 分子筛的 MTO 反应性能最好，这是纳米级 SAPO-34 分子筛用作 MTO 反应催化剂时的核心问题。结合 MTO 反应结果和残留在 SAPO-34 分子筛内的有机沉积物的组成情况来研究不同晶粒尺寸的SAPO-34分子筛在MTO反应中的失活行为和失活机理以探索最优的晶粒尺寸将是以后研究的重点。在这些探索的基础之上，通过改变合成条件（改变模板剂类型、结晶时间、变换加热方式等）合成出具有最优晶粒尺寸的SAPO-34分子筛催化剂将大大加快MTO反应的工业化。

采用水热法合成不同晶粒尺寸的SAPO-34分子筛，并将其作为MTO反应的催化剂。对于SAPO-34分子筛来说，除了晶粒尺寸，其比表面积、孔体积、酸性等都对其MTO反应性能有较大影响，因此需要通过XRD、SEM、NH_3-TPD等手段对拟合成的SAPO-34分子筛进行表征，对成功合成出来的除晶粒尺寸以外其余物理性质均相似的SAPO-34分子筛进行MTO反应测试。

在MTO反应中，反应温度、质量空速等均对SAPO-34分子筛的MTO反应性能有较大影响，本实验统一采用$T=425$℃、WHSV$=1h^{-1}$的反应条件，利用GC检测气相流出物的组成，并分析每种催化剂的MTO反应性能。

三、仪器与试剂

实验仪器：烧杯，转子，胶头滴管，DF-101D集热式恒温加热磁力搅拌器，AL204电子天平，50mL带聚四氟乙烯内衬的不锈钢晶化釜，Memmert UN 55烘箱，离心机，PHS-3C精密pH计，KQ-100VDV型双频数控超声波清洗器，KSL-1100X-S马弗炉，MTO反应装置，Bruker 456-GC气相色谱仪。

实验试剂：异丙醇铝（Al_2O_3质量分数为24.7%），硅溶胶（质量分数为25%），磷酸（质量分数为85%），四乙基氢氧化铵（质量分数为35%）。

四、实验技术与操作

以异丙醇铝、硅溶胶、磷酸为铝源、硅源和磷源，采用水热法合成SAPO-34分子筛，具体合成条件见表7.1。

表7.1 SAPO-34分子筛的合成条件

催化剂	化学组成	模板剂	晶化温度/℃	晶化时间/h
纳米级SAPO-34	$1Al_2O_3:4P_2O_5:0.6SiO_2:4TEA_2O:147H_2O$	TEAOH	160	15
微米级SAPO-34	$1Al_2O_3:1P_2O_5:0.6SiO_2:3TEA:50H_2O$	TEA	200	24

1. 纳米级SAPO-34分子筛的合成

① 将一定量的异丙醇铝、硅溶胶和四乙基氢氧化铵在室温下混合均匀，并剧烈搅拌至少2h。

② 然后将一定量的磷酸在搅拌的条件下逐滴加入上述混合液中，并继续剧烈搅拌30min。

③ 形成的混合物转移至50mL带聚四氟乙烯内衬的不锈钢晶化釜中，在相应的晶化温度下静态晶化一定时间。

④ 结晶结束后，将晶化釜骤冷，滤去上层清液，晶化产物经以下3步得到净化：高速离心（20min），移除上层清液，利用超声浴在KOH水溶液（pH=8.0）中再分散。净化后的晶化产物利用冷却干燥法干燥，随后在空气气氛、550℃下焙烧8h以得到纳米级H-SAPO-34分子筛。

2. 微米级 SAPO-34 分子筛的合成

① 将一定量的异丙醇铝、磷酸和去离子水混合均匀，并剧烈搅拌 2h。

② 与此同时，将一定量的硅溶胶和三乙胺在另一烧杯中混合均匀。

③ 将混合均匀之后的硅溶胶和三乙胺混合物逐滴加入①中，并继续剧烈搅拌 6h。

④ 形成的混合物转移至 50mL 带聚四氟乙烯内衬的不锈钢晶化釜中，在相应的晶化温度下静态晶化一定时间。

⑤ 晶化结束后，将晶化釜骤冷，滤去上层清液，净化产物经充分过滤、洗涤后在 80℃干燥 12h，随后在空气气氛、600℃下焙烧 6h 以得到微米级 H-SAPO-34 分子筛。

3. SAPO-34 分子筛的表征

(1) X-射线粉末衍射（XRD）

焙烧过的 SAPO-34 分子筛的 X-射线衍射谱图在德国 Bruker D8-advanced 型 X 射线粉末衍射仪获得，表征条件为：Cu 靶，Kα 射线，管电压 30kV，管电流 40mA，扫描范围 $2\theta=5°\sim50°$。

(2) 扫描电子显微镜（SEM）

将粉末样品用导电胶粘贴在样品台上，样品的表观形貌及晶粒尺寸在 FEI Quanta 250 扫描电子显微镜上进行观察。

(3) NH_3 程序升温脱附（NH_3-TPD）

SAPO-34 分子筛的酸性由 NH_3-TPD 曲线测得，此曲线由康塔 Chem BET TPR/TPD，CBT-1 化学吸附仪所得。具体步骤如下：准确称量 30mg 样品放入 U 形管中，并在 520℃下于 He 气氛中预处理 1h 以除去分子筛中吸附的水分和其他杂质。随后降温至 100℃吸附 NH_3，待 NH_3 吸附饱和后，利用 He 清除分子筛上物理吸附的 NH_3，随后加热炉以 10℃/min 的升温速率由 50℃升温至 900℃，在升温过程中脱附的 NH_3 的浓度由 TCD 检测器连续记录。

4. MTO 反应

① 拟合成的 SAPO-34 分子筛的 MTO 反应性能在固定床上评价，MTO 反应装置图如图 7.2 所示。

② 将 0.25g 压片后的 SAPO-34 分子筛（40～60 目）装入石英固定床反应器中，装样后的反应器连接到气路中，关闭反应炉。

③ 打开氮气钢瓶总阀，调节减压阀至 0.3MPa 左右，打开 MTO 反应装置的仪表电源开关和流量计电源开关，调节质量流量控制仪表，使氮气流量为 20mL/min。

④ 检测 MTO 反应装置的气密性，关闭 BV-2 和 BV-3，等待一段时间，观察 PI-02 和 PI-03 的读数，如果 PI-02 的读数与 PI-03 的读数相差 0.004MPa 以下，则证明装置的气密性较好。

⑤ 检测完装置的气密性并保证气密性完好的情况下，打开 BV-3 并进行升温操作，汽化器、预热器和阀箱均采用单点升温，分别设定为 150℃、200℃和 120℃。反应器上段、中段和下段均采用程序升温。程序升温具体操作如下：首先按一下□键，仪表进入程序设置状态，此时仪表上显示的是当前运行段的起始温度值，此值可按▲▼键修改，设置完初始温度值后，按↺键可显示下一个要设置的程序值，每段程序按温度和时间的顺序依次排列。等待所有的程序设置完成后，先按住□键再按↺键可退出设置程序状态。升温程序设定完后，打开加热电源开关，按▼键并保持约 2s，待仪表显示器显示“run”的符号，开始运行程序。

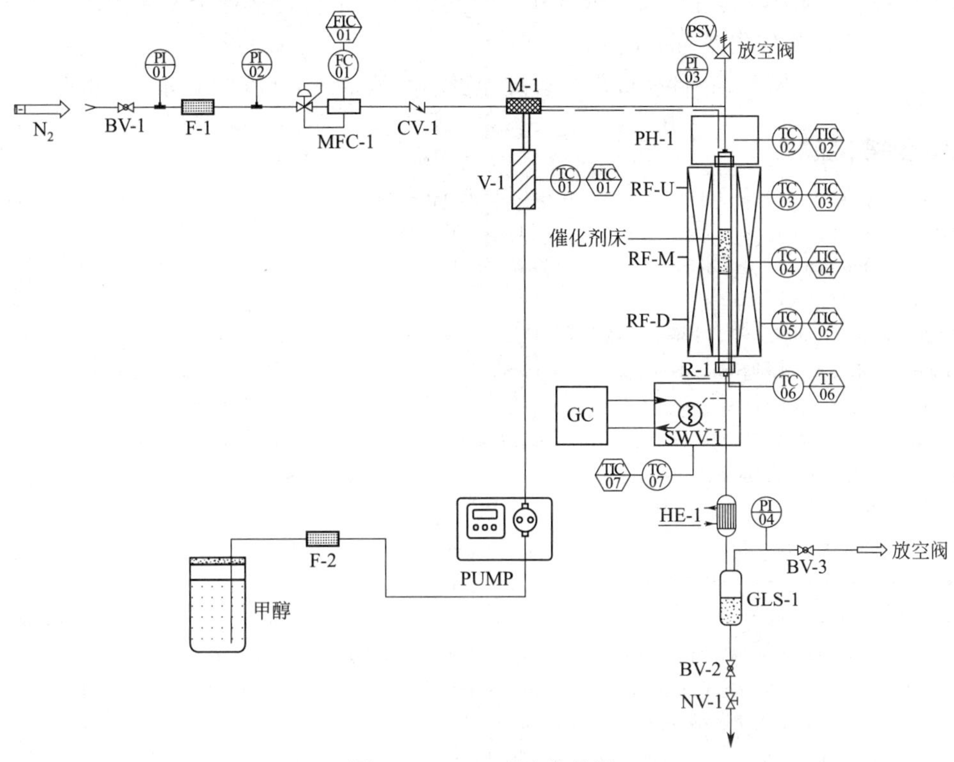

图 7.2 MTO 反应装置图

BV—球阀；PI—压力表；F—过滤器；MFC—质量流量控制器；CV—单向阀；M—混合器；V—汽化器；PUMP—液体进料泵；PSV—安全阀；PH—预热器；RF-U、RF-M、RF-D—反应炉上段、中段、下段；R—反应器；SWV—六通阀；GC—气相色谱仪；HE—换热器；GLS—气液分离器；NV—针阀；TC—热电偶；TI—温度显示仪；TIC—温控仪

⑥ MTO 反应进行之前，催化剂需要在 500℃下活化 2h，之后，当反应器温度降至 425℃时，打开插座电源开关，开始甲醇进料，甲醇以 0.3mL/h 的进料速率由 Series 1500 色谱泵打进催化剂床层，MTO 反应开始。具体的升温程序可按步骤④进行。

⑦ 当反应进行 30min 后，MTO 反应产物开始由气相色谱仪在线检测，每隔 30min 检测一次，气相色谱仪配备 FID 检测器和 HP-plot-Q 毛细柱，柱箱升温程序如下：在 50℃下恒温维持 4min，以 10℃/min 的升温速率升温至 70℃，以 15℃/min 的升温速率升温至 160℃并恒温维持 2min，以 25℃/min 的升温速率升温至 190℃并恒温维持 5min。

五、数据处理与实验报告

1. 导出 GC 检测数据，基于流出物的碳平衡，计算每种催化剂在不同反应时刻的甲醇转化率和产物选择性。

2. 作甲醇转化率、产物选择性与反应时间的关系曲线图。

3. 对比纳米级和微米级 SAPO-34 分子筛的寿命和产物选择性。

六、思考题

1. 结合残留在 SAPO-34 分子筛内的有机沉积物解释这两种催化剂反应性能差异的原因。

2. SAPO-34分子筛具有椭圆球形笼和三维交叉孔道结构，从理论上来讲，在一个方向上含有多少个笼，其催化寿命最长？

3. 如何通过改变反应条件合成出晶粒尺寸更小的纳米级SAPO-34分子筛催化剂。

七、参考文献

[1] Dumitriu E，Azzouz A，Hulea V，et al. Synthesis，characterization and catalytic activity of SAPO-34 obtained with piperidine as templating agent [J] . Microporous Mate，1997，10 (1-3)：1-12.

[2] Olsbye U，Bjørgen M，Svelle S，et al. Mechanistic insight into the methanol-to-hydrocarbons reaction [J] . Catal Today，2005，106 (1-4)：108-111.

[3] 虞贤波，刘烨，阳永荣，等. 甲醇制烯烃反应机理 [J] . 化学进展，2009，21 (9)：1757-1762.

[4] Stocker M. Methanol-to-hydrocarbons：Catalytic materials and their behavior [J]. Microporous and Mesoporous Mater，1999，29 (1-2)：3-48.

[5] Song W，Marcus M D，Fu H，et al. An oft-studied reaction that may never have been：Direct catalytic conversion of methanol or dimethyl ether to hydrocarbons on the solid acids HZSM-5 or HSAPO-34 [J] . J Am Chem Soc，2002，124 (15)：3844-3845.

[6] Jiang Y，Wang W，Marthala V V R，et al. Effect of organic impurities on the hydrocarbon formation via the decomposition of surface methoxy groups on acidic zeolite catalysts [J] . Journal of Catalysis，2006，238 (1)：21-27.

[7] Wang W，Buchholz A，Seiler M，et al. Evidence for an initiation of the methanol-to-olefin process by reactive surface methoxy groups on acidic zeolite catalysts [J]. J Am Chem Soc，2003，125 (49)：15260.

[8] Dahl I M，Kolboe S. On the reaction mechanism for hydrocarbon formation from methanol over SAPO-34：Ⅰ. Isotopic labeling studies of the co-reaction of ethene and methanol [J] . J Catal，1994，149 (2)：458-464.

[9] Dahl I M，Kolboe S. On the reaction mechanism for hydrocarbon formation from methanol over SAPO-34 [J] . J Catal，1996，161 (1)：304-309.

[10] Song W，Haw J F，Nicholas J B，et al. Methylbenzenes are the organic reaction centers for methanol-to-olefin catalysis on HSAPO-34 [J] . J Am Chem Soc，2000，122 (43)：10726-10727.

[11] Song W，Fu H，Haw J F. Supramolecular origins of product selectivity for methanol-to-olefin catalysis on HSAPO-34 [J] . J Am Chem Soc，2001，123 (20)：4749-4754.

[12] Olsbye U，Bjørgen M，Svelle S，et al. Mechanistic insight into the methanol-to-hydrocarbons reaction [J] . Catalysis Today，2005，106 (1-4)：108-111.

[13] Arstad B，Nicholas J B，Haw J F. Theoretical study of the methylbenzene side-chain hydrocarbon pool mechanism in methanol to olefin catalysis [J] . J Am Chem Soc，2004，126 (9)：2991.

[14] Lesthaeghe D，Horre A，Waroquier M，et al. Theoretical insights on methylbenzene side-chain growth in ZSM-5 zeolites for methanol-to-olefin conversion [J]. Chemistry-A European Journal，2009，15 (41)：10803-10808.

[15] Bjorgen M，Olsbye U，Kolboe S. Coke precursor formation and zeolite deactivation：Mechanistic insights from hexamethylbenzene conversion [J] . Journal of Catalysis，2003，215 (1)：30-44.

[16] Hereijgers B P C，Bleken F，Nilsen M H，et al. Product shape selectivity dominates the methanol-to-olefins (MTO) reaction over H-SAPO-34 catalysts [J] . Journal of Catalysis，2009，264 (1)：77-87.

[17] Dai W，Wu G，Li L，et al. Mechanisms of the deactivation of SAPO-34 materials with different crystal sizes applied as MTO catalysts [J] . Acs Catalysis，2013，3 (4)：588-596.

[18] Hoi-Gu Jang，Hyung-Ki Min，Jun Kyu Lee，et al. SAPO-34 and ZSM-5 nanocrystals size effects on their catalysis of methanol-to-olefin reactions [J]. Applied Catalysis A General，2012，s437-438：120-130.

[19] Yang G，Wei Y，Xu S，et al. Nanosize-enhanced lifetime of SAPO-34 catalysts in methanol-to-olefin reactions [J] . Journal of Physical Chemistry C，2013，117 (16)：8214-8222.

[20] Nishiyama N，Kawaguchi M，Hirota Y，et al. Size control of SAPO-34 crystals and their catalyst lifetime in the methanol-to-olefin reaction [J] . Applied Catalysis A General，2009，362 (1)：193-199.

[21] Heyden H V，Mintova S，Bein T. Nanosized SAPO-34 synthesized from colloidal solutions [J] . Chemistry of Materials，2008，20 (9)：2956-2963.

实验八 以煤矸石为原料的 ZSM-5 分子筛合成

一、实验目的

本实验的主要目的为：

① 掌握以煤矸石为原料制备 ZSM-5 分子筛的方法及原理。

② 掌握水热合成的原理及方法。

③ 学习 XRD、SEM 等分析技术。

二、实验原理

1. 煤矸石煅烧活化与除杂

煤矸石中的高岭土结构比较稳定，一般的酸、碱溶液很难和它发生化学反应，即它的化学活性很低，通常需采用高温煅烧提高其活性。高岭土经过一定温度高温煅烧活化，结构和化学组成发生了改变，使其中的氧化铝尽可能成为脱稳态，形成偏高岭土。高岭土煅烧活化分为以下几个阶段：

第一阶段：脱去吸附水，温度范围大约在 100～110℃。

第二阶段：脱去结构水，当高岭土被加热到一定温度（通常为 450℃）将发生脱羟基反应，高岭土结构中的—OH 基以水的形式逸出，晶型结构的高岭土将转变为偏高岭土。450℃时高岭土开始失重，延续至 750℃左右结束，反应式可表示为：

$$Al_2O_3 \cdot 2SiO_2 \cdot 2H_2O \xrightarrow{450\sim750℃} Al_2O_3 \cdot 2SiO_2(\text{偏高岭土}) + 2H_2O\uparrow$$

第三阶段：当温度继续升高到 925℃以上时，偏高岭土将重结晶，经硅铝尖晶石型转变为莫来石和石英，用反应式可表示为：

$$Al_2O_3 \cdot 2SiO_2 \longrightarrow Al_2O_3(\text{无定形}) + 2SiO_2(\text{无定形})$$

$$Al_2O_3(\text{无定形}) \xrightarrow{930\sim960℃} \gamma\text{-}Al_2O_3(\text{结晶体})$$

$$3\gamma\text{-}Al_2O_3 \xrightarrow{1100\sim1200℃} 3Al_2O_3 \cdot 2SiO_2(\text{莫来石}) + 4SiO_2(\text{石英})$$

反应过程中，只有第二阶段生成的偏高岭土与酸具有较高的反应活性。因此，只要将高岭土于 450～750℃中煅烧便可生成有反应活性的偏高岭土，而偏高岭土中的 Al_2O_3 与 H_2SO_4 反应生成 $Al_2(SO_4)_3$ 溶于酸性溶液中，SiO_2 却不溶，这样便可提高煤矸石原料中的硅铝比。

另外，煤矸石本身含有铁、钛等杂质，酸浸取过程中，这些杂质伴随着铝被酸浸出来。这些杂质离子的存在不但会对 Al_2O_3 浸出率的测定形成干扰，而且容易形成杂晶，从而影响合成分子筛的晶化过程，因此必须在酸浸实验之前除去杂质。可采用在煅烧过程中加入 NH_4Cl 的方法去除杂质，即在煅烧中加入 10% 左右的 NH_4Cl。加热过程中，铁、钛与其结合生成沸点低于煅烧温度的氯化物，随着煅烧的进行挥发出去。高岭土在高温煅烧活化过程中加入一定量的氯化铵，发生如下反应：

$$NH_4Cl = NH_3\uparrow + HCl\uparrow$$

$$Fe_2O_3 + 6HCl = 2FeCl_3 + 3H_2O$$

$$TiO_2 + 4HCl = TiCl_4 + 2H_2O$$

$FeCl_3$ 的沸点是 319℃，反应生成的 $FeCl_3$ 在高温下升华，可达到除铁的目的。同理，

$TiCl_4$ 的沸点是 135.9℃，反应生成的 $TiCl_4$ 在高温下升华，达到除钛的目的。

2. 合成 ZSM-5 沸石分子筛

ZSM-5 是一种具有高硅三维交叉直通道的新结构沸石分子筛。ZSM-5 沸石分子筛骨架中硅氧四面体、铝氧四面体连接成比较特殊的基本结构单元［见图 7.3(a)］，结构单元之间通过共用的边相连成链状［见图 7.3(b)］，进而再连成片［见图 7.3(c)］。晶胞组成可以表示为：$Na_n\{Al_nSi_{96-n}O_{192}\}\cdot 16H_2O$（$n$ 为 0～20），晶胞中铝的含量，即硅铝比可以在较大范围内改变，但硅铝原子总数为 96 个。当 n 取值不同时，SiO_2/Al_2O_3 发生变化，Na_2O/SiO_2 也随之发生变化。

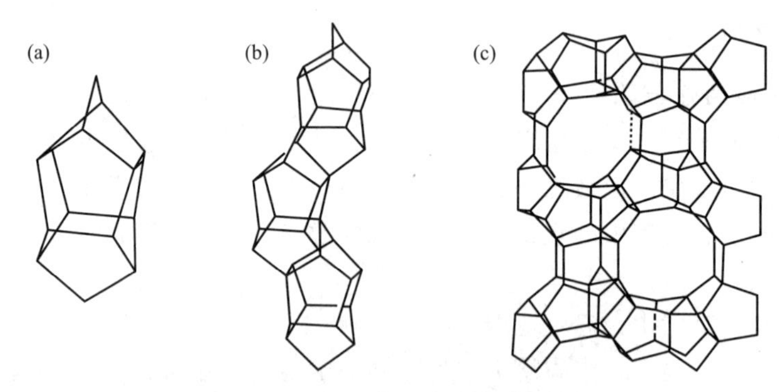

图 7.3　ZSM-5 沸石分子筛骨架结构

影响分子筛合成的主要因素包括：

(1) 硅铝比（Si/Al，SiO_2/Al_2O_3）

反应物料的硅铝比对最终产物的结构和组成起着重要作用，产物的硅铝比与反应物料的硅铝比无明确的定量关系。

一般情况下，反应物料的硅铝比总是高于晶化产物的硅铝比，并非所有结构沸石的低硅和高硅形式都能被合成出来。

(2) 碱度（OH^-/Si，H_2O/Na_2O）

沸石合成中的碱度问题有两种含义：

OH^-/Si 比：OH^-/Si 升高会增加硅与铝的溶解度，改变原料物种在合成体系的聚合态及分布，在碱度大的体系中，多硅酸根的聚合度降低，这就加快了溶液中多硅酸根离子与

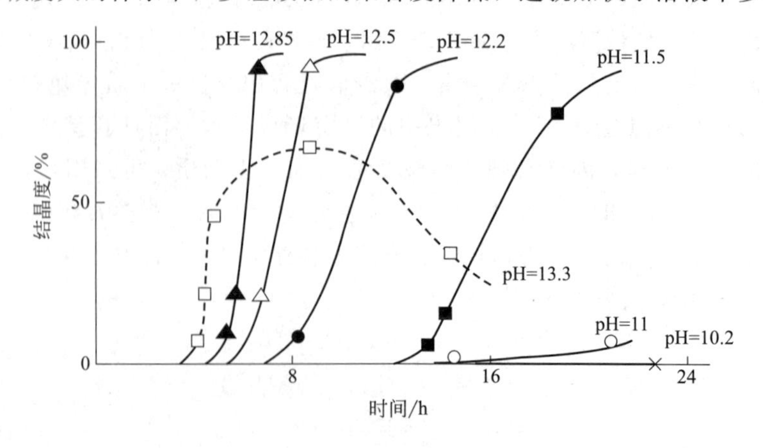

图 7.4　晶化速率随碱度的变化

铝酸根离子间的聚合成胶和胶溶速度。总的结果是增高碱度，缩短诱导期和成核时间，加快晶化速度有利于高铝沸石的生成，即晶化产物的 Si/Al 比降低（见图 7.4）。

碱浓度水钠比（H_2O/Na_2O）：碱浓度增大，晶化加快，晶体粒度变小且粒度分布变窄。这是碱浓度增大造成硅、铝缩聚反应速率增大，成核速率加大所致（见图 7.5）。

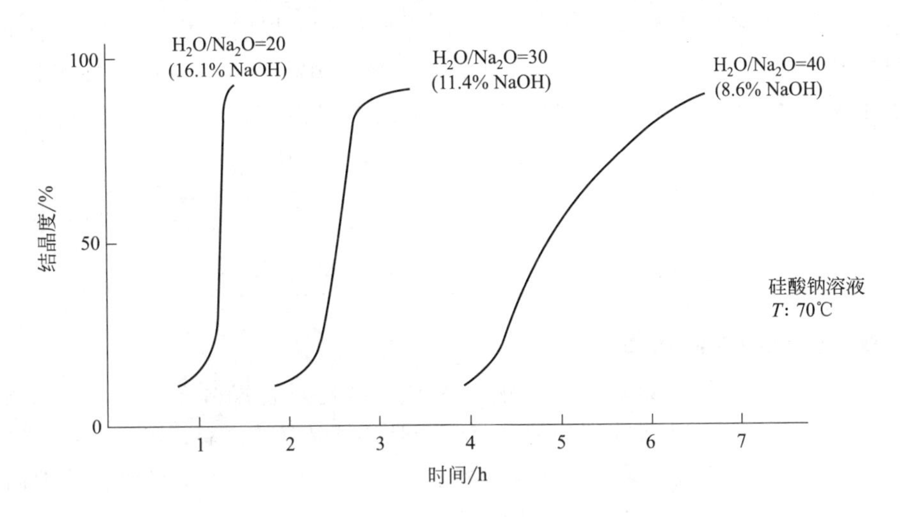

图 7.5 成核速率随碱浓度水钠比的变化

三、仪器与试剂

实验仪器：电热真空干燥箱，循环水式多用真空泵，数显恒温水浴锅，定时电动搅拌器，电子天平，马弗炉，X-射线荧光光谱仪，常用玻璃仪器，差热分析仪。

实验试剂：乙酸，乙酸铵，氯化铵，浓硫酸，高岭土（球磨至 3000 目以下），硫酸铜，乙二胺四乙酸二钠，PAN，氧化锌，氢氧化钠，正丁胺，压力溶弹，研钵，氨水，乙醇，ZSM-5 晶种。

四、实验技术与操作

1. 高岭土的活化及除杂实验

称取一定质量的高岭土，加入质量为高岭土质量 10% 的固体氯化铵，混合均匀，盛于坩埚中。将上述耐火坩埚置入马弗炉中煅烧，升温速度为 10℃/min。升至 750℃，保温 1h，然后令其自然冷却。

2. 高岭土的酸浸脱铝实验

精确称取一定量经过煅烧处理的高岭土样品装入 250mL 三口瓶中，与浓度为 20% 的硫酸溶液混合均匀，使硫酸的量与偏高岭土中铝所结合的硫酸的理论值的摩尔比为 1.2∶1。在恒温水浴锅水浴恒温 95℃下反应，温度波动范围为±1℃，反应时间为 45min。实验过程中用定时电动搅拌器混合均匀。反应完成后将偏高岭土转移出三口瓶，趁热用真空抽滤机进行抽滤，用去离子水反复洗涤滤饼，并且在 65℃下干燥滤饼，此为酸浸 1 次。煅烧高岭土和酸浸脱铝的流程如下：

高岭土 —(NH_4Cl)→ 煅烧 —(H_2SO_4)→ 酸浸 → 抽滤 → 滤饼干燥

按同样的方法酸浸4～5次，采用德国Bruker公司的S8 TIGER X-射线荧光光谱仪，检测酸浸后高岭土中各成分含量，并计算其硅铝比。

3. 偏高岭土合成ZSM-5分子筛实验

称取一定量的酸浸偏高岭土，加入一定摩尔比的固体氢氧化钠、模板剂溶液和一定量的水，用20%的硫酸调节pH为11，于室温下充分搅拌混合均匀，转入含有聚四氟乙烯内衬的压力溶弹，于25℃下老化12h。升温至170℃晶化60h后，抽滤、洗涤。将滤饼置于干燥箱中，60℃烘干，磨细，550℃焙烧5h脱出模板剂，制得ZSM-5分子筛产品。

具体的实验操作步骤如下：

五、数据处理与实验报告

利用单因素实验分别考察硅铝比、钠硅比和水硅比对合成分子筛产品的影响。通过XRD、SEM等分析技术来表征合成出的分子筛产品的结晶度和形貌，研究合成ZSM-5分子筛反应的适宜条件。实验报告采用论文形式提交，包括题目、作者、摘要、关键词、前沿、实验步骤、实验内容、结果讨论和参考文献等。

六、思考题

1. 在煅烧过程中除了加入NH_4Cl外，还有什么方法可以去除杂质？
2. 反应完成后将偏高岭土转移出三口瓶，为什么要趁热用真空抽滤机进行抽滤？

七、参考文献

[1] 唐凤翔，张济宇．高硅铝比高岭土制取白炭黑的工艺研究［J］．福州大学学报：自然科学版，2001，29（2）：109-113.

[2] 徐如人，庞文琴．分子筛与多孔材料化学［M］．北京：科学出版社，2004.

实验九　介孔分子筛负载钴催化剂的制备及其用于费托合成

一、实验目的

随着经济的发展和环保意识的提高，清洁柴油的供需矛盾日益突出。而煤和天然气的储量相对丰富，高效综合利用它们以部分替代石化产品意义重大。费托合成是煤或天然气通过合成气间接转化为清洁液体燃料的重要途径，该过程获得的烃产物经深加工后可获得低硫、低氮、低芳烃和低金属含量的液体燃料产品，因此，近年来，在这一领域的研究和应用越来越受到关注。

本实验的主要目的为：

① 通过掌握CO加氢反应过程和反应机理特点，了解针对不同目的的产物的反应条件对反应的影响。

② 学习气固相管式催化反应器的构造、原理和使用方法，学习反应器正常操作和安装。

③ 掌握催化剂评价的一般方法和获得适宜工艺条件的研究步骤和方法。

二、实验原理

1. 费托合成反应

费托合成原料只有 CO 和 H_2，但是反应十分复杂，产物繁多。主反应包括烷烃和烯烃的生成以及水煤气变换反应，副反应主要有甲烷、各种含氧有机物的生成和积炭反应。反应类型如下：

（1）主反应：

烃类的生成反应： $nCO+2nH_2 \longrightarrow [-CH_2-]_n+nH_2O$

水煤气变换反应： $CO+H_2O \longrightarrow H_2+CO_2$

（2）副反应：

甲烷生成反应：

$$CO+3H_2 \longrightarrow CH_4+H_2O$$
$$2CO+2H_2 \longrightarrow CH_4+CO_2$$
$$CO_2+4H_2 \longrightarrow CH_4+2H_2O$$

醇类生成反应：

$$nCO+2nH_2 \longrightarrow C_nH_{2n+1}OH+(n-1)H_2O$$
$$nCO+2nH_2 \longrightarrow C_nH_{2n+1}OH+(n-1)H_2O$$
$$3nCO+(n+1)H_2O \longrightarrow C_nH_{2n+1}OH+2nCO_2$$

醛类生成反应：

$$(n+1)CO+(2n+1)H_2 \longrightarrow C_nH_{2n+1}CHO+nH_2O$$
$$(2n+1)CO+(n+1)H_2 \longrightarrow C_nH_{2n+1}CHO+nCO_2$$

生成碳的反应：

$$2CO \longrightarrow C+CO_2$$
$$CO+H_2 \longrightarrow C+H_2O$$

由反应热力学分析得知费托合成很难达到热力学平衡，反应受动力学控制。各产物生成概率由高到低为：甲烷＞其他烷烃＞烯烃＞含氧化合物。高温度有利于低碳烷烃的生成，低温有利于不饱和高碳烃的生成。

2. 费托合成机理

费托合成反应复杂，为了更好地了解费托催化剂和工艺的开发，大量研究人员对费托合成反应的机理进行了深入研究，然而目前为止并没有统一的机理能够解释所有产物的生成。大家比较认可的反应机理主要有表面碳化物机理，含氧中间体缩聚机理，CO 插入机理和双中间体缩聚机理。早期 Fischer 和 Tropsch 提出的表面碳化物机理认为 CO 首先与催化剂形成碳化物 M—C，再经还原形成亚甲基中间体，然后聚合成各种产物。该机理能够很好地解释烃类产物的生成，但是不能解释含氧化合物的生成。之后 Anderson 和 Storch 提出了含氧中间体缩聚机理，认为碳化物中间体 M—C 首先经还原生成烯醇中间体，然后再脱水形成亚甲基。这个机理能够很好地解释 C—C 键和 C—O 键的生成但难以直接证明烯醇物种 HCOH 的存在，只能间接推测，并且忽视了表面碳化物链增长方面的作用。

Pichler 和 Schulz 提出了 CO 插入机理认为 CO 首先插入到 M—C 中生成表面酰基物种，再经过氧化脱水形成亚甲基，碳链的引发和增长包含氢化、脱水、CO 插入的交替作用。这个机理能够解释直链烃和含氧化合物的生成过程，M—C 键和 CO 插入得到了量子化学的支持，但无法得到实验证实。Nijs 和 Jacob 同时考虑了碳化物机理和含氧中间体缩聚机理，提出了双中间体缩聚机理，指出甲烷按碳化物机理形成，烃链增长按照中间体缩聚机理，该机理能解释甲烷不符合 ASF（Anderson-Schulz-Flory，费托合成产物分布规律）分布的原因，但是无法指出支链产物的成因。

经典的费托合成反应机理都存在一些不足，特别是当产物偏离 ASF 分布时难以得出理想的结论。目前已经认识到，在反应的初级阶段，典型的费托反应催化剂上 CO 都会发生解离，形成表面碳化物，然后进一步氢化得到亚甲基物种，亚甲基物种的缩合促使了链增长。

通过对合成机理的深入研究，学者们提出了新的机理模型，如 C_2 活性物种理论，烯烃再吸附的碳化物理论，网络反应机理等。目前学者们在这方面达成共识，认为烯烃的再吸附部分在催化剂的表面上参与链引发和链增长，部分将与吸附的 CO 和 H_2 反应，形成更多碳数的烯烃物质。

在这些机理的指导作用下，许多新型的催化剂和工艺得到有效开发，做到既有利于原料气和中间产物烯烃的吸附，又有利于高碳产物的脱附，从而达到理想的烃类产品选择性。

3. 介孔分子筛用于费托合成

1992 年美国 Mobil 公司 Beck. J. S 等首次报道了 M41S 型介孔硅基分子筛的成功合成，由于其具有高的比表面积、大而可调的孔径、规整的孔道结构、狭窄的孔径分布、高的热稳定性和较高的水热稳定性等独特的结构特点，在大分子的吸附、分离和催化中具有潜在的应用价值。近年来，许多研究者用介孔硅分子筛作为载体，致力于研究开发新型费托合成催化剂。Yin 等采用水热合成法制备出了具有规则几何结构的六方介孔 SiO_2 分子筛（HMS）、Al-HMS、ZrO_2 改性 HMS 和 MCM-41，并用于费托合成钴基催化剂制备。他们在 473～523K、2.0MPa、$500h^{-1}$、$H_2/CO=2$ 的条件下对催化剂进行了评价，发现 Co/HMS 催化剂表现出了良好的费托活性和 C_5^+ 选择性。Wang 等以 SBA-15 分子筛为载体制备 10%～20%的 Co/SBA-15 催化剂，由于该催化剂过低的还原度使得催化剂活性低于传统费托催化剂的活性。Iwasaki 等制备出了具有层状硅酸盐晶体聚合形成的包含有规整结构的中孔分子筛 SCMM-1 和 SCMM-2，对浸渍制备所得的 5%（质量分数）钴催化剂在 2.1MPa、506K、$2000h^{-1}$和 $H_2/CO/Ar=6/3/1$ 的反应条件下进行了评价，发现催化剂活性顺序为 Co/SCMM-1>Co/SCMM-2>Co/SiO_2。另外催化剂的产物烃差别也很大，Co/SCMM-1 催化剂产物以烯烃和异构烃为主，而 Co/SCMM-2 则主要生成直链烃，具有很大的链增长概率。他们把催化剂反应性能上的差别归结于分子筛的孔径效应及催化剂的表面特性。杨文书等对 HMS 负载钴基催化剂进行 F-T 合成反应的研究发现，在 $p=2.0$MPa、$H_2/CO=2.0$、GHSV=$500h^{-1}$的 F-T 合成条件下，Co/HMS 具有良好的反应稳定性。Khodakov 等发现介孔分子筛孔径大小控制钴物种晶粒大小和还原度，孔径大于 3.0nm 时，还原度较高，从而有利于费托合成反应速率的提高和 C_5^+ 烃的形成。Ohtmuka 等报道用介孔硅分子筛作为费托合成钴催化剂的载体，由于其具有规整的孔道，大而可调的孔径，狭窄的孔径分布，有利于改善反应物和产物分子的扩散和传质，从而控制费托合成烃产物分布，获得较高的中间馏分油选择性。然而介孔硅分子筛由于具有丰富的表面羟基，易与钴氧化物形成难还原的硅酸钴物种，从而导致负载钴催化剂具有较差的可还原性。因此，有必要寻找能克服介孔硅分子筛缺点的其他介孔载体以进一步改善费托合成钴催化剂性能。

采用水热法合成不同介孔分子筛 SBA-15，并将其作为 F-T 反应的催化剂。对于介孔分子筛来说，除了晶粒尺寸，其比表面积、孔体积等都对反应性能有较大影响，因此需要通过XRD、TEM、N_2 吸附等手段对合成的SBA-15分子筛进行表征，对成功合成出来的分子筛负载钴制备催化剂进行F-T反应测试。

在F-T反应（见下式）中，反应温度、质量空速等均对分子筛负载钴制备的催化剂的F-T反应性能有较大影响，本实验采用 $T=200℃$、$WHSV=1000h^{-1}$ 的反应条件，利用色谱检测产物的组成。

$$n\mathrm{CO}+2n\mathrm{H_2} \longrightarrow [-\mathrm{CH_2}-]_n+n\mathrm{H_2O}$$

三、仪器与试剂

实验仪器：烧杯、转子、胶头滴管、DF-101D集热式恒温加热磁力搅拌器、AL204电子天平、50mL带聚四氟乙烯内衬的不锈钢晶化釜、Memmert UN 55烘箱、离心机、PHS-3C精密pH计、KQ-100VDV型双频数控超声波清洗器、KSL-1100X-S马弗炉、F-T反应装置、GC-920色谱分析。

实验试剂：正硅酸乙酯TEOS [$Si(OC_2H_5)_4$]：99.99%，天津化学试剂厂；P123 [$HO(CH_2CH_2O)_{20}(CH_2CH_2CH_2O)_{70}(CH_2CH_2O)_{20}H$]：Aldrich；去离子水（$H_2O$）：使用前进行树脂交换；硝酸（$HNO_3$）：分析纯68%，太原化肥厂化学试剂厂；硝酸钴 [$Co(NO_3)_2 \cdot 6H_2O$]：分析纯99.0%，中国医药（集团）上海化学。

四、实验技术与操作

1. SBA-15分子筛的合成

① 将15g表面活性剂（P123）加入到108g蒸馏水中，再加入盐酸（2mol/L）。加热并搅拌，待溶液澄清后滴入33g正硅酸乙酯，继续剧烈搅拌3h。

② 将形成的混合物转移至50mL带聚四氟乙烯内衬的不锈钢晶化釜中，在相应的晶化温度下静态晶化一定时间。

③ 结晶结束后，将晶化釜骤冷，滤去上层清液，洗涤至滤液中性。净化后的晶化产物利用冷却干燥法干燥，随后在空气气氛、550℃下焙烧8h以得到SBA-15分子筛。

2. 钴基催化剂的制备

取5g样品放入小烧杯中，准确称量一定质量的硝酸钴，用一定体积的去离子水溶解，溶解完全后加入到分子筛载体中浸渍，将浸渍完全的样品静置10h，放入恒温箱中干燥12h，干燥后的样品用研钵磨成均匀粉末，放到马弗炉中于400℃焙烧5h，经研磨后即可制得钴基催化剂。

3. 催化剂的表征

（1）织构表征

低温 N_2 吸附在Micromeritics Tristar 3000型物理吸附仪上进行。测试前，样品需在120℃下烘干并置于干燥器中冷却至室温，然后转移至样品管。所有样品在200℃和 10^{-6} mmHg下脱气12h，于液氮温度下，进行低温 N_2 吸脱附实验。样品的比表面积用BET方法计算，孔径分布曲线根据吸附-脱附等温线的吸附分支用BJH方法确定，孔径尺寸根据孔径分布曲线的峰位置获得。

（2）物相表征

XRD表征在Rigaku D/max-γA型X射线衍射仪上进行，使用Cu Kα射线，管压

40kV，管流100mA，扫描范围10°～80°，连续扫描速度为8°/min，扫描步长为0.02°，样品粉碎至400目以下。计算晶粒尺寸所用的峰周围的扫描速度为0.5°/min。

以XRD结果计算晶粒尺寸大小的公式为：

$$D=\frac{k\lambda}{\beta\cos\theta}=\frac{78.535}{\sqrt{B^2-0.11932^2\cos\theta}} \tag{7-1}$$

本实验中，采用Cu靶，Ni滤波器，选用$2\theta=36.5°$的晶面特征衍射峰测定钴催化剂中Co_3O_4晶粒大小，其中B为半峰宽。

（3）透射电子显微镜

样品的电镜照片在日本JEOL JEM 200CX高分辨透射电镜（加速电压为200kV）上观察。首先在超声波振荡下，将样品分散于乙醇溶剂中，然后用洁净的铜丝蘸取液滴，滴入衬有碳膜的铜网上，待干燥后转移至仪器进行观察。

（4）程序升温还原（TPR）

采用自制的U形石英反应管，催化剂颗粒（40～60目）装量为25mg，还原气为5% H_2-95% N_2（体积分数）混合气，催化剂先在100℃下用N_2吹扫2h，然后通入混合气进行程序升温，标态下气体流量控制在40mL/min，升温速率为10K/min，热导（TCD）检测耗氢量。气体通过催化剂前，用中科院大连化学物理研究所生产的401脱氧剂脱氧，然后用5A分子筛脱水，气体通过催化剂后，再用5A分子筛吸收还原过程中产生的水，使用中经常检查和更换脱氧剂与脱水剂，以确保检测效果。根据TPR测定钴催化剂的还原度的方法如下，用CuO作为标准标定仪器，准确称量25mg标准CuO，按催化剂的程序升温，测定CuO的耗氢峰，假定CuO在400℃以内完全还原，以CuO的耗氢量为基准，计算钴基催化剂的还原度（<600℃）。

4. 费托反应

① 制备的Co/SBA-15催化剂的反应性能在固定床上评价，F-T反应装置图如图7.6所示。

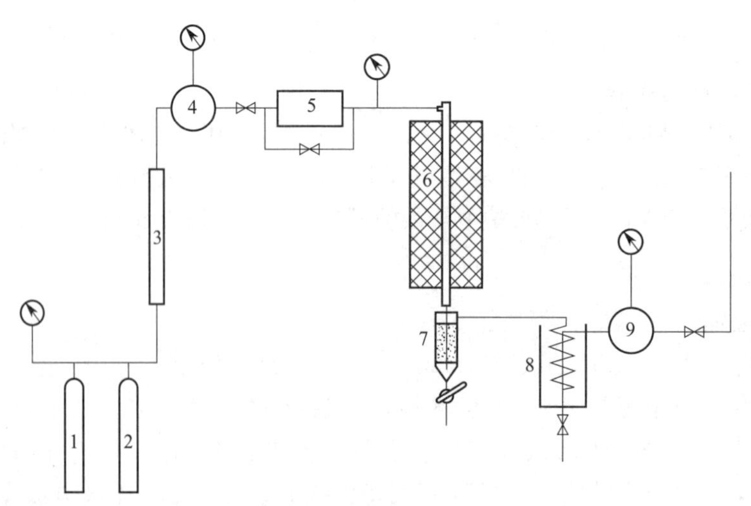

图7.6 F-T反应装置图

1—合成气；2—还原气体；3—净化器；4—YT-2压力调节器；
5—质量流量计；6—反应器；7—热阱；8—冷阱；9—YT-4压力调节器

② 将 0.1g 压片后的 Co/SBA-15 催化剂（60～80 目）装入石英固定床反应器中，装样后的反应器连接到气路中。

③ 打开氢气钢瓶总阀，调节减压阀至 0.1MPa 左右，打开反应装置的仪表电源开关和流量计电源开关，调节质量流量控制仪表，使氢气流量为 30mL/min。

④ 检测反应装置的气密性，直至装置的气密性较好再开始下一步的还原。

⑤ 设定还原温度为 400℃。采用程序升温。程序升温具体操作如下：首先按一下□键，仪表进入程序设置状态，此时仪表上显示的是当前运行段的起始温度值，此值可按▲▼键修改，设置完初始温度值之后，按↺键可显示下一个要设置的程序值，每段程序按温度和时间的顺序依次排列。等待所有的程序设置完成后，先按住□键再接着按↺键可退出设置程序状态。升温程序设定完后，打开加热电源开关，按▼键并保持约 2s，待仪表显示器显示“run”的符号，开始运行程序。还原时间定为 10h。

⑥ 还原完成后当温度降至 100℃时，切换合成气，保持流量为 20mL/min，体系压力为 2MPa 为，打开插座电源开关，开始升温。具体的升温程序可按步骤⑤进行。将温度升至 200℃。

⑦ 当反应进行 12h 后，F-T 反应产物开始由气相色谱仪在线检测，每隔 6h 程序升温 10℃，检测产物，反应流出物分别由热阱、冷阱收集，尾气经计量后放空。尾气中的 H_2、CO、CH_4 及 CO_2 由装有碳分子筛柱的气相色谱分析，尾气中的有机物由装有 Propack-Q 固定相色谱柱的气相色谱分析，两分析结果以 CH_4 关联归一后得到气相的组成。冷阱收集的液样由 GC-920 色谱分析，使用 35m 长的 OV-101 毛细管柱。热阱收集的固体蜡样由装有高温进样装置的毛细管柱 OV-101 气相色谱分析。对油、蜡、气相的分析数据进行归一，得到 CO 转化率、C_5^+ 烃收率、烃分布、碳平衡及质量平衡。反应的碳平衡及质量平衡维持在 95%左右。

五、数据处理与实验报告

1. 导出色谱检测数据，基于流出物的碳平衡，计算催化剂在不同反应时刻的合成气转化率和产物选择性。
2. 作出合成气转化率、产物选择性与反应温度的关系图。
3. 对比介孔分子筛的孔径大小与产物选择性的差异。

六、思考题

1. 分子筛的介孔结构与 F-T 反应性能有什么关联？
2. 影响 F-T 产物选择性的因素有哪些？
3. 介孔结构的稳定性对催化剂寿命的影响是怎样的？如何提高催化剂的寿命？

七、参考文献

[1] Iglesia E. Design, synthesis and use of cobalt-based Fischer-Tropsch synthesis catalysts [J]. Appl Catal A: Gen, 1997, 161 (1-2): 59-78.

[2] Dry M E. Practical and theoretical aspects of the catalytic Fischer-Tropsch process [J]. Appl Catal A: Gen, 1996, 138 (2): 319-344.

[3] Soled S L, Iglesia E, Fiato R A, et al. Control of metal dispersion and structure by changes in the solid-state chemistry of supported cobalt Fischer-Tropsch catalysts [J]. Topics in Catal, 2003, 26 (1): 101-109.

[4] Fleisch T H, Sills R A, Briscoe M D. 2002-emergence of the gas-to-liquids industry: a review of global GTL develop-

ments [J] . J Nat Gas Chem, 2002, 11 (Z1): 1-14.

[5] Van Der Laan G P, Beenackers A A C M. Kinetics and selectivity of the Fischer-Tropsch synthesis: a literature review [J] . Catal Rev Sci Eng, 1999, 41 (3-4): 255-318.

[6] Hindermann J P, Hutchings G J, Kiennemann A. Mechanistic aspects of the formation of hydrocarbon and alcohols from CO hydrogenation [J] . Catalysis Reviews, Science and Engineering, 1993, 35 (1): 110-127.

[7] Madon R J, Iglesia E. The importance of olefin re-adsorption and hydrogencarbon monoxide reactant ratio for hydrocarbon chain growth on ruthenium catalysts [J]. Journal of Catalysis, 1993, 139 (2): 576-590.

[8] Nijs H H, Jacobs P A. New evidence for the mechanism of the Fischer-Tropsch synthesis of hydrocarbons [J]. Journal of Catalysis, 1980, 66 (2): 401-411.

[9] Kresge C T, Leonowicz M E, Roth W J, et al. Ordered mesoporous molecular sieves synthesized by a liquid-crystal template mechanism [J] . Nature, 1992, 359 (6397): 710-712.

[10] Beck J S, Vartuli J C, Roth W J, et al. A new family of mesoporous molecular sieves prepared with liquid crystal templates [J] . J Am Chem Soc, 1992, 114 (27): 10834-10843.

[11] Yin D, Li W, Xiang H, et al. Mesoporous HMS molecular sieves supported cobalt catalysts for Fischer-Tropsch synthesis [J] . Micropor Mesopor Mater, 2001, 47 (1): 15-24.

[12] Wang Y, Noguchi M, Takahashi Y, et al. Synthesis of SBA-15 with different pore sizes and the utilization as supports of high loading of cobalt catalysts [J] . Catal Today, 2001, 68 (1-3): 3-9.

[13] Iwasaki T, Reinikainen M, Onodera Y, et al. Use of silicate crystallite mesoporous material as catalyst support for Fishcer-Tropsch reaction [J] . Appl Surf Sci, 1998, 130-132 (49): 845-850.

[14] 杨文书，高海燕，相宏伟，等. 新型钴基介孔分子筛催化剂F-T合成性能和烃分布研究 [J] . 高等学校化学学报，2002，23 (9)：1748-1752.

[15] Khodakov A Y, Griboval-Constant A, Bechara R, et al. Pore-size control of cobalt dispersion and reducibility in mesoporous silicas [J] . J Phys Chem B, 2001, 105 (40): 9805-9811.

[16] Khodakov A Y, Griboval-Constant A, Rafeh Bechara, et al. Pore size effects in Fischer Tropsch synthesis over cobalt-supported mesoporous silicas [J] . J Catal, 2002, 206 (2): 230-241.

[17] Ohtsuka Y, Takahashi Y, Noguchi M, et al. Novel utilization of mesoporous molecular sieves as supports of cobalt catalysts in Fischer-Tropsch synthesis [J] . Catal Today, 2004, 89 (4): 419-442.

[18] Zhao D, Huo Q, Stucky G D. Triblock copolymer syntheses of mesoporous silica with periodic 50 to 300 angstrom pores [J] . Science, 1998, 279 (5350): 548-552.

[19] Ho S W. Effects of ethanol impregnation on the properties of thoria-promoted Co/SiO_2 catalyst [J] . J Catal, 1998, 175 (2): 139-151.

第八章　硫化学动力学实验

实验十　多路自动采样的硫组分反应追踪和动力学分析

一、实验目的

本实验的主要目的为：

① 掌握利用高效液相色谱对硫化合物反应过程中的浓度时间曲线进行追踪的方法。

② 了解如何利用初始速率法对反应的动力学参数进行求解。

③ 了解如何通过动力学曲线构建反应机理模型，并对实验曲线进行拟合。

二、实验原理

1. 实验背景

硫元素以单质硫和化合态硫两种形式广泛存在于自然界中，它经常以硫化物或硫酸盐的形式出现。硫是一种可变价态的元素，因特殊的电子层结构，能够表现出−2、+2、+4 和+6 等化合价态，其中以+6 价态最为稳定。此外，硫原子之间有强烈的成键能力，能够形成复杂的链状结构。它的化学性质活泼，能够与氧、氢气、卤素（除碘外）以及大多数金属元素化合，形成多种无机和有机硫化合物，并对环境的氧化还原电位和酸碱性带来影响。此外，硫也是细胞的组成元素之一，是有机生命体内的第八元素，存在于动物和植物等有机体内的多种氨基酸、酶和蛋白质中，所以它在生命科学中也占有重要的地位，由于其氧化和还原过程影响生物体内的氧化还原反应过程，在动植物的各项生命活动中都起到了关键的作用。

硫在自然界的循环过程是一个不断氧化和还原的过程：化石燃料的燃烧、火山的爆发和微生物的分解都会产生 SO_x（$x=2$，3）进入大气中，然后被微生物或绿色植物吸收或者与大气中的水结合形成 H_2SO_4 进入土壤或水体中，以硫酸盐的形式被植物的根系吸收，转变成氨基酸、酶和蛋白质等有机硫，进而被各级消费者所利用，动植物的遗体被微生物分解后，又能将硫元素释放到土壤或大气中，这样就形成了一个完整的硫循环回路。同时，硫及各种含硫化合物也是化工生产中的重要原料。但是硫及其化合物过度利用和排放也是环境污染的主要原因之一：一方面许多硫化合物本身是有毒物质，而且难以降解；另一方面，各种含硫燃料在燃烧过程中释放出 SO_2 和 SO_3 气体，导致酸雨而严重污染河流和土壤。

虽然硫化学是如此重要，但是直到二十世纪末科学工作者才对硫化学动力学给予足够的重视。硫元素化学反应特别是 S（−2）化合物［SCN^-，$S_2O_3^{2-}$，$(NH_2)_2CS$ 等］氧化过程中涉及硫从−2 价到+6 价多个价态，硫价态变化的机理也是近年来化学家追求解决的问题，其中关键难题是硫中间物的在线检测和反应机理。Simoyi 运用光谱技术研究了卤酸盐与多个硫化合物反应动力学的系列工作，其研究主要测定氧化剂发色团吸收的动力学，由于氧化剂与硫组分或多种硫价态中间物的光谱重叠，硫价态反应中间物进行动力学追踪遇到困难。俄罗斯伊凡诺沃化工大学的Makarov近二十年来致力于硫化学动力学研究，他的研究成果包括用UV-Vis光谱发现二氧化硫脲（硫脲氧化中间物）分解为次硫酸根和用核磁共振检测H_2O_2-三氧化硫脲反应动力学，但对于其他小分子硫化合物（Na_2S，SCN^-和$Na_2S_2O_3$）的氧化中间物，用紫外-可见光（UV-Vis）光谱和核磁共振研究手段无能为力。美国化学家Bennet等用衰减全反射红外（FTIR/ATR）方法对于多组分硫氧化物进行动力学直接测定，但设计出的反应机理尚不能模拟非线性动力学现象。匈牙利科学家Horvath等利用UV-Vis光谱测定ClO_2浓度，提出模拟$S_4O_6^{2-}$的氧化过程中硫价态变化的动力学机理和超催化动力学模型，通过追踪氧化剂中间物动力学来设计硫价态变化机理，但无法解释很多复杂反应动力学的自组织现象。该困难限制了硫在很多研究领域的进展，这主要集中以下三个方面：①矿石（如煤）中的硫元素多为低价态，在矿物利用时多放出SO_x，是环境污染的主要成分，在矿石利用前进行加工脱硫成为当前的一个困难，煤加工脱硫的效率和效益都需要有质的提高，关键在于对硫化学动力学机理和调控的研究；②近二十年来，在氧化剂-硫（−2）化合物二组分体系中发现了非线性动力学现象如时钟反应、双稳态、振荡和时空斑图，但是对反应机理的探索工作却远远落后于现象研究，化学家至今不能很好地从反应机理直接模拟和解释其复杂动力学现象；③植物通过光合生化作用把高价硫转化为低价蛋白硫，而动物通过生理消化作用把蛋白硫转化为高价硫，蛋白质的—S—S—键是支撑蛋白质的骨架，硫在生命过程中的价态演化和功能研究迫切需要对硫价态变化动力学进行识别。实现反应中硫价态变化动力学的直接测定是实现机理突破的关键，而对硫价态的调控具有重要的科学意义和工业应用前景。

研究发现硫价态变化引起pH值的变化，即从−2价到0价吸收质子，从0价到+4价放出质子，+4价到+6价发生质子自催化反应，进而提出了硫价态变化的pH动力学模型，但是模拟的各个硫价态稳定性和动力学曲线得不到实验验证。要对硫价态变化动力学机理有进一步突破，就有必要对反应的多组分硫化合物（包括反应物和中间物）及动力学曲线进行直接测定，色谱化学家能够成功分离识别多种硫化合物，基于这样的研究基础，开展创新实验通过协同控制反应速度与色谱分离速度和色谱峰参数与浓度的线性关系，实现通过色谱和光谱直接测定不同硫价态组分动力学曲线及其相位关系，或同时追踪反应过程中的硫价态变化引起的pH值的变化，设计硫化合物变化（$-2\rightarrow+6$）的动力学机理，并通过机理模拟分析和实验研究，实现对硫价态的调控和为煤炭洁净提供化学理论。

2. 色谱工作原理

液相色谱分离原理：混合物中各组分在固定相和流动相中进行分配，当流动相所含混合物经过固定相时，就会与固定相发生作用，由于各组分在性质和结构上的差异，与固定相发生作用的大小和强弱也有差异。因此在同一推动力作用下，不同组分在固定相中滞留时间有长有短，从而按先后不同次序从固定相中流出，达到分离目的。液相色谱可以进行定性和定量分析。定性分析依据：在一定固定相和一定的操作条件下，每种物质都有各自确定的保留值或色谱数据，并且不受其他组分的影响。定量分析依据：在一定的操作条件下，分析组分的质量或其在流动相中浓度与检测器的响应信号（峰高或峰面积）成正比。具体的定量分析采用工作曲线法获得各物质的浓度。色谱技术可实现样品中多组分的在线分离和定性定量。

3. 化学反应动力学分析

化学反应动力学的主要任务就是研究化学反应的速率、反应级数及反应机理等。对某一化学反应，要设计适当的实验，对反应产物定性定量，以取得各物质浓度随时间变化的数据，即动力学曲线；由此计算求出反应的级数和反应速率常数，即动力学方程，这是研究反应机理的重要前提。结合实验和文献，提出可能性反应机理，运用实验求得的速率常数和文献报道的速率常数对实验动力学曲线进行拟合以评价所提反应机理和各个速率常数的合理性。

初始速率法是根据动力学曲线来获得速率方程的一种方法，它不易受反应中间物或逆反应等的影响，获得的结果较为准确。以下将详述初始速率法求解过程。

假设待测反应速率方程为

$$r=k[A]^n[B]^m \tag{8-1}$$

其中待求参数为 k，n，m。使 A、B 中任一物种的初始浓度为固定值，改变另一物种的初始浓度进行实验，$t=0$ 时，动力学方程可写为：

$$r_0=k_1[A]_0^n(k_1=k[B]_0^m\text{为固定值}) \tag{8-2}$$

两边取对数，变形为：$\lg r_0=\lg k_1+n\lg[A]_0$

当获得物种 A 不同初始浓度下的初始速率时，以 $\lg r_0$ 对 $\lg[A]_0$ 作图，斜率即为物种 A 的反应级数。

以相同方法求得物种 B 的反应级数。最后 k 可通过以上数据求得。不管待测反应是几组分反应，均可使用同样方法进行动力学参数的求解。

在多种硫化合物降解和氧化等反应动力学过程中生成不同的组分，随着反应时间的变化，反应物和生成物组分的浓度在不断地变化，通过多路自动采集系统和液相色谱的联用可采集和绘制不同反应条件时反应物、中间物和生成物浓度随时间变化的动力学曲线，这不仅实现了动力学实验过程的自动化，还确保了实验数据的精确性。动力学数据采集完成后可计算得到反应的动力学参数，如反应级数、速率常数等。根据文献和实验中间物检测及动力学曲线设计反应机理，通过模拟拟合软件可对待测反应参数和机理进行评价。

三、仪器与试剂

实验仪器：Thermo Fisher 高压液相色谱仪 Ultimate 3000，多路自动抽样系统（十通阀，AXP 泵），pH 计，电子天平，循环水式多用真空泵，抽滤装置等。

实验试剂：硫化合物（硫脲、硫代硫酸盐、硫氰酸盐、硫化物等），甲醇，乙腈，多种缓冲盐，多种氧化剂，离子对试剂。

四、实验技术与操作

1. 溶液配制

（1）反应缓冲液

缓冲溶液是控制反应动力学过程中体系的 H^+ 或 OH^- 不发生改变或在可接受范围内的微小改变。可根据待测反应所研究的 pH 范围选取合适的缓冲体系。所配制的缓冲体系的离子强度和 pH 值将大大影响缓冲溶液的缓冲能力。所以在配制前需选择合适的缓冲体系和离子强度（I）。以［H］表示共轭酸浓度，［OH］表示共轭碱浓度，pK_a 为缓冲溶液的酸度系数。

$$pH = pK_a - \lg([H]/[OH])$$

$$I = 0.5(c_1z_1^2 + c_2z_2^2 + c_3z_3^2 + \cdots) \tag{8-3}$$

根据以上两方程可知，当确定 pH 值和 I 后，可计算得出缓冲溶液中共轭酸和共轭碱的浓度，确定配制缓冲溶液的体积后，计算得出所需共轭酸和共轭碱的质量。

根据计算值，分别称量相应的共轭酸和共轭碱于容量瓶中，溶解定容。使用 pH 计测定缓冲溶液的实际 pH 值并记录，待用。

（2）流动相缓冲液

相关物种的分离过程中，液相色谱流动相由有机相和水相组成。根据待分析物种性质，可在水相中添加相应的离子对试剂和调节 pH 值以优化分离效果。使用 0.45μm 微孔过滤膜抽滤，待用。

2. 液相色谱仪预平衡

① 将抽滤待用的有机相和水相放置于液相色谱系统的相应流动相溶剂瓶中。

② 按操作打开液相色谱仪及多路自动抽样系统电源。

③ 液相色谱进行排气泡等操作，多路抽样系统进行排气泡和管路冲洗。

④ 设定柱温箱温度，接入 Phenomenex Gemini C_{18} 柱（5μm，4.6mm×250mm）或其他所需色谱柱。

⑤ 通过软件设置流动相组分比例（以水代替水相缓冲液）和流速。待 20 min 后，将流动相组分 H_2O 替换为（1）中配制的水相缓冲液，并打开液相系统检测器的紫外灯。开始进行基线监测直至基线平稳，此过程的时间约 20～30min。

⑥ 仪器平衡过程中，可进行分离方法（即仪器方法，包括流动相组分比例、流速、监测波长、多路抽样系统管路号等）的设置，并保存。建立新序列，并调用此分离方法。

3. 多路自动抽样系统

多路自动抽样系统代替了液相色谱仪中自动进样器或者手动进样模块，实现多样品的自动进样分析，对动力学反应研究具有实时在线效果，最大程度减小或者避免了温度、反应液均一性等对动力学过程的影响。

多路自动抽样系统主要由十通阀和 AXP 泵构成。十通阀流路位置和 AXP 泵流速等均可通过工作站软件设置调控。此系统在工作时可分为吸样-样品加载、进样及冲洗三个流路状态。

图 8.1 为自动吸样-液相色谱分离系统在进行样品加载时的通路。十通阀中，当 tp1-tp0 连接，样品 A 被 AXP 泵通过十通阀的中心位置 tp0 抽吸进入液相色谱系统六通阀的 sp5 号位置，此时 sp5-sp6 相连，样品进入定量环，并通过 sp3-sp4 通路至废液缸。此样品加载过程使样品充满整个流路（目的在于充满整个定量环）。可通过监控软件设置 AXP 泵的流速及样品加载时间，以保证样品润洗并充满整个定量环。此过程时间可控制在 1～2min 内。

图 8.2 为样品充满整个定量环后，开始进样时的流路。此时，十通阀中 tp10 与 tp0 相连，通过 AXP 泵开始抽吸纯水，并流经六通阀的 sp5-sp4 位置至废液缸。同时，液相色谱系统流动相由单向阀流出后进入六通阀，依次经过 sp1-sp6-定量环-sp3-sp2，将样品带入分析柱、检测器进行色谱分离分析和数据采集。此进样时间一般可控制为 0.5min。

进样完毕后，样品已在分析柱中进行分离，十通阀继续保持 tp10-tp0 流路，六通阀则调整为图 8.1 所示的通路 sp5-sp6-定量环-sp3-sp4，即在样品分离的时间内，使用纯水冲洗

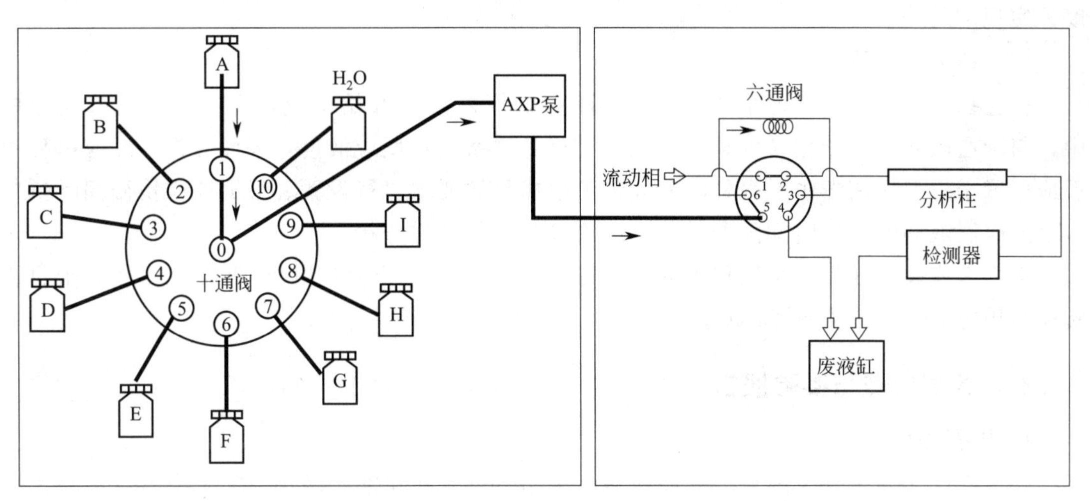

图 8.1　吸样-样品加载流路

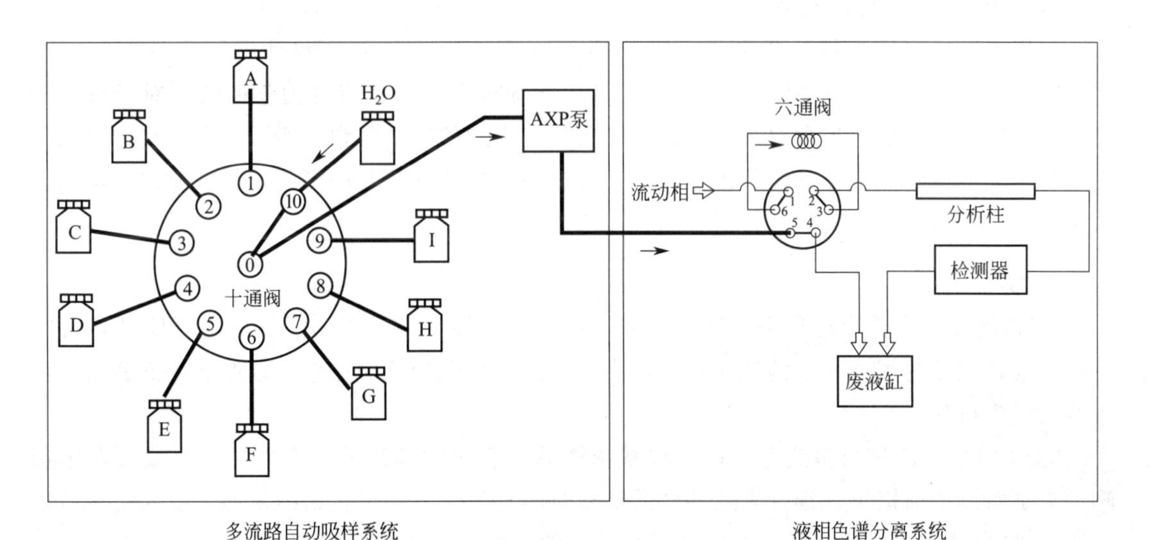

图 8.2　进样流路

定量环至此样品分析结束。

三个阶段即为分析单样品过程和所需时间。当样品分析结束时，可重复此过程，选择A-I中的某一样品进行抽样和样品分析。预先进行程序设置，液相色谱仪和自动抽样系统可根据程序连续进行自动抽样和样品分析。

4. 反应液配制及动力学监测

(1) 工作曲线建立

采用外标法，对反应中各种已知物质进行定量分析，使用峰面积对这些物质绘制HPLC工作曲线。绘制工作曲线过程中，对每种已知物种需配制一系列不同浓度的标准溶液（5～10个）。为保证结果准确可靠，所选取的浓度范围应尽量覆盖动力学实验中待测浓度值且确保处于线性范围内。建议选取实验中最大浓度至最小浓度之间的十个浓度点绘制各物质的工作曲线。根据工作曲线，可以将动力学实验过程中HPLC色谱图中的峰面积转化为对应浓度，实现定量分析。

（2）动力学曲线测定

反应物按一定浓度快速投入到特定 pH 值的缓冲液中开始反应，将反应液倒入反应瓶中，与十通阀相连，使用自动抽样系统和液相色谱系统对反应液进行采样分析。反应过程中反应瓶置于恒温振荡器中。采样时间间隔可根据具体要求自行设置。根据反应快慢同时配制多个反应液或间隔一定时间配制其他反应液进行交替采样分析。

动力学实验完成后，可获得不同反应条件下各物质的峰面积-时间曲线，通过工作曲线转换为相应物种的浓度-时间动力学曲线。

五、数据处理与实验报告

1. 数据处理

获得不同实验条件下的动力学曲线后，采用 Spcalcw 软件求得每个反应物动力学曲线的初始速率，按照化学反应动力学分析过程计算得出动力学参数，获得反应速率方程。

2. 机理分析和曲线模拟

提出合适的反应机理，在机理中写出所有可能的反应方程，包括酸碱平衡等。使用 ZITA 软件包或 Berkerley Madonna 模拟软件以所提机理拟合所有动力学曲线，对于机理中已知的反应速率常数，拟合过程中可设为固定值，未知的速率常数可通过拟合得到。根据拟合结果中标准偏差对机理各步骤进行评价，通过多次拟合和机理的简化过程，获得最优机理模型和最小拟合偏差，成功进行所有动力学曲线的模拟。

3. 注意事项

① 在液相色谱分离过程中，液相色谱所用流动相缓冲溶液的 pH 值应与反应液条件相一致，或者在系统缓冲液中的反应速率远小于反应介质中的反应速率，以保证色谱分离条件不改变反应机理。

② 实验前，应进行多流路自动吸样系统样品加载时间和流速的多次反复测试，在不影响动力学监测的前提下，选择合适的样品加载时间和流速，确保色谱结果的重复性。

③ 实验过程中，注意各溶剂的使用情况，随时添加以防止溶剂走空的现象。

④ 使用多流路自动吸样系统前，需进行排气操作，防止采样过程中因气体导致的 AXP 泵压下降及定量环样品加载体积不准确等问题。

⑤ 反应缓冲溶液配制过程中理论计算值和实际测量值不完全一致，数据以实际测量值为准。

⑥ 实验中使用的水均为超纯水。

4. 撰写实验报告

按照创新实验的统一要求，撰写实验报告，解析实验数据，分析过程原理，得出实验结论，提出实验建议。

六、思考题

1. 哪些因素影响硫化合物氧化的反应速率？
2. 色谱适合哪些反应动力学分析？

七、参考文献

[1] Devillanova F A. Handbook of chalcogen chemistry: New perspectives in sulfur, selenium and tellurium [M]. Cambridge: RSC Publishing, 2006.

[2] Sievert S M, Kiene R P, Schulz-Vogt H N. The sulfur cycle [J]. Oceanography, 2007, 20: 117-123.

[3] Dahl C, Hell R, Leustek T, et al. Introduction to sulfur metabolism in phototrophic organisms [M]. Dordrecht: Springer, 2008.

[4] Mitchell S. Biological interactions of sulfur compounds [M]. London: Taylor & Francis, 2006.

[5] Parcell S. Sulfur in human nutrition and applications in medicine [J]. Altern Med Rev, 2002, 7 (1): 22-44.

[6] Galloway J N, Charlson R J, Andrede M O, et al. The biogeochemical cycling of sulfur and nitrogen in the remote atmosphere [M]. Dordrecht: Reidel, 1985.

[7] Warneck P. Chemistry of the natural atmosphere [M]. San Diego: Academic Press, 1999.

[8] Findlayson-Pitts B J, Pitts J N. Chemistry of the upper and lower atmosphere [M]. San Diego: Academic Press, 2000.

[9] Metzner P, Thuillier A. Sulfur reagents in organic synthesis [M]. London: Academic Press, 1994.

[10] Shahryar A, Hossein K, Mohammad B G, et al. A kinetic method for the determination of thiourea by its catalytic effect in micellar media [J]. Spectrochimica Acta Part A, 2009, 72 (2): 327-331.

[11] Komarnisky L A, Christopherson R J, Basu T K. Sulfur: its clinical and toxicological aspects [J]. Nutrition, 2003, 19 (1): 54-61.

[12] Stirling D. The sulfur problem: Cleaning in industrial feedstocks [J]. Cambridge: Royal Society of Chemistry, 2000.

[13] Epstein I R, Pojman J A. An introduction to nonlinear chemical dynamics: Oscillations, waves, patterns, chaos [M]. Oxford: Oxford University Press, 1998.

[14] Mitchell S. Biological interactions of sulfur compounds. London: Taylor and Francies, 1996.

[15] http://sflow. chem. pdx. edu.

[16] Makarov S V, Mundoma C, Penn J H, et al. Structure and stability of aminoiminomethanesulfonic acid [J]. Inorg Chim Acta, 1999, 268 (2): 149-154.

[17] Svarovsky S A, Simoyi R H, Makarov S V. A possible mechanism for thioureabased toxicities: Kinetics and mechanism of decomposition of thiourea dioxides in alkaline solutions [J]. J Phys Chem B, 2001, 105 (50): 12634-12643.

[18] Holmn D A, Bennett D W. A multicomponent kinetics study of the anaerobic decomposition of aqueous sodium dithionite [J]. J phys Chem, 1994, 98 (50): 13300-13307.

[19] Horvath A K. A three-variable model for the explanation of the "supercatalytic" effect of hydrogen ion in the chlorite-tetrathionate reaction [J]. J Phys Chem A, 2005, 109 (23): 5124-5128.

[20] Gao Q, Wang J. pH oscillations and complex reaction dynamics in the non-buffered chlorite-thiourea reaction [J]. Chem Phys Lett, 2004, 391 (4-6): 349-353.

[21] 高庆宇，孙康，赵跃民，等. pH探针在亚氯酸盐-硫代硫酸钠非线性反应体系研究中的应用 [J]. 化学通报，2001，59 (6): 890-894.

[22] Padarauskas A, Paliulinyte V, Ragauskas R, et al. Capillary electrophoretic determination of thiosulfate and its oxidation products [J]. Journal of Chromatography A, 2000, 879 (2): 235-243.

[23] Zhang H, Dreisinger D B. The kinetics for the decomposition of tetrathionate in alkaline solutions [J]. Hydrometallurgy, 2002, 66 (1): 59-65.

[24] 张庆和. 高校液相色谱实用手册 [M]. 北京：化学工业出版社，2008.

[25] 许越. 化学反应动力学 [M]. 北京：化学工业出版社，2005.

[26] Pan C, Liu Y, Horvath A K, et al. Kinetics and mechanism of the alkaline decomposition of hexathionate Ion [J]. J Phys Chem A, 2013, 117 (14): 2924-2931.

[27] Hu Y, Song Y, Horváth A K, et al. Combined capillary electrophoresis and high performance liquid chromatography studies on the kinetics and mechanism of the hydrogen peroxide-thiocyanate reaction in a weakly alkaline solution [J]. Talanta, 2014, 120 (5): 10-16.

实验十一　光敏性硫化合物氧化反应体系的复杂时空动力学与控制

一、实验目的

本实验的主要目的为：

1. 了解硫化学振荡器的正负反馈机制。
2. 了解光照强度变化对 H_2O_2-SO_3^{2-}-$Fe(CN)_6^{4-}$ 反应体系动力学的影响。
3. 学会利用 Image Pro Plus 图像处理软件对自组织斑图的演化进行分析。

二、实验原理

自然界中各种绮丽多彩的斑图可以说是大自然给予人类最美丽的馈赠，而在欣赏这些鬼斧神工的时空结构的同时，人类本能的求知欲也刺激着研究者去探究这些时空自组织的产生机理和规律。藏在这些神奇斑图背后的是自然系统内所包含的各种正负反馈机制，正是这些反馈机制之间的相互耦合作用，构成了包括化学反应过程在内的诸多系统的非线性本质。同时，无论是在化学反应中还是生物体等其他系统中都存在着物质或能量的输运过程，这两者之间的耦合可以产生系统内时空有序结构。为了研究这些自然界的时空自组织现象形成机理，揭示生命的秘密，需要从微观的分子反应着手研究其分子系统的反应机理。随着生物学进入微观的分子领域，生物的研究与化学的联系愈加紧密。通过对小分子化学反应扩散体系中时空斑图系统设计有助于我们理解自然界中各种类似现象的产生原因，使人类能更深刻地认识与改善自然环境，并对构建和谐自然环境有着重要的意义。

在数百种非线性化学反应体系中，硫化学反应中硫化合物在被氧化或者被还原过程中形成的复杂的反馈机制往往是科学家研究自组织现象的首选体系。硫是一种很活泼的元素，在适宜的条件下能与除惰性气体、分子氮以外的元素直接反应，容易得到或与其他元素共用两个电子，形成－2、＋1、＋2、＋4、＋6 价态的化合物，如 S^{2-}、$S_2O_3^{2-}$、SCN^-、$SC(NH_2)_2$、$S_2O_8^{2-}$、$S_2O_4^{2-}$、$S_4O_6^{2-}$ 以及 SO_3^{2-} 等等。低价态硫化合物与 ClO_2^-、BrO_3^-、IO_3^-、H_2O_2、MnO_4^- 等氧化剂构成两组分和三组分的化学反应体系，这些反应体系在连续流动反应器中能够呈现十分复杂的动力学现象，如双稳态、倍周期振荡、混合模式振荡，如图 8.3 所示。而在反应-扩散系统中由于内部的多反馈机制相互耦合，体系能够呈现如自然界一样丰富多彩的动力学自组织现象，如图 8.4 所示。

硫化学反应体系的非线性动力学现象研究已经十分深入，但对于这些反应体系的机理研究远滞后于实验现象的研究，造成了反应现象与理论模型的脱节。尤其是对于二组分的硫化学振荡器振荡机理的研究，如以 S（－2）化合物参与的硫化学振荡器，这些化合物在氧化过程中会产生多种复杂的中间物，中间物的追踪与检测是如今机理研究的一大难题。在反应-扩散系统中，硫化学振荡体系虽然可以像 BZ 体系那样设计非搅拌系统中反应与扩散耦合的化学斑图，如空间双稳态、细胞前沿波、自复制斑点和指纹斑图等，但是在硫化学反应体系时空动力学方面依然存在如下问题需要进一步研究：

① 目前硫化学反应体系时空动力学研究只局限在一个简单的正负反馈体系，而对于多反馈体系中的时空动力学行为的研究相对较少。在多反馈 pH 振荡介质中，各种反馈环相互作用耦合，在均相反应体系中会出现更为复杂的动力学现象。在反应扩散介质中也将会出现

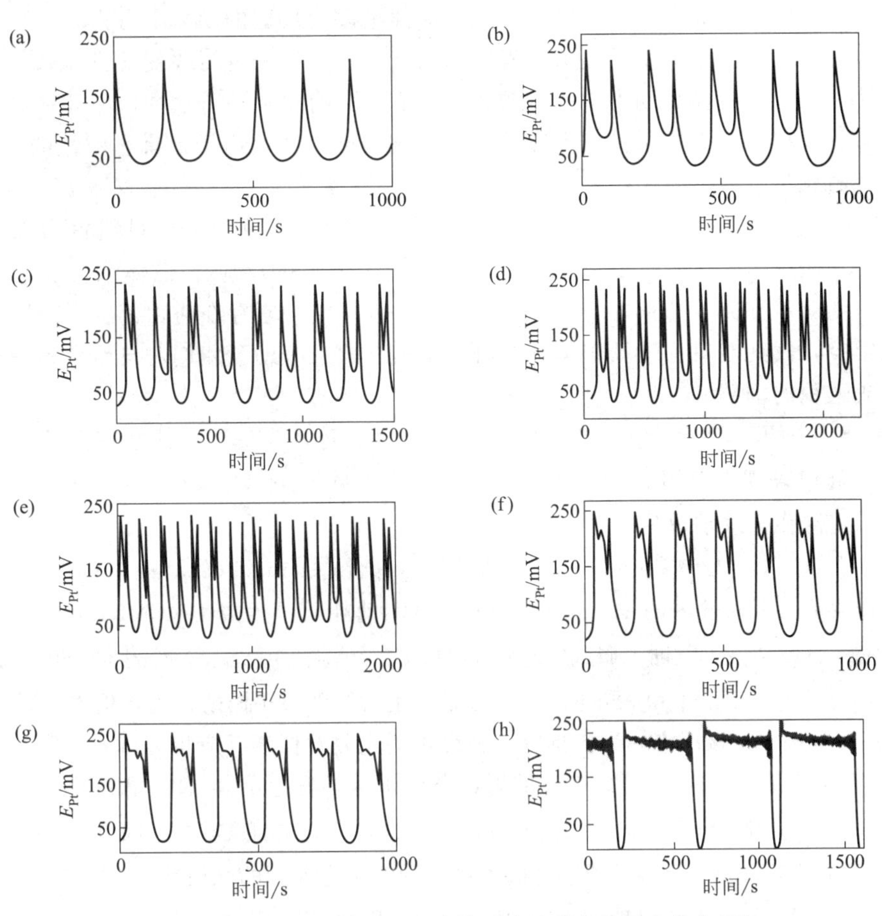

图 8.3 ClO_2^--SC $(NH_2)_2$反应体系流速引起的复杂分岔行为

图 8.4 硫化学反应体系和自然界中时空自组织现象

[(a)(b)为硫化学反应体系中时空自组织,(a)′(b)′为自然界中时空自组织]

更丰富的时空斑图。

② 对硫化学体系动力学行为调控的方法主要分为直接法和间接法两种。直接法主要是

通过改变流入反应器内的反应物浓度、温度和流速来改变反应的动力学行为，这个方法不改变反应的机理。间接法主要是通过加入光照引入光敏性反应来直接改变反应体系的动力学机理，从而达到调控反应体系动力学的目的。直接方法具有很强地普适性，因此在研究过程中运用得很多；间接法要求体系具有光敏性，这一方法被广泛运用于具有光敏性的 BZ 反应体系中，而在硫化学反应体系中研究较少。

③ 自然界中各种图案的形成不仅仅与反应和扩散有关，还受到各种机械力以及流体对流的影响。在研究硫化学时空自组织时，只是构建了简单的反应-扩散体系，故意排除各种外界作用，如对流和凝胶的弹性力等等，而这些外界影响因素存在时，都会对斑图的动力学行为造成影响，因此对多物理场作用下的斑图动力学研究有助于我们对自然界各种时空自组织行为形成过程的理解。

H_2O_2-SO_3^{2-}-$Fe(CN)_6^{4-}$ 反应体系是 1989 年 Rábai 等发现的，该体系在流动搅拌反应器（CSTR）中能够表现大振幅的 pH 振荡行为。酸性条件下 H_2O_2 氧化 Fe（CN）$_6^{4-}$ 能够有效地消耗质子，充当负反馈反应。

$$H_2O_2 + 2Fe(CN)_6^{4-} + 2H^+ \longrightarrow 2H_2O + 2Fe(CN)_6^{3-} \tag{1}$$

另外，在酸性条件下，过量的 H_2O_2 氧化 $Fe(CN)_6^{4-}$ 消耗质子生成 $Fe(CN)_6^{3-}$，体系 pH 值升高，见反应（1）；高 pH 值时，H_2O_2 还原 $Fe(CN)_6^{3-}$ 消耗 OH^-，体系的 pH 值降低见反应（2），因此其子反应体系[H_2O_2-$Fe(CN)_6^{4-}$]也能产生持续的 pH 振荡行为，但是该体系的自催化行为 OH·自催化。该反应体系还具有光敏性，即光照对振荡反应得 OH·自催化反应具有促进作用。$Fe(CN)_6^{4-}$ 和 $Fe(CN)_6^{3-}$ 在光照射的条件下能够发生反应（3）和反应（4），生成化学活性较高的五氰络合物，$Fe(CN)_5(H_2O)^{3-}$ 和 $Fe(CN)_5(H_2O)^{2-}$。因此 H_2O_2-SO_3^{2-}-$Fe(CN)_6^{4-}$ 反应体系不仅为一个多反馈耦合的体系，同时也是典型的光敏性 pH 振荡反应体系。

$$2Fe(CN)_6^{3-} + H_2O_2 + 2OH^- \longrightarrow 2Fe(CN)_6^{4-} + 2H_2O + O_2 \tag{2}$$

$$Fe(CN)_6^{4-} + H_2O \xrightarrow{h\nu} Fe(CN)_5(H_2O)^{3-} + CN^- \tag{3}$$

$$Fe(CN)_6^{3-} + H_2O \xrightarrow{h\nu} Fe(CN)_5(H_2O)^{2-} + CN^- \tag{4}$$

对于非线性化学体系动力学调控的方法有很多种，通常情况可以通过改变反应物浓度，反应温度以及供料的流速、反应介质等来实现对体系动力学的调控。而对于光敏性体系，光照同样可以作为一个简便易操作的手段来调控体系的动力学行为。实验过程中可以通过改变光的强度、光照时间和光照的波长来对光敏性体系进行深入研究。

实验过程中主要涉及化学反应动力学、光谱分析法、生物学、数学、物理学等领域的理论知识，研究方法主要是实验、理论分析和数值模拟相结合。实验过程中采用连续流动搅拌反应器（CSTR）和单边进料反应扩散反应体系（OSFR）分别考察光敏性反应体系 H_2O_2-SO_3^{2-}-$Fe(CN)_6^{4-}$-H^+ 中光控时空自组织现象。

三、仪器和试剂

实验仪器：CSTR 反应器、OSFR 反应器、E-coder、pH-pod、pH 复合电极、精密恒温水槽、高精密恒流泵、数字搅拌器、图像采集系统。

实验试剂：过氧化氢≥30％、亚硫酸钠≥98％、浓硫酸 95％～98％、三水合亚铁氰化钾≥99％、溴甲酚紫≥99％、聚丙烯酸钠 35％、无水碳酸钠≥99.8％、甲基红≥99％、高锰酸钾≥99.5％、一水合硫酸锰≥99％、硅酸钠≥99％、琼脂糖。

以上试剂除了琼脂糖为生化试剂外，其余均为分析纯。试剂配制用水必须保证电导率≥18.2MΩ·cm^{-1}，并且在配制溶液前先经过煮沸半小时，再通入氮气 1h 以除去水中溶解氧。

四、实验技术与操作

CSTR 实验和 OSFR 实验装置图如图 8.5 和图 8.6 所示，实验过程中采用连续流动蠕动泵作为进料装置，实验过程中配制完的过氧化氢、亚硫酸盐、亚铁氰化钾和硫酸由四通道进入 CSTR 及 OSFR 中，其中硫酸和亚硫酸盐在进入反应器前进行预混合，从而防止局部酸化，过氧化氢和亚铁氰化钾分别由单通道进入反应器，溶液进入反应器后搅拌器瞬间搅拌均匀，控制搅拌器的搅拌速率为 800r/min，反应器中溶液由反应器上口流出。反应过程中体系的 pH 值及温度由 pH 复合电极和热电偶采集，并由 Chart 软件记录存储于电脑中。

OSFR 反应器核心为凝胶部分，主要由凝胶、碳酸纤维膜、玻璃片组成。其中凝胶由质量分数为 2.0%的琼脂糖制备成厚度为 0.5mm，直径为 22.0mm 的圆柱体形状。反应器的光照面均由光学玻璃制成，便于扰动光透过。

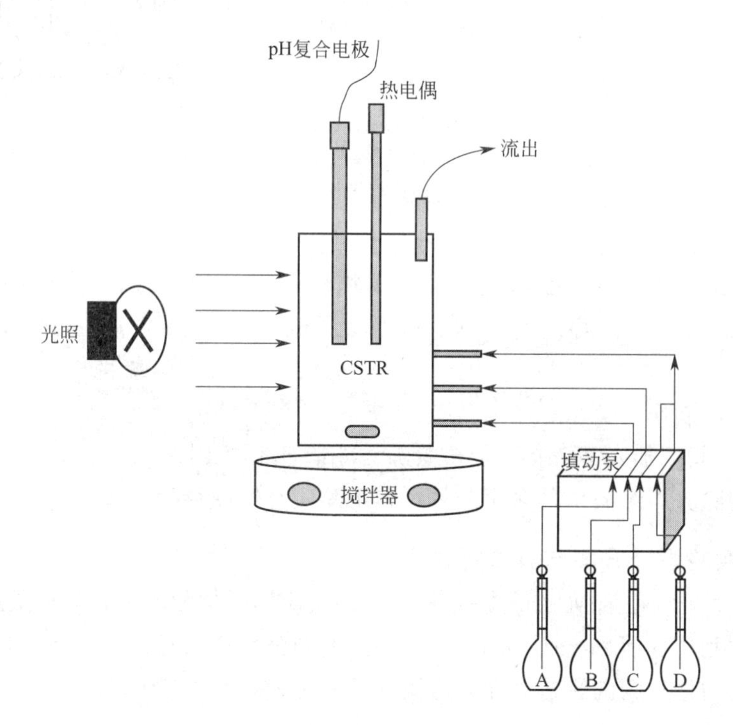

图 8.5 CSFR 实验装置示意图

1. 实验准备工作

（1）仪器校正

pH 复合电极在首次使用前需用 3.3mol/L KCl 溶液进行浸泡活化 24h，然后用pH=4和pH=9.18 的标准缓冲溶液进行校正。恒流泵在使用前也需要对各个通道的流量进行校正，使得各通道的流量与设定值保持一致，以保证实验的重复性。

（2）反应液标定

过氧化氢经稀释 4 倍后，采用高锰酸钾标准溶液标定出准确浓度待用。实验所用硫酸浓

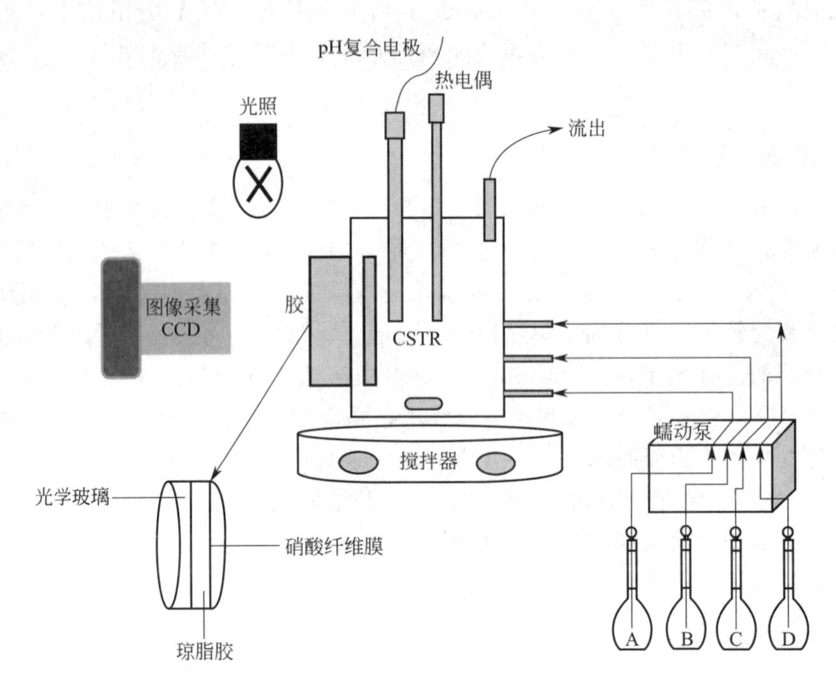

图 8.6 OSFR 实验装置示意图

度采用无水碳酸钠（高温烘干 2h）进行标定。

（3）反应液配制

分别配制 1L 过氧化氢、亚硫酸盐、亚铁氰化钾和硫酸溶液，各反应物浓度分别为：$[H_2O_2]_0=25mmol/L$，$[SO_3^{2-}]_0=14mmol/L$，$[Fe(CN)_6^{4-}]_0=6mmol/L$，$[H_2SO_4]_0=0.45mmol/L$。

（4）琼脂胶的制作

称取 0.4g 琼脂糖加入 20mL 水加热煮沸，冷却至 45℃倒入 0.75mm 厚的聚四乙烯圈中进行压制，轻轻除去边缘溢出的多余胶体，盖上醋酸纤维膜待用。

2. 光敏性实验设计方案与具体操作办法

（1）方案 1：过氧化氢-亚硫酸盐-亚铁氰化钾反应体系均相动力学光照效应

实验过程中利用如图 8.5 所示的装置，通过光照强度作为控制参数考察反应体系动力学对反应过程中动力学行为的影响，尤其考察光照对振荡周期的影响及 OH· 在光敏反应过程中的作用。具体实验计划如下：

① 分别采用 330nm、450nm、560nm 等不同波长的光源进行对比试验，选取体系最为敏感的波长进行下一步实验。

② 利用上述实验进行中选取的光源进行系列实验，实验过程中改变光照强度观察体系的动力学变化，如体系的分岔行为，振荡周期的变化等等。

③ 实验过程中加入 OH· 抑制剂 $NaSiO_3$，通过改变抑制剂的量来考察实验过程中体系的光敏性，从而验证 OH· 自催化反应是体系光敏性过程的关键步骤。

④ 利用数据处理软件对数据进行归纳总结得出光照强度对体系的振荡周期变化的依赖关系。

（2）方案 2：过氧化氢-亚硫酸盐-亚铁氰化钾反应体系化学波光照效应

实验过程中利用如图 8.6 所示的装置，同样通过光照强度作为控制参数考察反应体系动力学对反应过程中的自组织行为。具体实验计划如下：

① 在反应扩散介质中，体系同样也存在不同的动力学状态，如高 pH 值的 F 态，低 pH 值的 M 态，通过 Hopf 分岔形成的时空振荡和脉冲以及 Turing 分岔形成的静态时空斑图。实验开始首先确定反应体系中各种动力学状态出现的动力学条件，绘制出相图。

② 光照可以诱导时空自组织现象的产生，亦能抑制其形成，采用光照作为控制参数，改变光照强度以及波长，考察凝胶中各种动力学状态的变化情况，寻找动力学作用机制与光照行为的关系。

③ 实验过程中加入 OH·抑制剂 $NaSiO_3$，通过改变抑制剂的量来考察实验过程中体系时空自组织现象对光照强度的依赖关系。

④ 利用图像处理软件对数据进行处理得出光照强度对反应-扩散体系中时空自组织结构的影响。

五、数据处理与实验报告

1. 作出不同光照波长下体系的动力学分岔图及振荡周期随光照强度的变化关系图。
2. 利用 Image Pro Plus 图像处理软件对自组织斑图的演化进行分析，得出时空图。

六、思考题

1. 说明过氧化氢-亚硫酸盐-亚铁氰化钾体系中光敏性的反应机理。
2. 加入光照后体系的正负反馈机制是否发生变化？

七、参考文献

[1] Orbán M, De Kepper P, Epstein I R. Systematic design of chemical oscillators. Part 7. An iodine-free chlorite-based oscillator. The chlorite-thiosulfate reaction in a continuous flow stirred tank reactor [J]. J Phys Chem, 1982, 86 (4): 431-433.

[2] Rábai G, Szanto T G, Kovacs K. Temperature-induced route to chaos in the H_2O_2-HSO_3^--$S_2O_3^{2-}$ flow reaction system [J]. J Phys Chem A, 2008, 112 (47): 12007-12010.

[3] Orbán M, Epstein I R. Systematic design of chemical oscillators. Part 13. Complex periodic and aperiodic oscillation in the chlorite-thiosulfate reaction [J]. J Phys Chem, 1982, 86 (20): 3907-3910.

[4] Gao Q, Wang J. pH oscillations and complex reaction dynamics in the non-buffered chlorite-thiourea reaction [J]. Chem Phys Lett, 2004, 391 (4-6): 349-353.

[5] Horváth J, Szalai I, De Kepper P. An experimental design method leading to chemical turing patterns [J]. Science, 2009, 324 (5928): 772-775.

[6] Steinbock O, Kasper E, Müller S C. Complex pattern formation in the polyacrylamide-methylene blue-oxygen reaction [J]. J Phys Chem A, 1999, 103 (18): 3442-3446.

[7] Lu X, Ren L, Gao Q, et al. photophobic and phototropic movement of a self-oscillating gel [J]. Chem Comm, 2013, 49 (70): 7690-7692.

[8] Rábai G, Kustin K, Epstein I R. Systematic design of chemical oscillators. Part 52. A systematically designed pH oscillator-the hydrogen peroxide-sulfite-ferrocyanide reaction in a continuous-flow stirred tank reactor [J]. J Am Chem Soc, 1989, 111 (11): 3870-3874.

[9] Rábai G, Kustin K, Epstein I R. Systematic design of chemical oscillators. Part 57. Light-sensitive oscillations in the hydrogen-peroxide oxidation of ferrocyanide [J]. J Am Chem Soc, 1989, 111 (21): 8271-8273.

[10] Rábai G. pH-oscillations in a closed chemical system of $CaSO_3$-H_2O_2-HCO_3^- [J]. Phys Chem Chem Phys, 2011, 13

(30): 13604-13606.

[11] Poros E, Horvath V, Kurin-Csoergei K, et al. Generation of pH oscillations in closed chemical systems: Method and applications [J]. J Am Chem Soc, 2011, 133 (18): 7174-7179.

[12] Szalai I, Horvath J, Takacs N, et al. Sustained self-organizing pH patterns in hydrogen peroxide driven aqueous redox systems [J]. Phys Chem Chem Phys, 2011, 13 (45): 20228-20234.

[13] Szalai I, Cuinas D, Takacs N, et al. Chemical morphogenesis: Recent experimental advances in reaction-diffusion system design and control [J]. Interface Focus, 2012, 2 (4): 417-432.

[14] Szalai I, Kepper P D. An effective design method to produce stationary chemical reaction-diffusion patterns [J]. Commun-Pure Appl-Anal, 2012, 11 (1): 189-207.

第九章 碳基燃料电池实验

实验十二 碳基固体氧化物燃料电池单电池的制备与测试

一、实验目的

燃料电池（Fuel cell）是继火力、水力、核能发电技术后的第四代发电技术，它区别于传统的一般电池，一般的电池需要事先将电能转化为化学能储存在电池中，用时再将化学能转换为电能，而燃料电池通过电化学反应直接将燃料的化学能转化为电能，如果对其持续地供应燃料，就能够持续不断地产生电能，因此燃料电池更类似发电机。燃料电池由于不经历热机过程，因此不受卡诺循环的限制，能量转换效率很高（远高于卡诺热机效率）；由于不经历燃料燃烧过程，因此对环境产生的污染极小；由于没有大的机械运动部件，工作时很安静，几乎没有噪音，因而受到人们的关注，被认为是21世纪首选的高效、洁净的能源利用技术。

相较于其他燃料电池，固体氧化物燃料电池（Solid oxide fuel cell，SOFC）最大的优势在于其采用全固态结构，不需要贵金属，而且具有最高的燃料转化效率（加上热电联合，可达80%），而且对于燃料没有特殊的要求，除了H_2之外，碳基燃料（如CO和CH_4等气体、CH_3OH和C_2H_5OH等液体、甚至固体碳）都可作为燃料使用，可以与现有的资源供应系统无缝连接，如此广泛的燃料适用性就大大地提高了SOFC的使用范围，而且碳燃料直接转化为二氧化碳，路径单一，有利于二氧化碳的富集与减排。其燃料适应性强、全固态模块化设计、可热电联合发电等优点，是集成的煤气化和燃料电池组合循环发电系统（IGFC）发电部分的最佳候选者。

碳基SOFC是实现碳基燃料高效转化和洁净利用的有效途径，综合我国多煤少油、稀土资源丰富的特点，发展碳基SOFC在我国具有独特的资源优势。而制备与运行成本过高，稳定性不够等问题限制了碳基SOFC的产业化进程。

本实验的主要目的为：

① 掌握碳基固体氧化物燃料电池的电池结构、常用电极材料。

② 了解优选性能优良、价格低廉的电极材料，优化单电池和电池堆结构和系统设计的方法。

二、实验原理

固体氧化物燃料电池（SOFC）的原理图见图9.1。SOFC的单电池主要由阳极、电解质、阴极三部分组成。其中阳极和阴极均为多孔结构，电子电导率高，且对气体催化活性好；电解质为致密陶瓷，是电子绝缘体，它不仅能够阻止氧化气体和燃料气体的相互扩散，还能使离子在电解质内部传输。

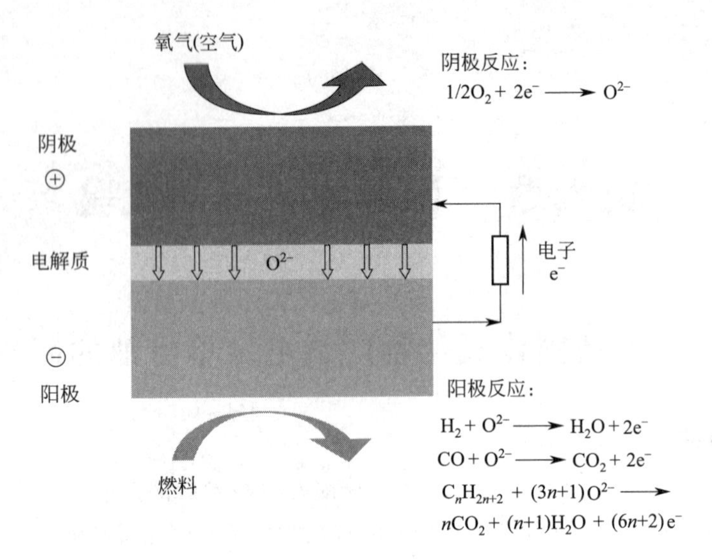

图 9.1 SOFC 原理图

当向阴极和阳极分别通入氧化气体如氧气和燃料气体如 H_2 时，在阴极侧，氧分子通过多孔的阴极扩散到阴极/电解质/气相三相界面（TPB）上，吸附解离后得到电子，被还原成氧离子：

$$O_2 + 4e^- \longrightarrow 2O^{2-}$$

氧离子在氧浓度差的推动下，通过氧空位在电解质中定向跃迁至电解质/阳极界面。在阳极侧，燃料沿着多孔阳极扩散到阳极/电解质界面，与电解质/界面的氧离子反应生成水。以煤制气（主要成分为 H_2 和 CO）为燃料时，阳极所发生的反应为：

$$2O^{2-} + 2H_2 \longrightarrow 2H_2O + 4e^-$$

$$CO + O^{2} \longrightarrow CO_2 + 2e^-$$

阳极释放的电子通过外电路到达阴极，形成闭合回路。

电池的总反应为：

$$2H_2 + O_2 \longrightarrow 2H_2O$$

$$2CO + O_2 \longrightarrow 2CO_2$$

这样，只要氧化气体和燃料气体不断通入，SOFC 就不断输出电能。

三、仪器与试剂

实验仪器：球磨机、压片机、干燥箱、马弗炉、丝网印刷机、管式炉、电化学工作站、超声波分散仪、自制的电化学测试系统。

实验试剂：氧化锆稳定的氧化钇（YSZ）、氧化锆稳定的氧化钪（SSZ）、氧化镍、镧锶锰氧化物（LSM）、镧镍铁氧化物（LNF）、淀粉、黏结剂、分散剂、银浆、金丝、密封胶。

四、实验技术与操作

① 首先制备电解质支撑体，使用氧化锆稳定的氧化钇（YSZ）或氧化锆稳定的氧化钪（SSZ）为电解质材料，通过干压法制备，同时在 1400℃ 下烧结 4h 得到致密的电解质片。

② 随后将电解质材料、阳极粉体（本实验使用氧化镍）和造孔剂按照一定的比例，加入黏结剂并混合均匀，使用丝网印刷法涂在电解质片的一侧，干燥后在马弗炉中 1400℃ 下

烧结 4h，降温后取出烧结在一起的“阳极/电解质”结构。

③ 用同样的方法在电解质的另外一侧于 1350℃下烧结 4h，得到电池的阴极，从而形成一个完整的单电池。

④ 将单电池的阴、阳极表面涂上银浆，网格分别用金丝连接，用于收集电流。用陶瓷密封胶将单电池密封并且固定在石英管的一端，这样在石英管的内外就形成了两个互不相通的独立气室。

⑤ 将石英管放入管式炉中并密封，两个气室分别测漏后持续通入氮气并且升温，到达测试温度（700～800℃）后，两个气室根据阴极和阳极分别通入氧气和氢气并连接电化学测试系统，可以发现随着氢气的持续通入，氧化镍被氢气还原为单质镍，使得单电池的电压会慢慢提升并稳定在 1.08V 左右，具体的电压值可以根据能斯特方程在不同测试温度算出。

⑥ 电压稳定一段时间后，即可进行放电测试：通过电化学工作站测试单电池的 *I-V* 曲线即可得到单电池的输出功率、最大输出功率、性能衰减曲线等单电池的电化学性能。

五、数据处理与实验报告

数据处理：本实验为固体氧化物燃料电池的制备与测试集成实验，记录制备与烧结前后单电池质量 m 的变化、电化学测试的结果，并进行数据分析。

实验报告要求采用实验论文形式提交，应包括以下几项内容。

① 准确绘制实验所得 *I-V* 曲线。

② 根据 *I-V* 曲线，得到 *I-P* 曲线，并从 *I-P* 曲线上得到单电池的开路电位和最大输出功率密度。

③ 测得单电池的阻抗谱（EIS），并根据阻抗谱图得到欧姆电阻与极化电阻的具体数值。

六、思考题

1. 为什么阳极烧结温度和阴极烧结温度不一样？
2. 为什么阳极需要加入造孔剂而电解质不需要？
3. 请查阅相关文献总结 3 种以上钙钛矿型结构的新型阳极材料。

七、参考文献

[1] Winter M, Brodd R J. What are batteries, fuel cells, and supercapacitors? [J]. Chemical Reviews, 2004, 104 (10): 4245-4270.
[2] 蔡宁生，李晨，史翊翔. 固体氧化物直接碳燃料电池研究进展 [J]. 中国电机工程学报，2011，31 (17): 112-120.
[3] Lee K H, Strand R K. SOFC cogeneration system for building applications, Part 1: development of SOFC system-level model and the parametric study [J]. Renewable Energy, 2009, 34 (12): 2831-2838.
[4] Ohtsuka Y, N Tsubouchi, T Kikuchi, et al. Recent progress in Japan on hot gas cleanup of hydrogen chloride, hydrogen sulfide and ammonia in coal-derived fuel gas [J]. Powder Technology, 2009, 190 (3): 340-347.
[5] Ruiz-Morales J C, Canalesvázquez J, Savaniu C, et al. Disruption of extended defects in solid oxide fuel cell anodes for methane oxidation [J]. Nature, 2006, 439 (7076): 568-571.
[6] 孙春文，孙杰，杨伟，等. 碳基燃料 SOFC 阳极材料研究进展 [J]. 中国工程科学，2013，02 (15): 77-87.
[7] Landers J, Gor G Y, Neimark A V. Density functional theory methods for characterization of porous materials [J]. ChemInform, 2014, 45 (6): 3-32.
[8] Cherepy N J, Fiet K J, Krueger R, et al. Direct conversion of carbon fuels in a molten carbonate fuel cell [J]. Journal of the Electrochemical Society, 2005, 152 (1): A80-A87.
[9] Zecevic S. Carbon-air fuel cell without a reforming process [J]. Fuel and Energy Abstracts, 2005, 46 (4): 232.
[10] Steinberg M. Application of the natural gas direct carbon fuel cell (NGDCFC) to a gas filling station for hydrogen and

electricity supply [J]. Energy Procedia, 2009, 1 (1): 1427-1434.

[11] Zhao X, Yao Q, Li S, et al. Studies on the carbon reactions in the anode of deposited carbon fuel cells [J]. Journal of Power Sources, 2008, 185 (1): 104-111.

[12] Chen M, Wang C, Niu X, et al. Carbon anode in direct carbon fuel cell [J]. International Journal of Hydrogen Energy, 2010, 35 (7): 2732-2736.

[13] Liu R, Zhao C, Li J, et al. A novel direct carbon fuel cell by approach of tubular solid oxide fuel cells [J]. Journal of Power Sources, 2010, 195 (2): 480-482.

[14] Guo H, Zhong Z, Zhang J. Exploration on the carbon fuel of direct carbon fuel cell [J]. Energy Research & Utilization, 2009.

[15] 王绍荣，肖刚，叶晓峰．固体氧化物燃料电池-吃粗粮的大力士 [M]．武汉：武汉大学出版社，2013.

[16] 衣宝廉．燃料电池-原理·技术·应用 [M]．北京：化学工业出版社，2003.

[17] 毛宗强．燃料电池 [M]．北京：化学工业出版社，2005.

实验十三　直接碳固体氧化物燃料电池的模拟分析与优化

一、实验目的

数值模拟也称为数值实验，它是基于一定的分析和简化将实际研究对象抽象为研究模型，采用数学方程来描述其中的物理过程以构成数值模型，通过数值方法求解数值模型中的方程，得到大量数值解。数值模拟与实验相比具有：操作简单、成本低、数据丰富等优点，目前被广泛应用于科学研究和工业生产等领域。

数值模拟是燃料电池研究的一个强大工具，它不仅可以得到从单一元件到电堆甚至整个发电系统内的全面数据，以便于研究其内部的物理、化学过程规律和机理，还可以方便地对每个参数进行系统分析，因此在燃料电池研究、设计制造和运行中具有重要的作用。本实验的主要目的为：

① 掌握直接碳固体氧化物燃料电池数值建模的过程，掌握采用数值模拟对直接碳固体氧化物燃料电池进行性能优化和参数分析的方法。

② 了解常用燃料电池数值模型的求解方法，掌握常用数值模拟商业软件的使用方法。

③ 掌握常用的数值结果验证和分析方法，认识到数值模拟方法在直接碳固体氧化物燃料电池研究中的优势和缺点。

④ 进一步加深对直接碳固体氧化物燃料电池内部复杂物理、化学过程及其规律的认识，了解当前直接碳固体氧化物燃料电池存在的问题和研究趋势。

二、实验原理

1. 直接碳固体氧化物燃料电池工作原理

直接碳固体氧化物燃料电池（Direct carbon solid oxide fuel cell，DCSOFC）是直接采用碳作为燃料的固体氧化物燃料电池（Solid oxide fuel cell，SOFC）。与采用其他燃料的SOFC相比，DCSOFC理论效率接近100%（800℃时 $\Delta S=1.6\mathrm{J/K}$）。此外，碳作为固体燃料，能量密度高、储运安全方便、来源广泛，因此直接碳固体氧化物燃料电池是一种非常好的发电装置。不过，DCSOFC还面临许多问题，需要科研工作者进一步研究，包括：能量密度低、燃料供给、产物排出、成本与寿命等问题。

如图9.2所示为DCSOFC的工作原理示意图（实际碳阳极有多种结构形式），由图可知

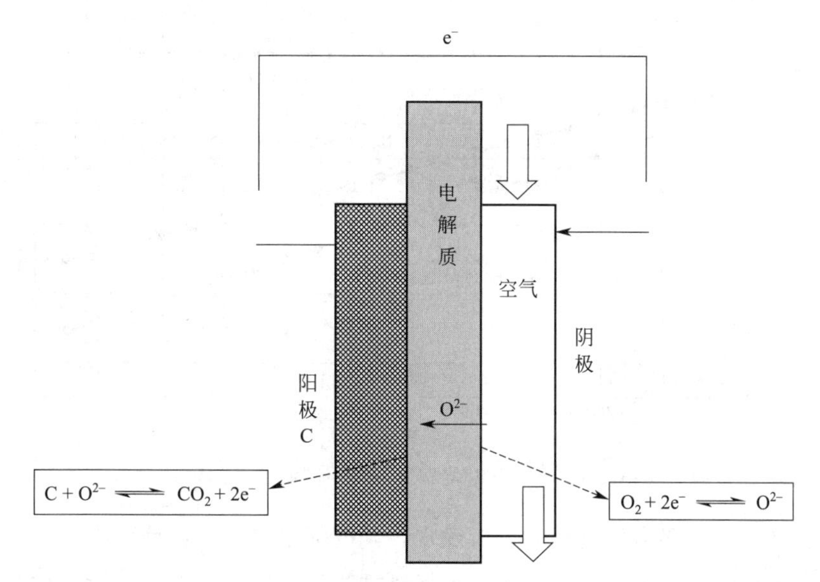

图 9.2 DCSOFC 工作原理示意图

DCSOFC 有三个主要部件：阳极、电解质和阴极。在阴极和电解质界面上，空气中的氧气发生还原反应生成氧离子，氧离子通过固体电解质从阴极传输到阳极，在阳极和电解质界面上与 C 发生反应生成 CO_2。通常在 DCSOFC 的工作温度下，还存在一个重要的副反应：

$$C + CO_2 \rightleftharpoons 2CO$$

同时 CO 还会在阳极发生氧化反应，即：

$$CO + O^{2-} \rightleftharpoons CO_2 + 2e^-$$

如果电池阳极有水蒸气，则 CO 还会与水蒸气发生水汽置换反应：

$$CO + H_2O \rightleftharpoons H_2 + CO_2$$

生成的 H_2 会和阳极的氧离子反应生成水，即：

$$H_2 + O^{2-} \rightleftharpoons H_2O + 2e^-$$

碳、一氧化碳和氢气发生电化学反应在不同温度下的理论效率如图 9.3 所示。由图可以看到 C 的理论效率接近 100%，而 H_2 和 CO 的理论效率远小于 C，且随温度升高而降低（在 800℃时分别约为 76%和 66%）。因此在 DCSOFC 中，为了达到较高的电池效率，C 和 CO_2 的气化反应（即 Boudouard reaction）应该尽量避免。

目前 DCSOFC 研究主要集中在电池材料的开发和结构设计上，数值模拟工作较少。如：Turgut M 等建立了一个 DCSOFC 数值模型，并采用此模型研究了 DCSOFC 内部的热量传输；Hemmes. K 等通过数值模型研究了 DCSOFC 结构形式对电池性能的影响；Meng Ni 等建立了二维管式 DCSOFC 数值模型，并研究了阳极 CO 生成的规律。因此在具体模型实施时可参考 SOFC 的数值模型。

2. 直接碳固体氧化物燃料电池物理模型

目前针对燃料电池的数值模型已有大量研究，DCSOFC 的建模可基于这些成熟的模型进行。但 DCSOFC 的阳极结构不同于通常 SOFC 的结构，其内部反应过程也比采用气体燃料的 SOFC 要复杂，因此建立针对 DCSOFC 的数值模型，要考虑其阳极的特殊结构和物理、化学过程，以对现有数值模型进行修改和补充。

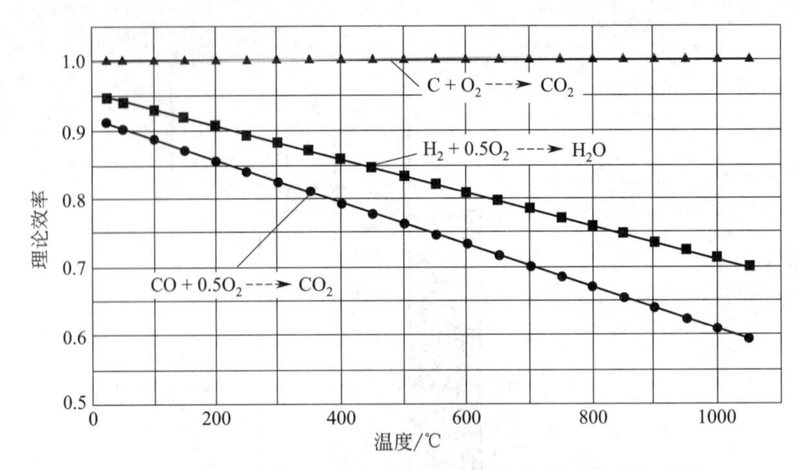

图 9.3　C、CO 和 H_2 电化学反应在不同温度下的理论效率

通过对燃料电池内部物理过程的分析发现，其内部主要存在：反应物供给和生成物排出过程、化学反应和电化学反应过程、电荷传递过程和热量传递过程。这些过程并不是相互独立的过程，而是相互耦合关联的，但这些过程可分别由不同的独立物理量和物理规律方程来描述，因此在数值模型的建立过程中，为了降低建模的复杂度，一般可分别建立各个过程的子模型，然后再耦合求解。燃料电池的数值模型一般由 4 个子模型组成，分别为：物质流动和传输子模型、化学反应和电化学反应子模型、电荷传递子模型和热量传递子模型。下面分别进行介绍。

(1) 物质流动和传输子模型

在 DCSOFC 中反应物的供给和产物的排出对电池工作性能有重要影响，对于采用气体作为燃料的 SOFC 来说，反应物和产物均为气相，通过气道流入和排出。由流体力学知识可知，气体流动过程可由连续性方程和 N-S 方程描述，即：

$$\nabla \cdot (\rho \boldsymbol{u}) = 0 \tag{9-1}$$

$$\rho(\boldsymbol{u} \cdot)\nabla \boldsymbol{u} = -\nabla p + \mu^2 \Delta \boldsymbol{u} \tag{9-2}$$

式中，ρ 为流体的密度；$\boldsymbol{u}$ 为流体速度矢量；p 为气体压力；μ 为气体黏度。

上式可应用于描述流道内气体的运动。

对于多孔电极中气体的输运，通常可选用达西渗流方程或 Brinkman 方程等进行描述：

$$\Delta p = \frac{\mu}{K}\boldsymbol{\mu} \tag{9-3}$$

$$\nabla p = \mu \cdot \nabla^2 \boldsymbol{u} + \frac{\mu}{K}\boldsymbol{u} \tag{9-4}$$

式中，K 为渗透系数。

与 SOFC 不同的是 DCSOFC 阳极燃料为固体碳（或含碳物质），固体碳在阳极内的传输与电池阳极的结构形式有关，目前可供参考的研究工作较少，在实验进行时可根据具体问题进行分析。

燃料电池中气体多为多组分混合物，如阳极气体一般有 CO、CO_2、H_2、H_2O 等，阴极一般有 N_2 和 O_2。对于多组分气体的浓度扩散可采用 Dusty-gas 模型进行描述，即：

$$\frac{N_i}{D_{i,k}^{\mathrm{eff}}} + \sum_{j=1, j\neq i}^{n} \frac{y_j N_i - y_i N_j}{D_{ij}^{\mathrm{eff}}} = -\frac{p}{RT}\frac{\mathrm{d}y_i}{\mathrm{d}z} \tag{9-5}$$

式中，D^{eff}为有效扩散系数；N_i为组分 i 的扩散速度；y 为质量分数。

也可采用 Stefan-Maxwell 模型进行描述，即：

$$\sum_{j=1, j\neq i}^{n} \frac{y_j N_i - y_i N_j}{D_{ij}^{\text{eff}}} = -\frac{p}{RT}\frac{\mathrm{d}y_i}{\mathrm{d}x} \tag{9-6}$$

由以上公式可以发现，气体的流动方程和组分分布方程均为非线性偏微分方程，求解非常复杂，而 DCSOFC 中气体流速较低，尤其是多孔电极中流速非常小，因此在一维模型和一些分析模型中可以对上述方程进行一些简化。

对于一维模型气体流速通常不考虑，气体在流道内的浓度假设为一恒定值，气体在多孔电极中的扩散可采用 Fick 定律进行描述：

$$-D^{\text{eff}}\frac{\partial c_i}{\partial x} = S_i \tag{9-7}$$

式中，c_i为组分 i 的浓度。

（2）化学反应和电化学反应子模型

DCSOFC 阳极会存在一些化学反应，如水汽转化反应等，这些反应一般可通过一些反应速率方程的实验关联式进行描述，具体可以查阅相关文献。如碳发生气化反应可依据式（9-8）计算：

$$R_{\text{rb}} = k_{\text{rb}} \exp(-E_{\text{rb}}/RT) c_{CO_2} \tag{9-8}$$

式中，$k_{\text{rb}} = 4.016 \times 10^8$ m/s；$E_{\text{rb}}/R = 29790$K。

DCSOFC 内部的电化学反应主要是阳极燃料的氧化反应和阴极的氧化还原反应，通常这两个反应可通过 Butler-Volmer 方程进行描述，即：

$$j = i_0 \left\{ \exp\left(\alpha \frac{nF\eta}{RT}\right) - \exp\left[-(1-\alpha)\frac{nF\eta}{RT}\right] \right\} \tag{9-9}$$

式中，i_0为交换电流密度；α 为传输系数；n 为反应电子转移数；F 为法拉第常数；η 为活化过电势。

目前 DCSOFC 均采用复合电极，因此电化学反应从电极/电解质界面扩展到电极内部，且一些电极催化剂具有电子和离子双重传导的特性，因此文献中有许多电极反应模型提出，具体建模时可考虑采用。

在 DCSOFC 中由于产物 CO_2的存在（或生成），一部分 C 会通过气化反应（9-4）首先氧化成 CO，生产的 CO 扩散到电极表面再发生电化学氧化。这一反应途径通常会与 C 的直接电化学氧化并存，而目前对这两个反应途径还没有清晰的认识。

（3）电荷传递子模型

DCSOFC 内部电荷传递过程较为简单，对于电极内部的电荷传递可用如下方程描述：

$$\nabla(\sigma \nabla \varphi) = S \tag{9-10}$$

式中，σ 为电导率；φ 为静电势；S 为电化学反应电流生成率。

对于集流体和电解质内部没有电流生成，因此式（9-10）的源项为 0。对于采用如氧化铈等具有电子电导性能的电解质材料，还需要考虑其电解质内部的电子传导。

（4）热量传递子模型

热量传递子模型即能量守恒方程，如忽略电池内辐射换热，则 DCSOFC 流道内的能量守恒方程可表示为：

$$\rho c_p \boldsymbol{u} \cdot \nabla T = \nabla \cdot (k \nabla T) + S \tag{9-11}$$

式中，c_p为比热容；k 为热导率。

对于多孔电极，比热容与热导率为气体和固体的混合比热容与热导率。对于电解质，式(9-11) 中的速度项为 0。

在实际模拟和求解过程中，通常需要对上述模型进行一定的修改和补充以利于求解，这就需要对研究问题进行具体分析。

3. 模型的求解和验证

对于一些简单的一维和二维模型可以通过自编程求解。对于复杂的问题可采用一些商业软件求解。其中 Comsol Multiphysics 是基于有限元数值模拟的商业软件，这个软件内部包含了 SOFC 的模块，可基于这一模块建立 DCSOFC 数值模型。采用商业软件可以将研究者从繁重的程序编写中解放出来，而将重点放在问题研究中，同时该软件还具有强大的前处理和后处理功能，可极大地提高运算效率和结果处理效率，但商业软件的求解问题受限，对于一些问题还需进行自编程辅助求解。

对于燃料电池的验证目前尚没有统一可靠的方法。对于一些机理模型和简单的分析模型很难采用实验验证，一般可采用与可靠文献的分析模型结果进行比较的方法验证；对于单电池或半电池模型可通过拟合实验性能曲线进行验证，但这种拟合方式很难反映电池内部微观机理的变化，对具体问题还应选择一些实验数据进行验证；对于电堆和系统模型一般可采用单电池类似方法验证。总体来说，由于实验手段和实验技术的限制，目前燃料电池数值模型的验证还主要依赖对性能曲线的拟合。

三、仪器与试剂

计算机要求：CPU core i4 以上、内存 4G 以上。

软件：C 或 Fortan 编程语言、Comsol Multiphysics 3.5 以上版本。

四、实验技术与操作

由于是创新性实验，实验步骤和操作是根据数值计算任务变化的。基本而言，有一些过程是本科常规实验没有或很少涉及的，需要学习和进一步锻炼，包括：软件的使用、CFD 数值模拟基础、动量方程和能量方程的求解、DCSOFC 工作原理和数值分析过程等。

本次创新实验主要可以分为两个阶段，可以按照如下步骤具体规划。

1. 数值软件学习和基础理论学习阶段

① 学习 CFD 数值模拟的基础知识，可阅读一些数值计算的书籍。

② 学习 Comsol 软件使用，重点学习 Comsol 中的 SOFC 模块和算例。

③ 学习 SOFC 和 DCSOFC 的基础知识，阅读一些 SOFC 数值模拟的文献。

2. 通过 Comsol 软件建立 DCSOFC 数值模型，并进行参数分析和性能优化

① 建立几何模型，划分网格。

② 首先建立流动子模型，并初步进行网格验证。

③ 依次建立质量传输子模型，电荷传输子模型，化学反应和电化学反应子模型与能量传输子模型，并耦合计算。

④ 根据各个任务还需要针对性地做一些补充。

⑤ 调试和计算，并进行相应的验证。

⑥ 求解研究问题，并输出计算结果。

⑦ 分析计算结果，绘制相应的图表。

⑧ 总结结果，撰写实验报告。

在实际执行中，应与实验指导老师根据各自问题一起制定具体实施步骤。

五、数据处理与实验报告

1. 数据处理

数值模拟得到的数据要通过图表的形式展示出来，以利于后续结果分析。最终数据图表应至少包括：DCSOFC性能曲线、反应物和生成物分布云图、温度分布云图和速度分布云图等，同时还要求根据具体实验内容绘制相应的图表。

2. 实验报告

实验报告采用论文形式提交，包括题目、作者、摘要、关键词、前沿、实验步骤、实验内容、结果讨论和参考文献等。报告内容应包含具体问题的描述，详细的数值模型建立过程，数值模型的求解方法和验证，具体的结果分析。对于采用自编程求解的要给出程序的源代码，对于采用数值软件求解的要给出具体步骤。

六、思考题

1. 直接碳固体氧化物燃料电池工作中的损失主要有哪几项？
2. 在阳极中碳是直接进行电化学氧化还是先氧化成CO后再发生电化学氧化？请说明原因。
3. 根据模拟结果思考提高直接碳固体氧化物燃料电池输出性能的措施有哪些？
4. 思考CO_2在直接碳固体氧化物燃料电池中的作用和其浓度对电池性能的影响？
5. 思考数值模拟方法在直接碳固体氧化物燃料电池研究中的优点和局限性。

七、参考文献

[1] Singhal S C, Kendall K. High-temperature solid oxide fuel cells: Fundamentals, design and applications [M]. ELSEVIER, 2003.
[2] 衣宝廉. 燃料电池-原理·技术·应用 [M]. 北京：化学工业出版社，2003.
[3] Gur T M. Critical review of carbon conversion in "carbon fuel cells" [J]. Chem Rev, 2013, 113 (8): 6179-206.
[4] Desclaux P, Nürnberger S, Rzepka M, et al. Investigation of direct carbon conversion at the surface of a YSZ electrolyte in a SOFC [J]. International Journal of Hydrogen Energy, 2011, 36 (16): 10278-10281.
[5] Giddey S, Badwal S P S, Kulkarni A, et al. A comprehensive review of direct carbon fuel cell technology [J]. Cheminform, 2012, 38 (3): 360-399.
[6] Nürnberger S, Bußar R, Desclaux P, et al. Direct carbon conversion in a SOFC-system with a non-porous anode [J]. Energy & Environmental Science, 2010, 3 (1): 150-153.
[7] Cao D X, Y Sun, Wang G L. Direct carbon fuel cell: Fundamentals and recent developments [J]. Journal of Power Sources, 2007, 167 (2): 250-257.
[8] Xu H, et al, Modeling of direct carbon solid oxide fuel cell for CO and electricity cogeneration [J]. Applied Energy, 2016, 178: 353-362.
[9] Bove R, Ubertini S. Modeling solid oxide fuel cells [M]. Netherlands: Springer, 2008, 21 (8): 1289-1300.
[10] Elleuch A, Sahraoui M, Boussetta A, et al. 2-D numerical modeling and experimental investigation of electrochemical mechanisms coupled with heat and mass transfer in a planar direct carbon fuel cell [J]. Journal of Power Sources, 2014, 248 (7): 44-57.
[11] Chan S, Khor K A, Xia Z. A complete polarization model of a solid oxide fuel cell and its sensitivity to the change of cell component thickness [J]. Journal of Power Sources, 2001, 93 (1): 130-140.

[12] Andersson M, Paradis H, Yuan J, et al. Three dimensional modeling of a solid oxide fuel cell coupling charge transfer phenomena with transport processes and heat generation [J]. Electrochimica Acta, 2013, 109 (11): 881 893.

[13] Armstrong G J, Alexander B R, Mitchell R E, et al. Modeling heat transfer effects in a solid oxide carbon fuel cell [C]. Batteries and Energy Technology (General Session) - 222nd Ecs Meeting/Prime 2012: In Honor of James Mcbreen, 2013, 50 (45): 143-150.

[14] Alexander B R, Mitchell R E, Guer T M. Modeling of experimental results for carbon utilization in a carbon fuel cell [J]. Journal of Power Sources, 2013, 228 (11): 132-140.

[15] Hemmes K, Houwing M, Woudstra N. Modeling of a direct carbon fuel cell system [J]. Journal of Fuel Cell Science and Technology, 2010, 7 (5): 499-505.

[16] Rady A C, Giddey S, Badwal S P S, et al. Review of fuels for direct carbon fuel cells [J]. Energy & Fuels, 2012, 26 (3): 1471-1488.

[17] 陶文铨. 数值传热学 [M]. 西安: 西安交通大学出版社, 2003.

[18] Anderson J D. 计算流体力学入门 [M]. 姚朝晖, 周强译. 北京: 清华大学出版社, 2002.

附录一　不同温度下水的饱和蒸气压

t/℃	0.0	0.2	0.4	0.6	0.8
	kPa	kPa	kPa	kPa	kPa
0	0.6105	0.6195	0.6286	0.6379	0.6473
1	0.6567	0.6663	0.6759	0.6858	0.6958
2	0.7058	0.7159	0.7262	0.7366	0.7473
3	0.7579	0.7687	0.7797	0.7907	0.8019
4	0.8134	0.8249	0.8365	0.8483	0.8603
5	0.8723	0.8846	0.8970	0.9095	0.9222
6	0.9350	0.9481	0.9611	0.9745	0.9880
7	1.0017	1.0155	1.0295	1.0436	1.0580
8	1.0726	1.0872	1.1022	1.1172	1.1324
9	1.1478	1.1635	1.1792	1.1952	1.2114
10	1.2278	1.2443	1.2610	1.2779	1.2951
11	1.3124	1.3300	1.3478	1.3658	1.3839
12	1.4023	1.4210	1.4397	1.4527	1.4779
13	1.4973	1.5171	1.5370	1.5572	1.5776
14	1.5981	1.6191	1.6401	1.6615	1.6831
15	1.7049	1.7269	1.7493	1.7718	1.7946
16	1.8177	1.8410	1.8648	1.8886	1.9128
17	1.9372	1.9618	1.9869	2.0121	2.0377
18	2.0634	2.0896	2.1160	2.1426	2.1694
19	2.1967	2.2245	2.2523	2.2805	2.3090
20	2.3378	2.3669	2.3963	2.4261	2.4561
21	2.4865	2.5171	2.5482	2.5796	2.6114
22	2.6434	2.6758	2.7068	2.7418	2.7751
23	2.8088	2.8430	2.8775	2.9124	2.9478
24	2.9833	3.0195	3.0560	3.0928	3.1299
25	3.1672	3.2049	3.2432	3.2820	3.3213
26	3.3609	3.4009	3.4413	3.4820	3.5232
27	3.5649	3.6070	3.6496	3.6925	3.7358
28	3.7795	3.8237	3.8683	3.9135	3.9593
29	4.0054	4.0519	4.0990	4.1466	4.1944
30	4.2428	4.2918	4.3411	4.3908	4.4412
31	4.4923	4.5439	4.5957	4.6481	4.7011
32	4.7547	4.8087	4.8632	4.9184	4.9740
33	5.0301	5.0869	5.1441	5.2020	5.2605
34	5.3193	5.3787	5.4390	5.4997	5.5609
35	5.6229	5.6854	5.7484	5.8122	5.8766
36	5.9412	6.0087	6.0727	6.1395	6.2069
37	6.2751	6.3437	6.4130	6.4830	6.5537
38	6.6250	6.6969	6.7693	6.8425	6.9166
39	6.9917	7.0673	7.1434	7.2202	7.2976
40	7.3759	7.451	7.534	7.614	7.695

附录二 不同温度下水的表面张力 γ

t/℃	γ/(10^{-3}N/m)	t/℃	γ/(10^{-3}N/m)
0	75.64	21	72.59
5	74.92	22	72.44
10	74.22	23	72.28
11	74.07	24	72.13
12	73.93	25	71.97
13	73.78	26	71.82
14	73.64	27	71.66
15	73.49	28	71.50
16	73.34	29	71.35
17	73.19	30	71.18
18	73.05	35	70.38
19	72.90	40	69.56
20	72.75	45	68.74

附录三 液体物质的饱和蒸气压与温度的关系

化合物	25℃时蒸气压	温度范围/℃	A	B	C
丙酮 C_3H_6O	230.05		7.02447	1161.0	224
苯 C_6H_6	95.18		6.90565	1211.003	220.790
溴 Br_2	226.32		6.83298	1133.0	228.0
甲醇 CH_4O	126.40	−20～140	7.87863	1473.11	230.0
甲苯 C_7H_8	28.45		6.95464	1344.80	219.482
醋酸 $C_2H_4O_2$	15.59	0～36	7.80307	1651.2	225
氯仿 $CHCl_3$	227.72	36～170	7.18807	1416.7	211
四氯化碳 CCl_4	115.25	−30～150	6.93390	1242.43	230.0
乙酸乙酯 $C_4H_8O_2$	94.29		7.09808	1238.71	217.0
乙醇 C_2H_6O	56.31	−20～150	8.04494	1554.3	222.65
乙醚 $C_4H_{10}O$	534.31		6.78574	994.195	220.0
乙酸甲酯 $C_3H_6O_2$	213.43	−20～142	7.20211	1232.83	228.0
环己烷 C_6H_{12}			6.84498	1203.526	222.86

附录四　甘汞电极的电极电势与温度的关系

甘汞电极	φ/V
饱和甘汞电极	$0.2412-6.61\times10^{-4}(t-25)-1.75\times10^{-6}(t-25)^2-9\times10^{-10}(t-25)^3$
标准甘汞电极	$0.2801-2.75\times10^{-4}(t-25)-2.50\times10^{-6}(t-25)^2-4\times10^{-9}(t-25)^3$
甘汞电极 0.1mol/L	$0.3337-8.75\times10^{-5}(t-25)-3\times10^{-6}(t-25)^2$

附录五 电解质水溶液的摩尔电导率（25℃，$S \cdot cm^2 \cdot mol^{-1}$）

溶液名称	无限稀	0.0005	0.001	0.005	0.01	0.02	0.05	0.1
NaCl	126.39	124.44	123.68	120.59	118.45	115.70	111.01	106.69
KCl	149.79	147.74	146.88	143.48	141.20	138.27	133.30	128.90
HCl	425.95	422.53	421.15	415.59	411.80	407.04	398.89	391.13
NaAc	91.0	89.2	88.5	85.68	83.72	81.20	76.88	72.76
$1/2H_2SO_4$	429.6	413.1	399.5	369.4	336.4	—	272.6	250.8
HAc	390.7	67.7	49.2	22.9	16.3	7.4	—	—

附录六 半反应的标准电极电势（298.15K）

1. 在酸性溶液中

	电 极 反 应	$E^{\ominus}$/V(相对于氢标准电极)
Ag	$Ag^{+}(aq)+e^{-} = Ag(s)$	0.80
	$Ag^{2+}(aq)+e^{-} = Ag^{+}(aq)$	1.98
	$AgBr(s)+e^{-} = Ag(s)+Br^{-}(aq)$	0.071
	$AgCl(s)+e^{-} = Ag(s)+Cl^{-}(aq)$	0.222
	$AgI(s)+e^{-} = Ag(s)+I^{-}(aq)$	−0.152
	$Ag_2CrO_4(aq)+2e^{-} = 2Ag(s)+CrO_4^{2-}(aq)$①	0.447
Al	$Al^{3+}(aq)+3e^{-} = Al(s)$	−1.676
As	$HAsO_2(aq)+3H^{+}(aq)+3e^{-} = As(s)+2H_2O(l)$	0.240
	$H_3AsO_4(aq)+2H^{+}(aq)+2e^{-} = HAsO_2(aq)+2H_2O(l)$①	0.560
Au	$Au^{3+}(aq)+3e^{-} = Au(s)$	1.52
	$Au^{3+}(aq)+2e^{-} = Au^{+}(aq)$	1.36
	$AuCl_4^{-}(aq)+3e^{-} = Au(s)+4Cl^{-}(aq)$	1.002
Ba	$Ba^{2+}(aq)+2e^{-} = Ba(s)$	−2.92
Br	$Br_2(l)+2e^{-} = 2Br^{-}(aq)$	1.065
	$2BrO_3^{-}(aq)+12H^{+}(aq)+10e^{-} = Br_2(l)+6H_2O(l)$	1.478
C	$2CO_2(g)+2H^{+}(aq)+2e^{-} = H_2C_2O_4(aq)$	−0.49
Ca	$Ca^{2+}(aq)+2e^{-} = Ca(s)$	−2.84
Cd	$Cd^{2+}(aq)+2e^{-} = Cd(s)$	−0.403
Cl	$Cl_2(g)+2e^{-} = 2Cl^{-}(aq)$	1.358
	$ClO_3^{-}(aq)+6H^{+}(aq)+6e^{-} = Cl^{-}(aq)+3H_2O(l)$	1.450
	$2ClO_3^{-}(aq)+12H^{+}(aq)+10e^{-} = Cl_2(g)+6H_2O(l)$①	1.47
	$ClO_4^{-}(aq)+2H^{+}(aq)+2e^{-} = ClO_3^{-}(aq)+H_2O(l)$	1.189
	$2HClO(aq)+2H^{+}(aq)+2e^{-} = Cl_2(g)+2H_2O(l)$①	1.611
Co	$Co^{2+}(aq)+2e^{-} = Co(s)$	−0.277
	$Co^{3+}(aq)+e^{-} = Co^{2+}(aq)$①	1.92
Cr	$Cr^{2+}(aq)+2e^{-} = Cr(s)$	−0.90
	$Cr^{3+}(aq)+e^{-} = Cr^{2+}(aq)$	−0.424
	$Cr_2O_7^{2-}(aq)+14H^{+}(aq)+6e^{-} = 2Cr^{3+}(aq)+7H_2O(l)$	1.33
Cs	$Cs^{+}(aq)+e^{-} = Cs(s)$	−2.923
Cu	$Cu^{+}(aq)+e^{-} = Cu(s)$	0.52
	$Cu^{2+}(aq)+e^{-} = Cu^{+}(aq)$	0.159
	$Cu^{2+}(aq)+2e^{-} = Cu(s)$	0.34
	$Cu^{2+}(aq)+I^{-}(aq)+e^{-} = CuI(s)$	0.86
F	$F_2(g)+2e^{-} = 2F^{-}(aq)$	2.866
	$OF_2(g)+2H^{+}(aq)+4e^{-} = H_2O(l)+2F^{-}(aq)$	2.1
Fe	$Fe^{2+}(aq)+2e^{-} = Fe(s)$	−0.44
	$Fe^{3+}(aq)+e^{-} = Fe^{2+}(aq)$	0.771
	$Fe(CN)_6^{3-}(aq)+e^{-} = Fe(CN)_6^{4-}(aq)$	0.361
H	$2H^{+}(aq)+2e^{-} = H_2(g)$	0.000
Hg	$Hg^{2+}(aq)+2e^{-} = Hg(l)$	0.854

续表

	电 极 反 应	$E^{\ominus}$/V(相对于氢标准电极)
Hg	$Hg_2^{2+}(aq)+2e^- = 2Hg(l)$①	0.7973
	$2Hg^{2+}(aq)+2e^- = Hg_2^{2+}(aq)$①	0.920
	$2HgCl_2(aq)+2e^- = Hg_2Cl_2(s)+2Cl^-(aq)$	0.63
	$Hg_2Cl_2(s)+2e^- = 2Hg(l)+2Cl^-(aq)$	0.2676
I	$I_2(s)+2e^- = 2I^-(aq)$	0.535
	$I_3^-(aq)+2e^- = 3I^-(aq)$	0.536
	$2IO_3^-(aq)+12H^+(aq)+10e^- = I_2(s)+6H_2O(l)$	1.20
In	$In^{3+}(aq)+3e^- = In(s)$	−0.338
K	$K^+(aq)+e^- = K(s)$	−2.924
La	$La^{3+}(aq)+3e^- = La(s)$	−2.38
Li	$Li^+(aq)+e^- = Li(s)$	−3.04
Mg	$Mg^{2+}(aq)+2e^- = Mg(s)$	−2.356
Mn	$Mn^{2+}(aq)+2e^- = Mn(s)$	−1.18
	$MnO_2(s)+4H^+(aq)+2e^- = Mn^{2+}(aq)+2H_2O(l)$	1.23
	$MnO_4^-(aq)+8H^+(aq)+5e^- = Mn^{2+}(aq)+4H_2O(l)$	1.51
	$MnO_4^-(aq)+4H^+(aq)+3e^- = MnO_2(s)+2H_2O(l)$	1.70
	$MnO_4^-(aq)+e^- = MnO_4^{2-}(aq)$	0.56
N	$NO_3^-(aq)+4H^+(aq)+3e^- = NO(g)+2H_2O(l)$	0.956
	$NO_3^-(aq)+3H^+(aq)+2e^- = HNO_2(aq)+H_2O(l)$①	0.934
	$2NO_3^-(aq)+4H^+(aq)+2e^- = N_2O_4(aq)+2H_2O(l)$①	0.803
Na	$Na^+(aq)+e^- = Na(s)$	−2.713
Ni	$Ni^{2+}(aq)+2e^- = Ni(s)$	−0.257
O	$O_2(g)+2H^+(aq)+2e^- = H_2O_2(aq)$	0.695
	$O_2(g)+4H^+(aq)+4e^- = 2H_2O(l)$	1.229
	$O_3(g)+2H^+(aq)+2e^- = O_2(g)+H_2O(l)$	2.075
	$H_2O_2(aq)+2H^+(aq)+2e^- = 2H_2O(l)$	1.763
P	$H_3PO_4(aq)+2H^+(aq)+2e^- = H_3PO_3(aq)+H_2O(l)$	−0.276
Pb	$Pb^{2+}(aq)+2e^- = Pb(s)$	−0.125
	$PbO_2(s)+SO_4^{2-}(aq)+4H^+(aq)+2e^- = PbSO_4(s)+2H_2O(l)$	1.69
	$PbO_2(s)+4H^+(aq)+2e^- = Pb^{2+}(aq)+2H_2O(l)$	1.455
	$PbSO_4(s)+2e^- = Pb(s)+SO_4^{2-}(aq)$	−0.356
Rb	$Rb^+(aq)+e^- = Rb(s)$	−2.924
S	$S(s)+2H^+(aq)+2e^- = H_2S(g)$	0.144
	$H_2SO_3(aq)+4H^+(aq)+4e^- = S(s)+3H_2O(l)$①	0.449
	$SO_4^{2-}(aq)+4H^+(aq)+2e^- = SO_2(g)+2H_2O(l)$	0.17
	$SO_4^{2-}(aq)+4H^+(aq)+2e^- = H_2SO_3(aq)+H_2O(l)$①	0.172
	$S_2O_8^{2-}(aq)+2e^- = 2SO_4^{2-}(aq)$	2.01
	$S_2O_8^{2-}(aq)+2H^+(aq)+2e^- = 2HSO_4^-(aq)$①	2.123
Sn	$Sn^{2+}(aq)+2e^- = Sn(s)$	−0.137
	$Sn^{4+}(aq)+2e^- = Sn^{2+}(aq)$	0.154
Sr	$Sr^{2+}(aq)+2e^- = Sr(s)$	−2.89
Ti	$Ti^{2+}(aq)+2e^- = Ti(s)$	−1.630
U	$U^{3+}(aq)+3e^- = U(s)$	−1.66
V	$VO_2^+(aq)+2H^+(aq)+e^- = VO^{2+}(aq)+H_2O(l)$	1.00
	$VO^{2+}(aq)+2H^+(aq)+e^- = V^{3+}(aq)+H_2O(l)$	0.337
Zn	$Zn^{2+}(aq)+2e^- = Zn(s)$	−0.763

① 数据摘自 CRC Handbook of chemistry and physics.

2. 在碱性溶液中

	电极反应	$E^{\ominus}$/V(vs. SHE)
Ag	$2AgO(s)+H_2O(l)+2e^- = Ag_2O(s)+2OH^-(aq)$	0.604
	$Ag_2O(s)+H_2O(l)+2e^- = 2Ag(s)+2OH^-(aq)$	0.342
Al	$Al(OH)_4^-(aq)+3e^- = Al(s)+4OH^-(aq)$	−2.31
	$H_2AlO_3^-(aq)+H_2O(l)+3e^- = Al(s)+4OH^-(aq)$①	−2.33
As	$As(s)+3H_2O(l)+3e^- = AsH_3(g)+3OH^-(aq)$	−1.21
	$AsO_2^-(aq)+2H_2O(l)+3e^- = As(s)+4OH^-(aq)$	−0.68
	$AsO_4^{3-}(aq)+2H_2O(l)+2e^- = AsO_2^-(aq)+4OH^-(aq)$	−0.67
Br	$BrO^-(aq)+H_2O(l)+2e^- = Br^-(aq)+2OH^-(aq)$	0.766
	$BrO_3^-(aq)+3H_2O(l)+6e^- = Br^-(aq)+6OH^-(aq)$	0.584
Ca	$Ca(OH)_2(s)+2e^- = Ca(s)+2OH^-(aq)$	−3.02
Cl	$ClO^-(aq)+H_2O(l)+2e^- = Cl^-(aq)+2OH^-(aq)$	0.890
	$ClO_3^-(aq)+3H_2O(l)+6e^- = Cl^-(aq)+6OH^-(aq)$	0.622
	$ClO_3^-(aq)+H_2O(l)+2e^- = ClO_2^-(aq)+2OH^-(aq)$①	0.33
	$ClO_4^-(aq)+H_2O(l)+2e^- = ClO_3^-(aq)+2OH^-(aq)$①	0.36
Cr	$Cr(OH)_3(s)+3e^- = Cr(s)+3OH^-(aq)$①	−1.48
	$CrO_4^{2-}(aq)+4H_2O(l)+3e^- = Cr(OH)_3+5OH^-(aq)$①	−0.13
Cu	$Cu_2O(s)+H_2O(l)+2e^- = 2Cu(s)+2OH^-(aq)$①	−0.360
Fe	$Fe(OH)_2(s)+2e^- = Fe(s)+2OH^-(aq)$	−0.8914
	$Fe(OH)_3(s)+e^- = Fe(OH)_2(s)+OH^-(aq)$①	−0.56
H	$2H_2O(l)+2e^- = H_2(g)+2OH^-(aq)$	−0.8277
Hg	$HgO(s)+H_2O(l)+2e^- = Hg(s)+2OH^-(aq)$①	0.0977
I	$IO^-(aq)+H_2O(l)+2e^- = I^-(aq)+2OH^-(aq)$①	0.485
	$2IO^-(aq)+2H_2O(l)+2e^- = I_2(s)+4OH^-(aq)$	0.42
	$IO_3^-(aq)+3H_2O(l)+6e^- = I^-(aq)+6OH^-(aq)$①	0.26
Mg	$Mg(OH)_2(s)+2e^- = Mg(s)+2OH^-(aq)$①	−2.69
Mn	$Mn(OH)_2(s)+2e^- = Mn(s)+2OH^-(aq)$①	−1.56
	$MnO_4^-(aq)+2H_2O(l)+3e^- = MnO_2(s)+4OH^-(aq)$	0.595
	$MnO_4^{2-}(aq)+2H_2O(l)+2e^- = MnO_2(s)+4OH^-(aq)$①	0.60
N	$NO_3^-(aq)+H_2O(l)+2e^- = NO_2^-(aq)+2OH^-(aq)$	0.01
O	$O_2(g)+2H_2O(l)+4e^- = 4OH^-(aq)$	0.401
	$O_3(g)+H_2O(l)+2e^- = O_2(g)+2OH^-(aq)$	1.246
Pb	$HPbO_2^-(aq)+H_2O(l)+2e^- = Pb(s)+3OH^-(aq)$	−0.54
S	$S(s)+2e^- = S^{2-}(aq)$①	−0.455
	$SO_4^{2-}(aq)+H_2O(l)+2e^- = SO_3^{2-}(aq)+2OH^-(aq)$①	−0.93
	$2SO_3^{2-}(aq)+3H_2O(l)+4e^- = S_2O_3^{2-}(aq)+6OH^-(aq)$①	−0.571
Sb	$SbO_2^-(aq)+2H_2O(l)+3e^- = Sb(s)+4OH^-(aq)$①	−0.66
Zn	$Zn(OH)_2(s)+2e^- = Zn(s)+2OH^-(aq)$	−1.246

① 数据摘自 CRC Handbook of chemistry and physics.

附录七 物质的标准摩尔生成焓、标准摩尔生成吉布斯函数、标准摩尔熵和摩尔热容（100kPa）

物质	$\Delta_f H_m$(298.15K) /(kJ/mol)	$\Delta_f G_m$(298.15K) /(kJ/mol)	S_m(298.15K) /[J/(K·mol)]	$C_{p,m}$(298.15K) /[J/(K·mol)]
Ag(s)	0	0	42.712	25.48
Ag_2CO_3(s)	−506.14	−437.09	167.36	
Ag_2O(s)	−30.56	−10.82	121.71	65.57
Al(s)	0	0	28.315	24.35
Al(g)	313.80	273.2	164.553	
α-Al_2O_3	−1669.8	−2213.16	0.986	79.0
$Al_2(SO_4)_3$(s)	−3434.98	−3728.53	239.3	259.4
Br_2(g)	30.71	3.109	245.455	35.99
Br_2(l)	0	0	152.3	35.6
C(g)	718.384	672.942	158.101	
C(金刚石)	1.896	2.866	2.439	6.07
C(石墨)	0	0	5.694	8.66
CO(g)	−110.525	−137.285	198.016	29.142
CO_2(g)	−393.511	−394.38	213.76	37.120
Ca(s)	0	0	41.63	26.27
CaC_2(s)	−62.8	−67.8	70.2	62.34
$CaCO_3$(方解石)	−1206.87	−1128.70	92.8	81.83
$CaCl_2$(s)	−795.0	−750.2	113.8	72.63
CaO(s)	−635.6	−604.2	39.7	48.53
$Ca(OH)_2$(s)	−986.5	−896.89	76.1	84.5
$CaSO_4$(硬石膏)	−1432.68	−1320.24	106.7	97.65
Cl^-(aq)	−167.456	−131.168	55.10	
Cl_2(g)	0	0	222.948	33.9
Cu(s)	0	0	33.32	24.47
CuO(s)	−155.2	−127.1	43.51	44.4
α-Cu_2O	−166.69	−146.33	100.8	69.8
F_2(g)	0	0	203.5	31.46
α-Fe	0	0	27.15	25.23
$FeCO_3$(s)	−747.68	−673.84	92.8	82.13
FeO(s)	−266.52	−244.3	54.0	51.1
Fe_2O_3(s)	−822.1	−741.0	90.0	104.6
Fe_3O_4(s)	−117.1	−1014.1	146.4	143.42
H(g)	217.94	203.122	114.724	20.80
H_2(g)	0	0	130.695	28.83
D_2(g)	0	0	144.884	29.20

续表

物质	$\Delta_f H_m$(298.15K) /(kJ/mol)	$\Delta_f G_m$(298.15K) /(kJ/mol)	S_m(298.15K) /[J/(K·mol)]	$C_{p,m}$(298.15K) /[J/(K·mol)]
HBr(g)	−36.24	−53.22	198.60	29.12
HBr(aq)	−120.92	−102.80	80.71	
HCl(g)	−92.311	−95.265	186.786	29.12
HCl(aq)	−167.44	−131.17	55.10	
H_2CO_3(aq)	−698.7	−623.37	191.2	
HI(g)	−25.94	−1.32	206.42	29.12
H_2O(g)	−241.825	−228.577	188.823	33.571
H_2O(l)	−285.838	−237.142	69.940	75.296
H_2O(s)	−291.850	(−234.03)	(39.4)	
H_2O_2(l)	−187.61	−118.04	102.26	82.29
H_2S(g)	−20.146	−33.040	205.75	33.97
H_2SO_4(l)	−811.35	(−866.4)	156.85	137.57
H_2SO_4(aq)	−811.32			
HSO_4^-(aq)	−885.75	−752.99	126.86	
I_2(s)	0	0	116.7	55.97
I_2(g)	62.242	19.34	260.60	36.87
N_2(g)	0	0	191.598	29.12
NH_3(g)	−46.19	−16.603	192.61	35.65
NO(g)	89.860	90.37	210.309	29.861
NO_2(g)	33.85	51.86	240.57	37.90
N_2O(g)	81.55	103.62	220.10	38.70
N_2O_4(g)	9.660	98.39	304.42	79.0
N_2O_5(g)	2.51	110.5	342.4	108.0
O(g)	247.521	230.095	161.063	21.93
O_2(g)	0	0	205.138	29.37
O_3(g)	142.3	163.45	237.7	38.15
OH^-(aq)	−229.940	−157.297	−10.539	
S(单斜)	0.29	0.096	32.55	23.64
S(斜方)	0	0	31.9	22.60
S_8(g)	124.94	76.08	227.76	32.55
S(g)	222.80	182.27	167.825	
SO_2(g)	−296.90	−300.37	248.64	39.79
SO_3(g)	−395.18	−370.40	256.34	50.70
SO_4^{2-}(aq)	−907.51	−741.90	17.2	
CH_4(g),甲烷	−74.847	50.827	186.30	35.715
C_2H_2(g),乙炔	226.748	209.200	200.928	43.928
C_2H_4(g),乙烯	52.283	68.157	219.56	43.56
C_2H_6(g),乙烷	−84.667	−32.821	229.60	52.650
C_3H_6(g),丙烯	20.414	62.783	267.05	63.89
C_3H_8(g),丙烷	−103.847	−23.391	270.02	73.51
C_4H_6(g),1,3-丁二烯	110.16	150.74	278.85	79.54
C_4H_8(g),1-丁烯	−0.13	71.60	305.71	85.65
C_4H_8(g),顺-2-丁烯	−6.99	65.96	300.94	78.91
C_4H_8(g),反-2-丁烯	−11.17	63.07	296.59	87.82
C_4H_8(g),2-甲基丙烯	−16.90	58.17	293.70	89.12
C_4H_{10}(g),正丁烷	−126.15	−17.02	310.23	97.45
C_4H_{10}(g),异丁烷	−134.52	−20.79	294.75	96.82
C_6H_6(g),苯	82.927	129.723	269.31	81.67
C_6H_6(l),苯	49.028	124.597	172.35	135.77

续表

物质	$\Delta_f H_m$(298.15K) /(kJ/mol)	$\Delta_f G_m$(298.15K) /(kJ/mol)	S_m(298.15K) /[J/(K·mol)]	$C_{p,m}$(298.15K) /[J/(K·mol)]
C_6H_{12}(g),环己烷	-123.14	31.92	298.51	106.27
C_6H_{14}(g),正己烷	-167.19	-0.09	388.85	143.09
C_6H_{14}(l),正己烷	-198.82	-4.08	295.89	194.93
$C_6H_5CH_3$(g),甲苯	49.999	122.388	319.86	103.76
$C_6H_5CH_3$(l),甲苯	11.995	114.299	219.58	157.11
$C_6H_4(CH_2)_2$(g),邻二甲苯	18.995	122.207	352.86	133.26
$C_6H_4(CH_3)_2$(l),邻二甲苯	-24.439	110.495	246.48	187.9
$C_6H_4(CH_3)_2$(g),间二甲苯	17.238	118.977	357.80	127.57
$C_6H_4(CH_3)_2$(l),间二甲苯	-25.418	107.817	252.17	183.3
$C_6H_4(CH_3)_2$(g),对二甲苯	17.949	121.266	352.53	126.86
$C_6H_4(CH_3)_2$(l),对二甲苯	-24.426	110.244	247.36	183.7
HCOH(g),甲醛	-115.90	-110.0	220.2	35.36
HCOOH(g),甲酸	-362.63	-335.69	251.1	54.4
HCOOH(l),甲酸	-409.20	-345.9	128.95	99.04
CH_3OH(g),甲醇	-201.17	-161.83	237.8	49.4
CH_3OH(l),甲醇	-238.57	-166.15	126.8	81.6
CH_3COH(g),乙醛	-166.36	-133.67	265.8	62.8
CH_3COOH(l),乙酸	-487.0	-392.4	159.8	123.4
CH_3COOH(g),乙酸	-436.4	-381.5	293.4	72.4
C_2H_5OH(l),乙醇	-277.63	-174.36	160.7	111.46
C_2H_5OH(g),乙醇	-235.31	-168.54	282.1	71.1
CH_3COCH_3(l),丙酮	-248.283	-155.33	200.0	124.73
CH_3COCH_3(g),丙酮	-216.69	-152.2	296.00	75.3
$C_2H_5OC_2H_5$(l),乙醚	-273.2	-116.47	253.1	
$H_3CCOOC_2H_5$(l),乙酸乙酯	-463.2	-315.3	259	
C_6H_5COOH(s),苯甲酸	-384.55	-245.5	170.7	155.2
CH_3Cl(g),氯甲烷	-82.0	-58.6	234.29	40.79
CH_2Cl_2(g),二氯甲烷	-88	-59	270.62	51.38
$CHCl_3$(l),氯仿	-131.8	-71.4	202.9	116.3
$CHCl_3$(g),氯仿	-100	-67	296.48	65.81
CCl_4(l),四氯化碳	-139.3	-68.5	214.43	131.75
CCl_4(g),四氯化碳	-106.7	-64.0	309.41	85.51
C_6H_5Cl(l),氯苯	116.3	-198.2	197.5	145.6
$NH(CH_3)_2$(g),二甲胺	-27.6	59.1	273.2	69.37
C_5H_5N(l),吡啶	78.87	159.9	179.1	
$C_6H_5NH_2$(l),苯胺	35.31	153.35	191.6	199.6
$C_6H_5NO_2$(l),硝基苯	15.90	146.36	244.3